"十三五"高等职业教育能源类专业规划教材

风光互补发电技术

陈继永　　贲礼进◎主　编

李金喜◎副主编

U0310202

中国铁道出版社有限公司

CHINA RAILWAY PUBLISHING HOUSE CO., LTD.

内 容 简 介

本书的内容以完成六个具体项目的形式展开：太阳能发电系统设计、风力发电系统设计、风光互补 LED 路灯系统设计、基于 PLC 的风光互补发电系统设计、风光互补发电系统安装与维护、风光互补充电站远程监控系统设计，可使学生在完成这六个项目的同时，对风光互补发电系统的组成、工作原理、技术参数有更全面的学习与了解，从而掌握有关设计方法与设计要点，为以后从事技术工作打下良好的基础。

本书适合作为高等职业院校新能源应用相关专业的教材，也可供有关行业的工程技术人员学习参考。

图书在版编目（CIP）数据

风光互补发电技术/陈继永，贾礼进主编 . —2 版 . —北京：中国铁道出版社有限公司，2020.7（2024.7 重印）
"十三五"高等职业教育能源类专业规划教材
ISBN 978-7-113-26977-7

Ⅰ. ①风⋯ Ⅱ. ①陈⋯②贾⋯ Ⅲ. ①风力发电系统-高等职业教育-教材②太阳能发电-高等职业教育-教材 Ⅳ. ①TM614②TM615

中国版本图书馆 CIP 数据核字（2020）第 103032 号

书　　名：风光互补发电技术
作　　者：陈继永　贾礼进

策　　划：何红艳　　　　　　　　　　　　　编辑部电话：（010）63560043
责任编辑：何红艳　包　宁
封面设计：付　巍
封面制作：刘　颖
责任校对：张玉华
责任印制：樊启鹏

出版发行：中国铁道出版社有限公司（100054，北京市西城区右安门西街 8 号）
网　　址：https://www.tdpress.com/51eds/
印　　刷：河北宝昌佳彩印刷有限公司
版　　次：2014 年 1 月第 1 版　2020 年 7 月第 2 版　2024 年 7 月第 4 次印刷
开　　本：787 mm×1 092 mm　1/16　印张：14　字数：331 千
书　　号：ISBN 978-7-113-26977-7
定　　价：38.00 元

2011 年 12 月，教育部、财政部发布了《关于同意启动"高等职业学校提升专业服务产业发展能力"项目实施工作的通知》，江苏工程职业技术学院（原南通纺织职业技术学院）"新能源应用技术"专业成功入选，按照《教育部、财政部关于支持高等职业学校提升专业服务产业发展能力的通知》（教职成〔2011〕11 号）文件精神，江苏工程职业技术学院新能源应用技术专业探索并实践了职业能力不断递进的"一线四平台"工学结合人才培养模式改革，为了配合这样的人才培养模式的改革，江苏工程职业技术学院与江苏汉能风电、江苏龙源风电、欧贝黎新能源等知名企业合作，编写和出版了一批工学结合系列教材，《风光互补发电技术》便是其中之一。

风光互补发电技术涉及太阳能发电技术、风力发电技术、互补发电技术、PLC 控制技术、系统的施工维护，以及远程监控等，内容丰富，范围较广，因此如何能在有限的教学时间内把如此丰富的内容组织起来，便于学生理解，确实比较困难。《风光互补发电技术》教材的编写，融入了编者在长期的教学、科研工作过程中，尤其是在长期的校企合作过程中的经验和心得体会，是编者多年教学与科研工作的结晶。

本书以完成六个具体项目的形式展开，首先通过具体的太阳能发电系统与风力发电系统的设计，使读者掌握太阳能发电系统与风力发电系统的设计方法，然后再通过"基于 LED 照明的风光互补路灯系统的设计"及"基于 PLC 的风光互补发电系统设计"两个项目的实施，让读者掌握风光互补发电系统的设计方法，同时也明白与独立太阳能发电系统或风力发电系统的区别。在此基础上，我们再通过"风光互补发电系统安装与维护"及"风光互补充电站远程监控系统设计"两个项目的实施，使得读者对风光互补发电所涉及的安装、调试、维护、监控等方面的知识有一个全面的学习与了解。在六个项目学习完成后，读者便能对风光互补发电系统所涉及的知识有一个系统的认识。

2019 年，为适应相关技术发展，编者结合风光互补发电相关新技术、新工艺，对本书进行了改编。改编内容包括风光互补发电技术现状，目前小型风力发电系统中最常用的永磁同步发电机相关知识，储能系统新技术，以及软件系统设计中串口通信软件设置的相关问题。

本书适合作为高职院校新能源应用相关专业的教材，由于涉及了具体项目设计，也可供有关工程技术人员学习参考。

　　本书由陈继永、贲礼进任主编，由李金喜任副主编。编写分工如下：项目一和项目三由贲礼进编写，项目二和项目五由陈继永编写，项目四和项目六由李金喜编写。

　　本书在编写过程中得到了江苏工程职业技术学院新能源及新能源汽车教研室相关老师，以及江苏省风光互补发电工程技术研究开发中心相关技术人员的大力协助，在此深表感谢。

　　尽管我们力图使本书内容翔实并有新意，但由于种种原因，本书还有许多不足之处，欢迎读者提出宝贵意见。

编　者

2020 年 2 月

项目一 太阳能发电系统设计

学习目标

通过完成太阳能发电系统的设计，达到如下目标：

- 熟练掌握太阳能发电的原理。
- 掌握太阳能发电系统的组成。
- 初步掌握太阳能发电系统的设计方法。

项目描述

为西安地区设计一套太阳能 LED 景观灯，灯具功率为 30 W，每天工作 6 h，工作电压为 12 V，蓄电池维持天数为 5 天。要求完成系统设计，确定有关部件规格，画出系统连接示意图。

相关知识

一、太阳能发电系统的原理及组成

当今社会能源消耗主要依赖于传统的化石能源，全球总能耗的 74% 来自煤炭、石油、天然气等矿物能源。化石能源的应用推动了社会的发展，但资源却在日益耗尽。化石能源的大量开发和利用，是造成大气污染与生态破坏的主要原因之一，造成了严重的环境污染和气候变化问题。世界各国纷纷把发展可再生能源与新能源作为未来能源战略的重要组成部分，目前，全球有 30 多个发达国家和十几个发展中国家制定了本国可再生能源与新能源的发展目标。

新能源主要指的是太阳能、风能、核能等清洁能源，其中太阳能发电，也就是光伏发电非常具有发展优势。中国 76% 的地区光照充沛，光能资源分布较为均匀；与水电、风电、核电等相比，光伏发电没有任何排放和噪声，应用技术成熟，安全可靠。

太阳能（Solar）是太阳内部连续不断的核聚变反应过程产生的能量，是各种可再生能源中最重要的基本能源，也是人类可利用的最丰富的能源。太阳每年投射到地面上的辐射能高达 1.05×10^{18} kW·h，相当于 1.3×10^6 亿 t 标准煤所产生的电量，大约为全世界目前一年耗能的一万多倍。按目前太阳的质量消耗速率计，可维持 6×10^{10} 年，可以说它是"取之不尽，用之不竭"的能源。在地球大气层之外，地球与太阳平均距离处，垂直于太阳光方向的单位面积上的辐射能基本上为一个常数。这个辐射强度称为太阳常数，或称此辐射为大气质量为零（AM0）的辐射，其值为 1.367 kW/m²。太阳是距离地球最近的恒星，由炽热气体构成的一个巨大球体，主要由氢（约占 80%）和氦（约占 19%）组成，中心温度约为 10^7 K，表面温度接近 5 800 K。晴天，决定总入射功率的最重要的参数是光线通过大气层的路程。太阳在头顶正上方时，路程最短，实际路程和此最短路程之比称为光学大气质量。光学大气质量与太阳天顶角有关。当太阳天顶角为 0°时，大气质量为 1 或称 AM1；太阳天顶角为 60°时，大气质量为 2 或称 AM2；太阳天顶角为 48.2°时，大气质量为 AM1.5，为光伏业界的标准。

地球上的风能、水能、海洋温差能、波浪能和生物质能以及部分潮汐能都是来源于太阳；即使是地球上的化石燃料（如煤、石油、天然气等）从根本上说也是远古以来贮存下来的太阳能，所以广义的太阳能所包括的范围非常大，狭义的太阳能则限于太阳辐射能的光热、光电和光化学的直接转换。太阳能既是一次能源，又是可再生能源。它资源丰富，既可免费使用，又无须运输，对环境无任何污染。太阳能的利用主要通过光—热、光—电、光—化学、光—生物质等几种转换方式实现。

太阳能发电系统是利用光生伏打效应原理制成的太阳能电池将太阳辐射能直接转换成电能的发电系统，光生伏打效应就是太阳光照到太阳能电池表面而产生电压效应。太阳能发电系统分为离网型太阳能发电系统和并网型太阳能发电系统，太阳能光伏发电系统中，没有与公用电网相连接的光伏系统称为离网（或独立）太阳能光伏发电系统，与公共电网相连接的光伏系统称为并网（或联网）太阳能光伏发电系统。并网型太阳能发电系统是将所发电量送入电网，离网型太阳能发电系统是将所发电量在当地使用，不并入电网，离网（或独立）运行的光伏发电系统中，根据系统中用电负载的特点，可分为直流系统、交流系统、交直流混合系统。对于并网型太阳能发电系统要求全年所发电量尽可能最大，而对于离网型太阳能发电系统则要求全年发电量尽可能均衡，以满足负载需要。对于离网型太阳能发电系统与并网型太阳能发电系统的最大区别是前者一般需要蓄电池来储存电能。图 1-1 是离网型太阳能电池发电系统典型的组成示意图，它由太阳能电池方阵、控制器、蓄电池组、直流/交流逆变器等部分组成。

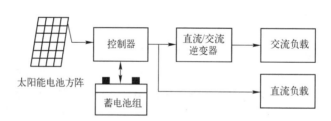

图 1-1　离网型太阳能电池发电系统典型的组成示意图

在并网型太阳能发电系统中需要防止孤岛效应。所谓孤岛效应是指当电网供电因故障或停电维修而跳脱时，各个用户端的分布式并网发电系统（如：光伏发电、风力发电、燃料电池发电等）未能即时检测出停电状态，将自身切离市电网络，而形成由分布电站并网发电系统和周围的负载组成的一个自给供电的孤岛。

孤岛一旦产生，将会危及电网输电线路上维修人员的安全；影响配电系统上的保护开关的动作程序，冲击电网保护装置；影响传输电能质量，电力孤岛区域的供电电压与频率将不稳定；当电网供电恢复后会造成相位不同步；单相分布式发电系统会造成系统三相负载欠相供电。因此，对于一个并网系统必须能够进行防孤岛效应检测，逆变器直接并网时，除了应具有基本的保护功能外，还应具备防孤岛效应的特殊功能。从用电安全与电能质量考虑，孤岛效应是不允许出现的；当发生孤岛现象时，并网系统必须快速、准确地切除并网逆变器向电网供电。

（一）太阳能电池方阵

太阳能光伏发电系统最核心的器件是太阳能电池，太阳能电池方阵由若干太阳能电池组件组成，太阳能电池组件由若干太阳能电池单体构成，太阳能电池单体是光电转换的最小单元。太阳能电池单体的工作电压为 $0.4 \sim 0.5\,V$，工作电流密度为 $20 \sim 25\,mA/cm^2$，一般不能单独作为电源使用。将太阳能电池单体进行串并联封装后，就成为太阳能电池组件，其功率一般为几瓦至几百瓦，是可以单独作为电源使用的最小单元。太阳能电池组件再经过串并联组合安装在支架上，就构成了太阳能电池方阵，可以满足负载所要求的输出功率（见图1-2）。

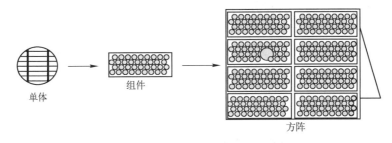

图 1-2　太阳能电池单体、组件和方阵

1. 太阳能电池单体

太阳能电池单体的材料一般为硅材料，在硅晶体中掺入其他的杂质（如硼等）时，硅晶体中就会存在着一个空穴，此时的半导体称为 P 型半导体。若在硅中掺入比其多一个价电子的元素（如磷），最外层中的五个电子只能有四个和相邻的硅原子形成共价键，剩下一个电子不能形成共价键，但仍受杂质中心的约束，只是比共价键的约束弱得多，只要很小的能量便会摆脱束缚，所以就会有一个电子变得非常活跃，此时的半导体称为 N 型半导体。

当硅掺杂形成的 P 型半导体和 N 型半导体结合在一起时，在两种半导体的交界面区域里会形成一特殊的薄层，界面的 P 型一侧带负电，N 型一侧带正电。这是由于 P 型半导体多空穴，N 型半导体多自由电子，出现了浓度差。N 区的电子会扩散到 P 区，P 区的空穴会扩散到 N 区，一旦扩散就形成一个由 N 区指向 P 区的"内电场"，从而阻止扩散进行。当扩散达到平衡后，就形成一个特殊的薄层，这就是 PN 结。

常用的太阳能电池主要是硅太阳能电池，晶体硅太阳能电池由一个晶体硅片组成，在晶体硅片的上表面紧密排列着金属栅线，下表面是金属层。硅片本身是 P 型硅，表面扩散层是 N 区，在这两个区的连接处就是所谓的 PN 结，PN 结形成一个电场。太阳能电池的顶部被一层抗反射膜所覆盖，以便减少太阳能的反射损失。

太阳光是由光子组成的，而光子是包含有一定能量的微粒，能量的大小由光的波长决定。光被晶体硅吸收后，在 PN 结中产生一对正负电荷，由于在 PN 结区域的正负电荷被分离，因而就产生了电压，由于电压的单位是伏，人们就称之为"光生伏打效应"，这就是太阳能电池的工作原理。太阳能电池的光谱响应是指一定量的单色光照到太阳能电池上，产生的光生载流子被收集后形成的光生电流的大小。因此，它不仅取决于光量子的产额，而且取决于收集效率。

将一个负载连接在太阳能电池的上下两表面间时，将有电流流过该负载，于是太阳能电池就产生了电流；太阳能电池吸收的光子越多，产生的电流也就越大。光子的能量由波长决定，低于基能能量的光子不能产生自由电子，一个高于基能能量的光子将仅产生一个自由电子，多余的能量将使电池发热，伴随能量损失影响将使太阳能电池的效率下降。

2. 硅太阳能电池种类

目前世界上有三种已经商品化的太阳能电池：单晶硅太阳能电池、多晶硅太阳能电池和非晶硅太阳能电池，分别如图 1-3（a）、（b）、（c）所示，对于单晶和多晶硅太阳能电池，外形尺寸一般为 125 cm×125 cm 和 156 cm×156 cm 两种，也就是业内简称的 125 太阳能电池和 156 太阳能电池。

对于单晶硅太阳能电池，由于所使用的单晶硅材料与半导体工业所使用的材料具有相同的品质，使单晶硅的使用成本比较昂贵。多晶硅太阳能电池的晶体方向的无规则性，意味着正负电荷对并不能全部被 PN 结电场所分离，因为电荷对在晶体与晶体之间的边界上可能由于晶体的不规则而损失，所以多晶硅太阳能电池的效率一般要比单晶硅太阳能电池低。多晶硅太阳能电池用铸造的方法生产，所以它的成本比单晶硅太阳能电池低。非晶硅太阳能电池属于薄膜电池，造价低廉，但光电转换效率比较低，稳定性也不如晶体硅太阳能电池，目前多数用于弱光性电源，如手表、计算器等。非晶硅太阳能电池可具有一定的柔性，可生产为柔性太阳能电池，如图 1-3（d）所示。

（a）单晶硅太阳能电池　（b）多晶硅太阳能电池　（c）非晶硅太阳能电池　（d）柔性太阳能电池

图 1-3　太阳能电池外观图

太阳能电池直流模型的等效电路图如图 1-4 所示，其中 I_L 为光生电流，I_D 为二极管电流，R_S 为串联电阻，R_{SH} 为并联电阻，U 为输出电压。

太阳能电池最大输出功率与太阳光入射功率的比值称为转换效率，转换效率（%）计算式为

$$\eta = \frac{p_m}{p_{in}} \times 100\% = \frac{I_m U_m}{p_{in}} \times 100\% \qquad (1-1)$$

式中，p_{in} 为太阳光入射功率；p_m 为最大输出电功率；I_m 与 U_m 分别为最大输出功率时的电流与电压。

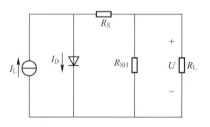

图 1-4　太阳能电池直流模型的等效电路图

目前单晶硅太阳能电池的实验室最高效率为 24.7%，由澳大利亚新南威尔士大学创造并保持。目前产品化单晶硅太阳能电池的光电转换效率为 17%～19%，产品化多晶硅太阳能电池的光电转换效率为 12%～14%，产品化非晶硅太阳能电池的光电转换效率为 5%～8%。

太阳能电池的测试必须能在标准条件下进行，地面用太阳能电池标准测试条件为在温度为 25 ℃下，大气质量为 AM1.5 的阳光光谱，辐照度（辐射照度）为 1 000 W/m²。

3. 太阳能电池生产工艺

生产电池片的工艺比较复杂，一般要经过硅片切割、硅片清洗与测试、硅片腐蚀清洗与制绒、扩散制结、刻蚀、镀减反射膜、丝网印刷、高温烧结、测试分选和包装入库等步骤，如图 1-5 所示。下面介绍的是晶硅太阳能电池片生产的一般工艺。

（1）硅片切割。硅片的切割加工是将硅锭经表面整形、切割、研磨、腐蚀、抛光、清洗等工艺，加工成具有一定宽度、长度、厚度、晶向和高度、表面平行度、平整度、光洁度、表面无缺陷、无崩边、无损伤层，高度完整、均匀、光洁的镜面硅片。将硅锭按照技术要求切割成硅片，才能作为生产制造太阳能电池的基体材料。因此，硅片的切割，即通常所说的切片，是整个硅片加工的重要工序。所谓切片，就是硅锭通过镶铸金刚砂磨料的刀片（或钢丝）的高速旋转、接触、磨削作用，定向切割成为要求规格的硅片。切片工艺技术直接关系到硅片的质量和成品率。切片的方法主要有外圆切割、内圆切割、多线切割以及激光切割等。

切片工艺技术的原则要求：切割精度高、表面平行度高、翘曲度和厚度公差小；断面完整性好，消除拉丝、刀痕和微裂纹；提高成品率，缩小刀（钢丝）切缝，降低原材料损耗；提高切割速度，实现自动化切割。

（2）硅片检测。硅片是太阳能电池片的载体，硅片质量的好坏直接决定了太阳能电池片转换效率的高低，因此需要对来料硅片进行检测。该工序主要用来对硅片的一些技术参数进行在线测量，这些参数主要包括硅片表面不平整度、少子寿命、电阻率、P/N 型和微裂纹等。

（3）表面制绒。硅绒面的制备是利用硅的各向异性腐蚀，在每平方厘米硅表面形成几百万个四面方锥体，即金字塔结构。由于入射光在表面的多次反射和折射，增加了光的吸收，提高了电池的短路电流和转换效率。绒化后的硅表面图如图 1-6 所示。

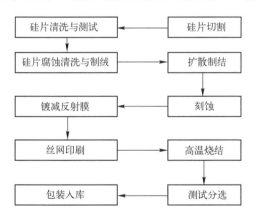

图 1-5　太阳能电池生产工艺流程图

图 1-6　绒化后的硅表面图

硅的各向异性腐蚀液通常用热的碱性溶液，可用的碱有氢氧化钠、氢氧化钾、氢氧化锂和乙二胺等。大多使用廉价的、浓度（质量分数或体积分数）约为 1% 的氢氧化钠稀溶液来制备绒面硅，腐蚀温度为 70 ～ 85 ℃。为了获得均匀的绒面，还应在溶液中酌量添加醇类，如乙醇和异丙醇等作为络合剂，以加快硅的腐蚀。制备绒面前，硅片须先进行初步表面腐蚀，用碱性或酸性腐蚀液蚀去约 20 ～ 25 μm，在腐蚀绒面后，进行一般的化学清洗。经过表面制绒的硅片都不宜在水中久存，以防玷污，应尽快扩散制结。

（4）扩散制结。太阳能电池需要一个大面积的 PN 结以实现光能到电能的转换，而扩散炉即为制造太阳能电池 PN 结的专用设备。管式扩散炉主要由石英舟的上下载部分、废气室、炉体部分和气柜部分等四大部分组成。扩散一般用三氯氧磷液态源作为扩散源。把 P 型硅片放在管式扩散炉的石英容器内，在 850 ~ 900 ℃ 高温下使用氮气将三氯氧磷带入石英容器，通过三氯氧磷和硅片进行反应，得到磷原子。经过一定时间，磷原子从四周进入硅片的表面层，并且通过硅原子之间的空隙向硅片内部渗透扩散，形成了 N 型半导体和 P 型半导体的交界面，也就是 PN 结。这种方法制出的 PN 结均匀性好，方块电阻的不均匀性小于 10%，少子寿命可大于 10 ms。制造 PN 结是太阳能电池生产最基本也是最关键的工序。因为正是 PN 结的形成，才使电子和空穴在流动后不再回到原处，这样就形成了电流，用导线将电流引出，就是直流电。

（5）刻蚀。由于在扩散过程中，即使采用背靠背扩散，硅片的所有表面包括边缘都将不可避免地扩散上磷。PN 结的正面所收集到的光生电子会沿着边缘扩散有磷的区域流到 PN 结的背面，而造成短路。因此，必须对太阳能电池周边的掺杂硅进行刻蚀，以去除电池边缘的 PN 结。

在太阳能电池制造过程中，单晶硅与多晶硅的刻蚀通常包括湿法刻蚀和干法刻蚀，两种方法各有优劣，各有特点。干法刻蚀是利用等离子体将不要的材料去除（亚微米尺寸下刻蚀器件的最主要方法），湿法刻蚀是利用腐蚀性液体将不要的材料去除。

湿法刻蚀即利用特定的溶液与薄膜间所进行的化学反应来去除薄膜未被光刻胶掩膜覆盖的部分，而达到刻蚀的目的。因为湿法刻蚀是利用化学反应来进行薄膜的去除，而化学反应本身不具方向性，因此湿法刻蚀过程为等向性。相对于干法刻蚀，除了无法定义较细的线宽外，湿法刻蚀仍有以下的缺点：需花费较高成本的反应溶液及去离子水；化学药品处理时人员所遭遇的安全问题；光刻胶掩膜附着性问题；气泡形成及化学腐蚀液无法完全与晶片表面接触所造成的不完全及不均匀的刻蚀。

通常采用等离子刻蚀技术完成干法刻蚀工艺。等离子刻蚀是在低压状态下，反应气体 CF_4 的母体分子在射频功率的激发下，产生电离并形成等离子体。等离子体是由带电的电子和离子组成，反应腔体中的气体在电子的撞击下，除了转变成离子外，还能吸收能量并形成大量的活性基团。活性反应基团由于扩散或者在电场作用下到达 SiO_2 表面，在那里与被刻蚀材料表面发生化学反应，并形成挥发性的反应生成物脱离被刻蚀物质表面，被真空系统抽出腔体。

（6）镀减反射膜。抛光硅表面的反射率为 35%，为了减少表面反射，提高电池的转换效率，需要沉积一层氮化硅减反射膜。现在工业生产中常采用 PECVD 设备制备减反射膜。PECVD 即等离子增强型化学气相沉积。它的技术原理是利用低温等离子体作能量源，样品置于低气压下辉光放电的阴极上，利用辉光放电使样品升温到预定的温度，然后通入适量的反应气体 SiH_4 和 NH_3，气体经一系列化学反应和等离子体反应，在样品表面形成固态薄膜，即氮化硅薄膜。一般情况下，使用这种等离子增强型化学气相沉积的方法沉积的薄膜厚度在 70 nm 左右。这样厚度的薄膜具有光学的功能性。利用薄膜干涉原理，可以使光的反射大为减少，电池的短路电流和输出就有很大增加，效率也有相当的提高。

（7）丝网印刷。太阳能电池经过制绒、扩散及 PECVD 等工序后，已经制成 PN 结，可以在光照下产生电流，为了将产生的电流导出，需要在电池表面上制作正、负两个电极。制造电极的方法很多，而丝网印刷是目前制作太阳能电池电极最普遍的一种生产工艺。丝网印刷是采用压印的方式将预定的图形印刷在基板上，该设备由电池背面银铝浆印刷、电池背面铝浆印刷和电池正面银浆印刷三部分组成。其工作原理为：利用丝网图形部分网孔透过浆料，用刮刀在丝网的浆料部位施加一定压力，同时朝丝网另一端移动。油墨在移动中被刮刀从图形部分的网孔中挤压到基片上。由于浆料的黏性作用使印迹固着在一定范围内，印刷中刮板始终与丝网印版和基片呈线性接触，接触线随刮刀移动而移动，从而完成印刷过程。

（8）高温烧结。经过丝网印刷后的硅片，不能直接使用，需经烧结炉高温烧结，将有机树脂黏合剂燃烧掉，剩下几乎纯粹的、由于玻璃质作用而密合在硅片上的银电极。当银电极和晶体硅在温度达到共晶温度时，晶体硅原子以一定的比例融入熔融的银电极材料中，从而形成上下电极的欧姆接触，提高电池片的开路电压和填充因子两个关键参数，使其具有电阻特性，以提高电池片的转换效率。烧结炉分为预烧结、烧结、降温冷却三个阶段。预烧结阶段目的是使浆料中的高分子黏合剂分解、燃烧掉，此阶段温度慢慢上升；烧结阶段中烧结体内完成各种物理化学反应，形成电阻膜结构，使其真正具有电阻特性，该阶段温度达到峰值；降温冷却阶段，玻璃冷却硬化并凝固，使电阻膜结构固定地黏附于基片上。

（9）测试分选。对于制作太阳能电池而言，印刷烧结后的电池片已经算是完成了电池片的制作过程，但是怎么去分辨太阳能电池的好坏，还需要对电池片进行测试分选。测试工序是按照电参数及外观尺寸的标准对太阳能电池片进行选择，只有符合要求的电池片才能够用作组件的制作。

测试系统的原理一般是通过模拟标准太阳光脉冲照射 PV 电池表面产生光电流，光电流通过可编程式模拟负载，在负载两端产生电压，负载装置将采样到的电流、电压、标准片检测到的光强以及感温装置检测到的环境温度值，通过 RS - 232 接口传送给监控软件进行计算和修正，得到 PV 电池的各种指标和曲线，然后根据结果进行分类和结果输出。测试系统测试原理图如图 1-7 所示，其中 PV 为待测电池片，VT 为电压测量装置，IT 为电流测量装置，R_L 为可编程式模拟负载。

4. 太阳能电池组件

1）太阳能电池组件的概念

一个太阳能电池单体只能产生大约 0.5 V 的电压，远低于实际应用所需要的电压。为了满足实际应用的需要，需把太阳能电池通过串并联的方式连接起来，并严密封装成太阳能电池组件。

太阳能电池组件组成结构如图 1-8 所示，其组成材料按从上到下的顺序为低铁钢化玻璃、EVA 胶膜、太阳能芯片、EVA 胶膜、TPT 背膜，在这些材料的四周用铝合金边框固定。太阳能电池组件是太阳能发电系统中的核心部分，也是太阳能发电系统中最重要的部分，其作用是将太阳能转化为电能。

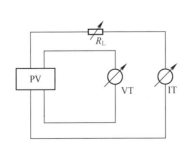

图 1-7　测试系统测试原理图

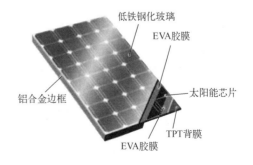

图 1-8　太阳能电池组件组成结构

一个组件上，太阳能电池的数量如果是 36 片，这意味着一个太阳能电池组件大约能产生 18 V 的电压。对于大功率需求的太阳能电池组件，太阳能电池的数量一般为 72 片，一个太阳能电池组件大约能产生 36 V 的电压。当应用领域需要较高的电压和电流而单个组件不能满足要求时，可把多个组件组成太阳能电池方阵，以获得所需要的电压和电流。

2）太阳能电池组件制作流程

太阳能电池组件包含一定数量的太阳能电池片，这些太阳能电池片通过导线连接。太阳能电池组件制作流程如图 1-9 所示。

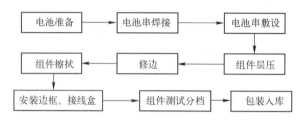

图 1-9　太阳能电池组件制作流程

3）太阳能电池组件技术特性

太阳能电池组件的可靠性在很大程度上取决于其防腐、防风、防雹、防雨等的能力。其潜在的质量问题是边沿的密封以及组件背面的接线盒。

组件的电气特性主要是指电压－电流特性，也称为 $U-I$ 特性曲线，如图 1-10 所示。$U-I$ 特性曲线显示了通过太阳能电池组件传送的电流 I_m 与电压 U_m 在特定的太阳辐照度下的关系。如果太阳能电池组件电路短路即 $U=0$，此时的电流称为短路电流 I_{sc}，当日照条件达到一定程度时，由于日照的变化而引起较明显变化的是短路电流；如果电路开路即 $I=0$，此时的电压称为开路电压 U_{oc}。太阳能电池组件的输出功率等于流经该组件的电流与电压的乘积，即 $P=U\times I$。

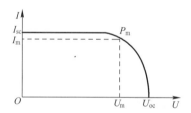

图 1-10　太阳能电池的电压－电流特性曲线
I—电流；I_{sc}—短路电流；I_m—最大工作电流；
U—电压；U_{oc}—开路电压；U_m—最大工作电压

当太阳能电池组件的电压上升时，例如通过增加负载的电阻值或组件的电压从零（短路条件下）开始增加时，组件的输出功率亦从 0 开始增加；当电压达到一定值时，功率可达到最大，这时当阻值继续增加时，功率将跃过最大点，并逐渐减少至零，即电压达到开路电压 U_{oc}。太阳能电池的内阻呈现出强烈的非线性。在组件的输出功率达到最大点，称为最大功率点；该点所对应的电压，称为最大功率点电压 U_m（又称最大工作电压或峰值电压）；该点所对应的电流，称为最大功率点电流 I_m（又称最大工作电流或峰值电流）；该点的功率，称为最大功率 P_m。

随着太阳能电池温度的增加，开路电压减少，大约每升高 1 ℃，每个太阳能电池单体的电压减少 5 mV，相当于在最大功率点的典型温度系数为 −0.4 %/℃。也就是说，如果太阳能电池温度每升高 1 ℃，则最大功率减少 0.4%。所以，太阳直射的夏天，尽管太阳辐射量比较大，如果通风不好，导致太阳能电池温升过高，也可能不会输出很大功率。

由于太阳能电池组件的输出功率取决于太阳辐照度、太阳能光谱的分布和太阳能电池的温度，因此太阳能电池组件的测量在标准条件下（STC）进行，测量条件被欧洲委员会定义为 101 号标准，其条件是：

（1）光谱辐照度：1 000 W/m²；

（2）大气质量系数：AM1.5；

（3）太阳能电池温度：25 ℃。

在该条件下，太阳能电池组件所输出的最大功率称为峰值功率，表示为 Wp（peak watt）。在很多情况下，组件的峰值功率通常用太阳模拟仪测定并和国际认证机构的标准化的太阳能电池进行比较。

在衡量太阳能电池输出特性参数中，表征最大输出功率与太阳能电池短路电流和开路电压乘积比值的是填充因子，填充因子表示为最大输出功率 $I_m U_m$ 与极限输出功率 $I_{sc} U_{oc}$ 之比，通常以 FF 表示，即

$$FF = I_m U_m / I_{sc} U_{oc} \qquad (1-2)$$

填充因子越大，太阳能电池性能就越好，优质太阳能电池的 FF 可高达 0.8 以上。

在户外测量太阳能电池组件的峰值功率是很困难的，因为太阳能电池组件所接受到的太阳光的实际光谱取决于大气条件及太阳的位置；此外，在测量的过程中，太阳能电池的温度也是不断变化的。在户外测量的误差很容易达到 10% 或更大。太阳能电池方阵安装时要进行太阳能电池方阵测试，其测试条件是太阳总辐照度不低于 700 mW/cm²。

如果太阳能电池组件被其他物体（如鸟粪、树荫等）长时间遮挡时，被遮挡的太阳能电池组件此时将会严重发热，会影响整个太阳能电池方阵所发出的电力，这就是"热斑效应"。这种效应对太阳能电池会造成很严重的破坏作用。有光照的电池所产生的部分能量或所有的能量，都可能被遮蔽的电池所消耗。为了防止太阳能电池由于"热斑效应"而被破坏，需要在太阳能电池组件的正负极间并联一个旁通二极管，以避免光照组件所产生的能量被遮蔽的组件所消耗。在组件背面有一个连接盒，它保护电池与外界的交界面及各组件内部连接的导线和其他系统元件。它包含一个接线盒和一只或两只旁通二极管。

在太阳能电池方阵中，二极管是很重要的器件，常用的二极管基本都是硅整流二极管，在选用时规格参数要留有余量，防止击穿损坏。一般反向峰值击穿电压和最大工作电流都要取最大运行工作电压和工作电流的两倍以上。二极管在太阳能光伏发电系统中主要分为两类：

（1）防反充（防逆流）二极管。防反充二极管的作用之一是防止太阳能电池组件或方阵在不发电时，蓄电池的电流反过来向组件或方阵倒送，不但消耗能量，而且会使组件或方阵发热甚至损坏；作用之二是在电池方阵中，防止方阵各支路之间的电流倒送。这是因为串联各支路的输出电压不可能绝对相等，各支路电压总有高低之差，或者某一支路故障、阴影遮蔽等使该支路的输出电压降低，高电压支路的电流就会流向低电压支路，甚至会使方阵总体输出电压降低。在各支路中串联接入防反充二极管就避免了这一现象的发生。

（2）旁路二极管。当有较多的太阳能电池组件串联组成电池方阵或电池方阵的一个支

路时，需要在每块电池板的正负极输出端反向并联一个（或两三个）二极管，这个并联在组件两端的二极管就叫旁路二极管。

旁路二极管的作用是防止方阵中的某个组件或组件中的某一部分被阴影遮挡或出现故障停止发电时，在该组件旁路二极管两端会形成正向偏压使二极管导通，电池方阵工作电流绕过故障组件，经二极管流过，不影响其他正常组件的发电，同时也保护被旁路组件避免受到较高的正向偏压或由于"热斑效应"发热而损坏。

旁路二极管一般都直接安装在接线盒内，根据组件功率大小和电池片串的多少，安装1~3个二极管。旁路二极管也不是任何场合都需要的，当组件单独使用或并联使用时，是不需要接二极管的。对于组件串联数量不多且工作环境较好的场合，也可以考虑不用旁路二极管。

此处列出型号为EP125M/72-185W组件的电气参数及机械参数。不同厂商表示不同，这里不做介绍。

EP125M/72-185W电气参数如表1-1所示。其中，功率单位为瓦（W），电压与电流单位分别为伏（V）与安（A），温度单位为摄氏度（℃）。该型号组件最大输出功率为185W。在最大功率点处的工作电压为35.59 V，工作电流为5.262 A，该组件的开路电压为44.29 V，短路电流为5.696 A，电池片将光能的14.49%转换为电能，组成光伏发电系统的最大电压为1 000 V，可在零下40℃到零上85℃之间正常工作。温度每升高1℃，组件最大功率下降0.46%，开路电压下降0.39%，短路电流上升0.031%。

表1-1 EP125M/72-185W 电气参数

参 数 名 称	参 数 指 标
最大输出功率 P_m/W	185
公差/%	0/ +3
最佳工作电压 U_{mp}/V	35.59
最佳工作电流 I_{mp}/A	5.262
开路电压 U_{oc}/V	44.29
短路电流 I_{sc}/A	5.696
电池片转换效率 η_c/%	14.49
最大系统电压/V	1 000
工作温度/℃	−40～+85
峰值功率的温度系数 $T_k(P_m)$/（%/K）	−0.46
开路电压的温度系数 $T_k(U_{oc})$/（%/K）	−0.39
短路电流的温度系数 $T_k(I_{sc})$/（%/K）	+0.031

EP125M/72-185W机械参数如表1-2所示。机械参数中尺寸以毫米（mm）为单位。该型号组件采用每列12片125 mm×125 mm的单晶硅太阳能电池片串联，再用6列串联，制作而成。组件长1 580 mm，宽808 mm，厚35 mm，质量15 kg。制作组件的玻璃采用3.2 mm厚低铁超白钢化玻璃，边框选用阳极铝边框，接线盒防护等级在IP67级以上，即完全防止粉尘进入，可以浸在水中一定时间或水压在一定的标准以下，可确保不因浸水而造成损坏。

表1-2 EP125M/72-185W 机械参数

参 数 名 称	参 数 指 标
太阳能电池片	单晶太阳能电池片 125 mm×125 mm
电池片数量	72（6×12）
组件尺寸	1580 mm×808 mm×35 mm
质量	15 kg
玻璃	3.2 mm 厚低铁超白钢化玻璃
边框	阳极铝边框
接线盒防护等级	IP67 级以上

（二）控制器

1. 控制器的功能

太阳能光伏控制器主要由控制电路、开关元件和其他基本电子元件组成，它是太阳能光伏系统的核心部件之一，同时是系统平衡的主要组成部分。在小型光伏发电系统应用中，控制器主要起保护蓄电池并对蓄电池进行充放电控制的作用。在大中型系统中，控制器承担着平衡光伏系统能量，保护蓄电池及整个系统正常工作和显示系统工作状态等重要作用，控制器可以单独使用，也可与逆变器等合为一体。

充放电控制器是太阳能独立光伏系统中至关重要的部件，其主要功能是对独立光伏系统中的储能元件——蓄电池进行充放电控制，以免蓄电池在使用过程中出现过充电或过放电的现象，影响蓄电池寿命，从而提高系统的可靠性。一般的太阳能光伏发电系统要求光伏控制器要具备防止蓄电池过充电、防止蓄电池过放电、提供负载控制、光伏控制器工作状态信息显示、防雷、防反接、数据传输接口或联网控制等功能。

太阳能控制器外形如图1-11所示。

图 1-11 太阳能控制器外形

太阳能控制器的功能：

（1）防止蓄电池过充电与过放电，延长蓄电池使用寿命；

（2）防止蓄电池、太阳能电池板或电池方阵极性接反；

（3）防止逆变器、控制器、负载与其他设备内部短路；

（4）能够防止雷击引起的击穿；

（5）具有温度补偿功能；

（6）显示光伏发电系统的各种状态，如环境温度状态、故障报警、电池方阵工作状态、蓄电池（组）电压、辅助电源状态、负载状态等。

2. 控制器的主要技术参数

（1）最大工作电流。最大工作电流是指太阳能控制器工作时的最大电流，有时用电池方阵或组件输出的最大电流来表征，或用蓄电池的充电电流来表征，根据功率大小分为 5 A、6 A、8 A、10 A、12 A、15 A、20 A、30 A、40 A、50 A、70 A、100 A、150 A、200 A、250 A、300 A 等多种规格。有些厂家用太阳能电池组件最大功率来表示这一内容，间接地体现了最大工作电流这一技术参数。

（2）系统电压。系统电压又称额定工作电压，指光伏发电系统的直流工作电压，一般为 12 V 和 24 V，中型与大型功率控制器有 48 V、110 V、220 V 等。

（3）电路自身损耗。控制器的电路自身损耗也是其中参数之一，同时也叫静态电流（空载损耗）或最大自消耗电流。为了降低控制器的损耗，提高光伏电源的转化效率，控制器的电路自身损耗要尽可能低。控制器的最大自身损耗不得超过其额定充电电流的 1% 或 0.4 W。根据电路不同，自身损耗一般为 5 ～ 20 mA。

（4）太阳能电池方阵输入路数。小功率光伏控制器一般都是单路输入，而大功率光伏控制器都是由太阳能电池方阵多路输入，一般大功率光伏控制器可输入 6 路，最多的可接入 12 路、18 路。

（5）工作环境温度。控制器的使用或工作环境温度范围随厂家不同一般在 - 20 ～ +50 ℃ 之间。

（6）蓄电池的过充电保护电压（HVD）。蓄电池过充电保护电压也叫充满断开或过电压关断电压，一般可根据需要及蓄电池类型的不同，设定在 14.1 ～ 14.5 V（12 V 系统）、56.4 ～ 58 V（48 V 系统）和 28.2 ～ 29 V（24 V 系统）之间，典型值分别为 14.4 V、57.6 V 和 28.8 V。蓄电池充电保护的关断恢复电压（HVR）一般设定为 13.1 ～ 13.4 V（12 V 系统）、26.2 ～ 26.8 V（24 V 系统）和 52.4 ～ 53.6 V（48 V 系统）之间，典型值分别为 13.2 V、26.4 V 和 52.8 V。

（7）蓄电池充电浮充电压。蓄电池的充电浮充电压一般为 13.7 V（12 V 系统）、27.4 V（24 V 系统）、54.8 V（48 V 系统）。

（8）蓄电池的过放电保护电压（LVD）。蓄电池的过放电保护电压是指欠电压关断电压或欠电压断开电压，可根据蓄电池的类型不同与需要，设定在 43.2 ～ 45.6 V（48 V 系统）、21.6 ～ 22.8 V（24 V 系统）和 10.8 ～ 11.4 V（12 V 系统），典型值分别为 44.4 V、22.2 V 和 11.1 V。蓄电池过放电保护的关断恢复电压（LVR）一般设定为 48.4 ～ 50.4 V（48 V 系统）、24.2 ～ 25.2 V（24 V 系统）和 12.1 ～ 12.6 V（12 V 系统）之间，典型值分别为 49.6 V、24.8 V 和 12.4 V。

（9）其他保护功能：

①防雷击保护功能。控制器输入端防雷击的保护功能，避雷器的额定值和类型应能确保吸收预期的冲击能量。

②控制器的输出与输入短路保护功能。控制器的输出与输入电路都要具有短路保护电路，提供保护功能。

③极性反接保护功能。蓄电池或太阳能电池组件接入控制器，当极性接反时，控制器应具有保护电路的功能。

④防反充保护功能。控制器要具有防止蓄电池向太阳能电池反向充电保护功能。

⑤耐冲击电流和电压保护。在控制器的太阳能电池输入端施加 1.25 倍的标称电压持续 1 h，控制器不应该损坏。将控制器的充电回路电流达到标称电流的 1.25 倍并持续 1 h，控制器也不应该损坏。

3. 控制器的发展趋势

（1）具有过充电、过放电、过载保护，电子短路保护，独特的防反接保护等全自动控制功能。

（2）一般利用蓄电池放电率特性修正的准确放电控制特性。放电结束电压是通过放电率曲线修正的控制点来表示的，从而消除单纯的电压控制过放电的不准确性，符合蓄电池固有的特性，即具有不同的放电率就有不同的结束电压。

（3）运用单片机和专用软件，实现智能控制。

（4）通常采用串联式 PWM 充电主电路，其充电回路电压的损失比使用二极管的充电电路降低近 1/2，充电效率比非 PWM 高 3% ～ 6%，增加了用电时间；电池过放后恢复充电、正常的直充与浮充自动控制方式使系统有更长的使用寿命；同时具有高精度温度补偿。

（5）使用 LED 指示，可以直观地了解当前蓄电池状态，让用户掌握使用状况。

（6）控制全部采用工业级芯片，其能在寒冷、高温、潮湿环境里运行自如。同时使用晶振定时控制，提高定时控制精确。

（7）取消了电位器调整控制设定点，而运用 Flash 存储器记录各工作控制点，使设置数字化，消除了因电位器振动偏位、温漂等使控制点出现误差，而降低准确性、可靠性的因素。

（8）使用了数字 LED 显示及设置，一键式操作即可完成所有设置，使用极其方便直观。

（9）全密封防水要求，具有完全的防水防潮性能。

4. 光伏控制器的分类及电路原理

光伏控制器主要是由电子元器件、继电器、开关、仪表等组成的电子设备，按电路方式的不同分为并联型、串联型、脉宽调制型、多路控制型、两阶段双电压控制型和最大功率跟踪型；按电池组件输入功率和负载功率的不同可分为小功率型、中功率型、大功率型及专用控制器（如路灯、草坪灯控制器）等；按放电过程控制方式的不同，可分为常规过放电控制型和剩余电量（SOC）放电全过程控制型。对于应用了微处理器的电路，实现了软件编程和智能控制，并附带有自动数据采集、数据显示和远程通信功能的控制器，称为智能控制器。

1）并联型控制器

并联型控制器也叫旁路型控制器，它是利用并联在太阳能电池两端的机械或电子开关器件控制充电过程。当蓄电池充满电时，把太阳能电池的输出分流到旁路电阻器或功率模块上，然后以热的形式消耗掉（泄荷）；当蓄电池电压回落到一定值时，再断开旁路恢复充电。由于这种方式消耗热能，所以一般用于小型、小功率系统。

并联型控制器的电路原理如图 1-12 所示。D_1 是防反充电二极管，D_2 是防反接二极管，S_1 和 S_2 都是开关；S_1 是控制器充电回路中的开关，S_2 为蓄电池放电开关；B_x 是熔丝；R 为泄荷电阻；检测控制电路监控蓄电池的端电压。

充电回路中的开关器件 S_1 是并联在太阳能电池方阵的输出端，当蓄电池电压大于"充满切离电压"时，开关器件 S_1 导通，同时二极管 D_1 截止，则太阳能电池方阵的输出电流直接通过 S_1 短路泄放，不再对蓄电池进行充电，从而保证蓄电池不会出现过充电，起到"过充保护"作用。

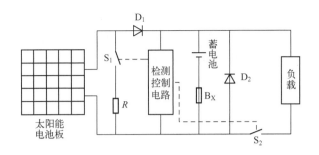

图 1-12　并联型控制器的电路原理

D_1 为 "防反充电二极管" 只有当太阳能电池方阵输出电压大于蓄电池电压时，D_1 才能导通，反之 D_1 截止，从而保证夜晚或阴雨天气时不会出现蓄电池向太阳能电池方阵反向充电，起到 "防反向充电保护" 作用。

开关器件 S_2 为蓄电池放电控制开关，当负载电流大于额定电流出现过载或负载短路时，S_2 关断，起到 "输出过载保护" 和 "输出短路保护" 作用。同时，当蓄电池电压小于 "过放电压" 时，S_2 也关断，进行蓄电池的 "过放电保护"。

D_2 为 "防反接二极管"，当蓄电池极性接反时，D_2 导通，使蓄电池通过 D_2 短路放电，产生很大电流快速将熔丝 B_X 烧断，起到 "防蓄电池极性反接保护" 作用。

检测控制电路随时对蓄电池电压进行检测，一般采用施密特回差电路，当电压高于 "充满切离电压" 时，使 S_1 导通，进行 "过充电保护"；当电压回落到某一数值时，S_1 断开，恢复充电。放电控制也类似，当电压低于 "过放电压" 时，S_2 关断，切离负载，进行 "过放电保护"，而当电压回升到某一数值时，S_2 再次接通，恢复放电。

开关器件、D_1、D_2 及熔丝 B_X 等和检测控制电路共同组成控制器。该电路具有线路简单、价格便宜、充电回路损耗小、控制器效率高的特点，当防反充电保护电路动作时，开关器件要承受太阳能电池组件或方阵输出的最大电流，所以要选用功率较大的开关器件。

2）串联型控制器

串联型控制器是利用串联在充电回路中的机械或电子开关器件控制充电过程，电路原理如图 1-13 所示。当蓄电池充满电时，开关器件断开充电回路，停止为蓄电池充电；当蓄电池电压回落到一定值时，充电电路再次接通，继续为蓄电池充电。串联在回路中的开关器件还可以在夜间切断光伏电池供电，取代防反充电二极管。串联型控制器同样具有结构简单、价格便宜等优点。但由于控制开关是串联在充电回路中，电路的电压损失较大，使充电效率有所降低。

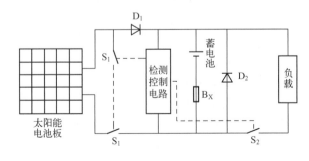

图 1-13　串联型控制器电路原理

　　串联型控制器的电路结构与并联型控制器的电路结构相似，区别仅仅是将开关器件 S_1 由并联在太阳能电池输出端改为串联在蓄电池充电回路中。控制器检测电路监控蓄电池的端电压，当充电电压超过蓄电池设定的充满断开电压值时，S_1 关断，使太阳能电池不再对蓄电池进行充电，起到防止蓄电池过充电的保护作用。其他元件的作用和并联型控制器相同，不再重复叙述，只对其检测控制电路与工作原理进行介绍。

　　串、并联型控制器的检测控制电路实际上就是蓄电池过、欠电压的检测控制电路，主要是对蓄电池的电压随时进行采样检测，并根据检测结果向过充电、过放电开关器件发出接通或断开的控制信号。检测控制电路原理如图 1-14 所示。该电路包括过电压检测和欠电压检测控制两部分电路，由带回差控制的运算放大器组成。其中 A_1 等为过电压检测控制电路，A_1 的同相输入端输入基准电压，反相输入端接被测蓄电池，当蓄电池电压大于过充电电压值时，A_1 输出端 G_1 输出为低电平，使开关器件 S_1 接通（并联型控制器）或关断（串联型控制器），起到过电压保护的作用。当蓄电池电压下降到小于过充电电压值时，A_1 的反相输入电位低于同相输入电位，则其输出端 G_1 又从低电平变为高电平，蓄电池恢复正常充电状态。过充电保护与恢复的门限基准电压由 W_1 和 R_1 配合调整确定。A_2 等构成欠电压检测控制电路，其工作原理与过电压检测控制电路相同。

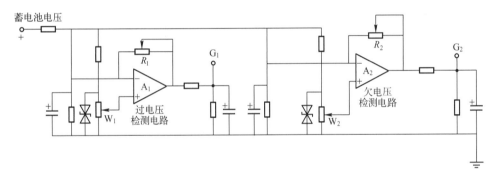

图 1-14　控制器的过、欠电压检测控制电路原理

　　3）脉宽调制（PWM）型控制器

　　太阳能电池的成本很高，提高太阳能电池的利用率和充电效率则能够更有效地利用昂贵的太阳能电池，使蓄电池处于良好的工作状态。PWM 充电方式可以随着蓄电池的充满，电流逐渐减小，符合蓄电池对于充电过程的要求，能够有效地消除极化，有利于完全恢复蓄电池的电量。PWM 充电方式分三个阶段：均衡充电、快速充电、浮充电。蓄电池没有发生过放电，正常工作时采用浮充电，可以有效防止过充电，减少水分的散失；当蓄电池的放电深度超过 70% 时，则实施一次快速充电，有利于完全恢复蓄电池的容量；一旦放电深度（DOD）超过 40%，则实施一次均衡充电，不但有利于完全恢复蓄电池的容量，轻微的放气还能够起到搅拌作用，防止蓄电池内电解液的分层。

　　脉宽调制型控制器的电路如图 1-15 所示。该控制器以脉冲方式开关太阳能电池组件的输入，当蓄电池逐渐趋向充满时，随着其电压的逐渐升高，PWM 电路输出脉冲的频率和时间都发生变化，使开关器件的导通时间延长，间隔缩短，充电电流逐渐趋近于零。当蓄电池电压由充满点下降时，充电电流又会逐渐增大。与前两种控制器相比，脉宽调制充电控制方式虽然没有固定的过充电电压断开点和恢复点，但是电路会控制当蓄电池端电压达到过充电控制点附近时，其充电电流要趋近于零。这种充电过程能形成较完整的充电状态，其平均充电电流的瞬时变化更符合蓄电池当前的充电状况，能够增加光伏系统的充电效率并延长蓄电池的总循环寿命。另外，脉宽调制型控制器还可以实现光伏系统的最大功率跟踪功能。因此可以作为大功率控制器用于大型光伏发电系统中。但是其缺点是控制器的自身工作有 4% ～ 8% 的功率损耗。

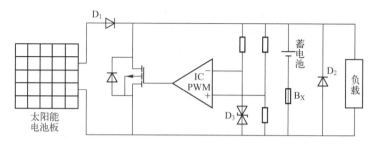

图 1-15　脉宽调制型（PWM）控制器的电路

4）多路型控制器

多路型控制器主要用于 5 kW 以上的太阳能光伏系统中，其电路原理如图 1-16 所示。

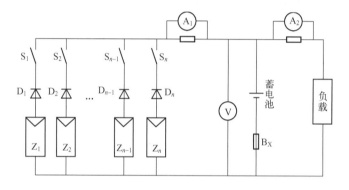

图 1-16　多路控制器电路原理

该控制器的工作原理：

（1）太阳能电池方阵。多个支路输入，每路的最大充电电流为 10 ～ 20 A。

（2）防反充。当太阳能电池方阵不向蓄电池充电时，阻断蓄电池电流倒流向太阳能电池方阵。

（3）充满控制。当蓄电池电压上升到蓄电池充满电压（对于 48 V 系统，充满电压为 56.4 V）时，进行充满控制，将太阳能电池方阵逐路切离充电回路，当电压回落到充满恢复电压（48 V 系统为 52 V）时，逐路接通太阳能电池方阵，恢复充电。

（4）欠电压指示及告警。当蓄电池电压下降到欠电压点（48 V 系统为 45 V）时，进行过放电指示和蜂鸣器报警，通知用户应立即给蓄电池充电，否则蓄电池将过放电，从而影响蓄电池寿命。当电压回升到欠电压恢复电压（48 V 系统为 50 V）时，解除报警。

（5）过放电点控制。当蓄电池电压下降到过放电点（48 V 系统为 42 V）时，进行过放电控制，强迫将负载切离。否则蓄电池将过放电，从而影响蓄电池寿命。当电压回升到过放电恢复电压（48 V 系统为 50 V）时，恢复对负载供电。

该控制器对于功率较大的系统，将电流分散到太阳能电池方阵的各个支路，对于元器件的选择很方便。多路型控制器在蓄电池接近充满时逐路切断太阳能电池方阵的支路，电流是逐渐减小的,符合蓄电池对于充电过程的要求,起到同 PWM 控制器类似的效果,但电路简化很多,可靠性也相应提高了很多。因此,对于充电电流超过 20 A 的光伏发电系统,基本都采用多路型控制器。

5) 智能型控制器

智能型控制器采用 CPU 或 MCU 等微处理器对太阳能光伏发电系统的运行参数进行高速实时采集,并按照一定的控制规律由单片机内设计的程序对单路或多路太阳能电池组件进行切断与接通的智能控制。中、大功率的智能型控制器还可以通过单片机的 RS-232/485 接口通过计算机控制和传输数据,并进行远距离通信和控制。

智能型控制器除了具有过充电、过放电、短路、过载、防反接等保护功能外,还利用蓄电池放电率高,准确地进行放电控制。智能型控制器还具有高精度的温度补偿功能。智能型控制器的电路原理如图 1-17 所示。

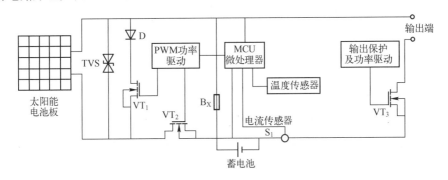

图 1-17 智能型控制器的电路原理

6) 最大功率点跟踪型控制器

从前面对于太阳能电池方阵的介绍可知,希望太阳能电池方阵能够总是工作在最大功率点附近,以充分发挥太阳能电池方阵的作用。太阳能电池方阵的最大功率点会随着太阳辐照度和温度的变化而变化,而太阳能电池方阵的工作点也会随着负载电压的变化而变化,如图 1-18 所示。如果不采取任何控制措施,而是直接将太阳能电池方阵与负载连接,则很难保证太阳能电池方

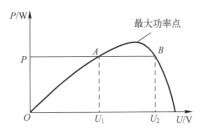

图 1-18 最大功率点跟踪控制

阵工作在最大功率点附近,太阳能电池方阵也不可能发挥出其应有的功率输出。

最大功率点跟踪型控制器的原理是将太阳能电池方阵的电压和电流检测后相乘得到的功率,判断太阳能电池方阵此时的输出功率是否达到最大,若不在最大功率点运行,则调整脉冲宽度、调制输出占空比、改变充电电流,再次进行实时采样,并做出是否改变占空比的判断。最大功率跟踪型控制器的作用就是通过直流变换电路和寻优跟踪控制程序,无论太阳辐照度、温度和负载特性如何变化,始终使太阳能电池方阵工作在最大功率点附近,充分发挥太阳能电池方阵的效能,这种方法被称为"最大功率跟踪",即 MPPT(Maximum Power Point Tracking)。

从图 1-18 所示太阳能电池方阵的输出功率特性的 P-U 曲线可以看出,曲线以最大功率点处为界,分为左右两侧。当太阳能电池工作在最大功率点右侧时,可以将电压值调小,从而使功率增大;当太阳能电池工作在最大功率点左侧时,为了获得最大功率,可以将电压值调大。

太阳能电池在工作时，随着日照强度、环境温度的不同，其端电压将发生变化，使输出功率也产生很大变化，故太阳能电池本身是一种极不稳定的电源。如何能在不同日照、温度的条件下输出尽可能多的电能，提高系统的效率，这就在理论上和实践上提出了太阳能电池阵列的最大功率点跟踪问题。

（1）最大功率点跟踪控制的理论基础。在常规的线性系统电气设备中，为使负载获得最大功率，通常要进行恰当的负载匹配，使负载电阻等于供电系统的内阻，此时负载上就可以获得最大功率，如图 1-19 所示。图中 U_i 为电源电压，R_i 为电压源的内阻，R_o 为负载电阻，则负载上消耗的功率 P_{R_o} 为

$$P_{R_o} = I^2 R_o = \left(\frac{U_i}{R_i + R_o} \right)^2 \times R_o \tag{1-3}$$

式（1-3）中，U_i、R_i 均是常数，对 R_o 求导，可得

$$\frac{\mathrm{d}P_{R_o}}{\mathrm{d}R_o} = U_i^2 \times \frac{R_i - R_o}{(R_i + R_o)^3} \tag{1-4}$$

令 $\dfrac{\mathrm{d}P_{R_o}}{\mathrm{d}R_o} = 0$，即 $R_i = R_o$ 时，P_{R_o} 取得最大值。

由此可以看出，对于一个线性电路，当负载电阻和电源内阻相等时，电源输出功率最大。对于一些内阻不变的供电系统，可以用这种外阻等于内阻的简单方法获得最大输出功率。但在太阳能电池供电系统中，太阳能电池的内阻不仅受日照强度的影响，而且受环境温度及负载的影响，因而处在不断变化之中，从而不可能用上述简单的方法获得最大输出功率，目前所采用的方法是在太阳能电池阵列和负载之间增加一个 DC/DC 变换器，通过 DC/DC 变换器中功率开关管的导通率来调整、控制太阳能电池阵列在最大功率点，从而实现最大功率跟踪控制。

从图 1-20 所示太阳能电池阵列的 P-U 曲线可以看出，以最大功率点电压为界，分为曲线的左、右两侧。由图可知，当阵列工作电压大于最大功率点电压 $U_{p\max}$，即工作在最大功率点电压右边时，阵列输出功率将随着太阳能电池输出电压的下降而增大；当阵列工作电压小于最大功率点电压 $U_{p\max}$，即工作在最大功率点电压左边时，阵列输出功率将随着太阳能电池输出电压下降而减小。

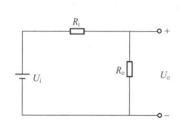

图 1-19　太阳能电池简单的线性电路图

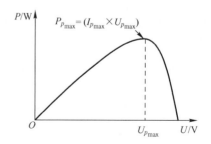

图 1-20　太阳能电池阵列的 P-U 曲线

（2）MPPT 控制的方法。最大功率跟踪控制的算法有多种控制算法。如电压回授法、微扰观察法、增量电导法、滞环比较法、模糊控制法等。

①电压回授法。电压回授法（Constant Voltage Tracking，CVT）是最简单的一种最大功率跟踪法，经由事先的测试，得知光伏阵列在某一日照强度和温度下，最大功率点电压的大小，再调整光伏阵列的端电压，使其能与实际测试的电压相符，来达到最大功率点跟踪的效果，如图1-21所示。此控制方法的最大缺点是当环境条件大幅度改变时，系统不能自动地跟踪到光伏电池改变后的最大功率点，因此造成能量的浪费。

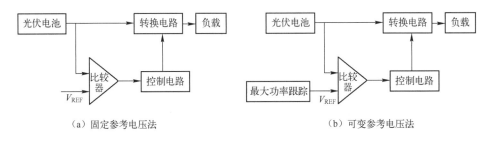

图1-21　电压回授法框图

太阳能电池组件的光电流与辐照度成正比，在辐照度100～1 000 W/m² 范围内，光电流始终随着辐照度的增加而线性增长；而辐照度对光电压的影响很小，在温度固定的条件下，当辐照度在400～1 000 W/m² 范围内变化时，太阳能电池组件的开路电压基本保持恒定。正因为如此，太阳能电池组件的功率与辐照度也基本成正比。

从图1-22可知，太阳能电池组件的最大功率点随太阳辐照度的变化呈现一条垂直线，即保持在同一电压水平上。因此，就提出可以采用电压回授法来进行最大功率点跟踪，这种方法只需要保证太阳能电池方阵的恒压输出即可，大大简化了控制系统。由于太阳能电池方阵工作在阳光下，太阳辐照度的变化远大于其结温的变化，采用CVT方法在大多数情况下是适用的。

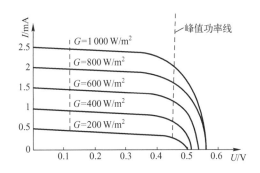

图1-22　辐照度对光电流、光电压和组件峰值功率的影响

对于环境温度变化较大的场合，CVT控制就很难保证太阳能电池方阵工作在最大功率点附近，图1-23给出了不同温度下太阳能电池组件最大功率点的变化。可以看出，随着太阳能电池组件结温的变化，最大功率点电压变化较大，如果仍然采用CVT方法控制，则会产生很大的误差。

为了简化控制方案，又能兼顾温度对太阳能电池组件电压的影响，可以采用改进CVT方法，即仍然采用恒压控制，但增加温度补偿。在恒压控制的同时监视太阳能电池组件的结温，对于不同的结温，调整到相应的恒压控制点即可。

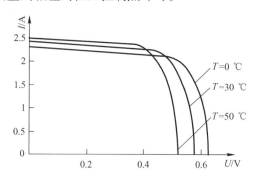

图 1-23　温度对太阳能电池组件最大功率点电压的影响

②微扰观察法。微扰观察法（Perturbation and Observation Method，P&O）由于其结构简单，且需测量的参数较少，所以它被普遍应用在光伏电池板的最大功率点跟踪。就是要引入一个小的变化，然后进行观察，并与前一个状态进行比较，根据比较的结果调节光伏电池的工作点。通过改变光伏电池的输出电压，并实时地对光伏电池的输出电压和电流采样，计算出功率，然后与上一次计算的功率进行比较，如果小于上一次的值，则说明本次控制使功率输出降低了，应控制使光伏电池输出电压按原来相反的方向变化，如果大于则维持原来增大或减小的方向，这样就保证了使太阳能输出向增大的方向变化，如此反复地扰动、观察与比较，使光伏电池板达到其最大功率点，实现最大功率的输出。但是在达到最大功率点附近后，其扰动并不停止，而会在最大功率点左右振荡，造成能量损失并降低光伏电池板的效率。在此引入一个参考电压 U_{REF}，得出比较结果后，调节参考电压，使它逐渐接近最大功率点电压，在调节光伏电池工作点时，根据这个参考电压进行调节。微扰观察法的框图如图 1-24 所示。

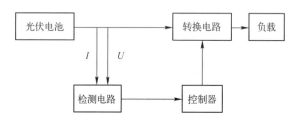

图 1-24　微扰观察法的框图

微扰观察法流程图如图 1-25 所示。

图中 U_k、I_k、P_k 是上一次测量和计算出的值。从图中可以看出：在功率比较之后，经过判断电压的变化，对参考电压 U_{REF} 减一个调整电压 ΔU，然后再进行测量、比较，进入下一个循环，这就是微扰观察法。这种方法简单易懂，实现起来比较容易，只要进行简单的运算和比较即可，因此是一种较为常用的方法。

MPPT 调节过程：如图 1-26（a）所示为日照强度和环境温度不变时的调节过程；图 1-26（b）所示为在系统到达最大功率点后日照强度或环境温度变化后的调节过程。

电压的变化量 ΔU 的选择影响到跟踪的速度与准确度，能否准确地实现 MPPT 功能。ΔU 设置偏大，跟踪速度快，会导致跟踪的精度不够，在最大功率点附近功率输出摆动大；ΔU

设置偏小，则跟踪速度慢，浪费电能，但输出能更好地靠近最大功率点。这种方法简单易懂，实现起来也比较容易，但是这种方法较盲目，如果 U_{REF} 的初始值设置的离最大功率点电压相差较大，加上 ΔU 设置的不合理，可能会花费很长的时间才到达最大功率点，甚至会导致远离最大功率点。一般 ΔU 的值是变化的，根据每次测量和计算的结果不断调整它。当工作点离最大功率点较远时，增大 ΔU，使工作点电压变化得快一些；当工作点离最大功率点较近时，减小 ΔU，使工作点不会跨过最大功率点而远离它。

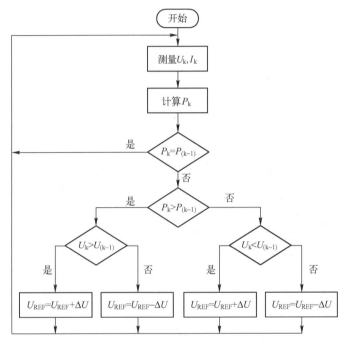

图 1-25 微扰观察法流程图

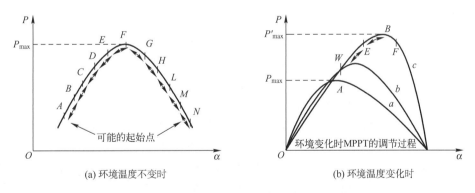

(a) 环境温度不变时 (b) 环境温度变化时

图 1-26 MPPT 调节过程示意图

③增量电导法。增量电导法（Incremental Conductance Method，IncCond）是通过调整工作点的电压，使之逐渐接近最大功率点电压来实现最大功率点的跟踪。而增量电导法避免了微扰观察法的盲目性，它能够判断出工作点电压与最大功率点电压之间的关系。

对于功率 P 有

$$P = U \times I \qquad (1-5)$$

将 $P = U \times I$ 两端对 U 求导，并将 I 作为 U 的函数，可得

$$\frac{\mathrm{d}P}{\mathrm{d}U} = \frac{\mathrm{d}(IU)}{\mathrm{d}U} = I + U\frac{\mathrm{d}I}{\mathrm{d}U} \tag{1-6}$$

由 $P-U$ 曲线可知，当 $\frac{\mathrm{d}P}{\mathrm{d}U} > 0$ 时，$U < U_{\max}$；当 $\frac{\mathrm{d}P}{\mathrm{d}U} < 0$ 时，$U > U_{\max}$；当 $\frac{\mathrm{d}P}{\mathrm{d}U} = 0$ 时，$U = U_{\max}$。将上述三种情况代入式（1-6）中可得

当 $U < U_{\max}$ 时，$\qquad\qquad\qquad \frac{\mathrm{d}I}{\mathrm{d}U} > -\frac{I}{U}$

当 $U > U_{\max}$ 时，$\qquad\qquad\qquad \frac{\mathrm{d}I}{\mathrm{d}U} < -\frac{I}{U}$

当 $U = U_{\max}$ 时，$\qquad\qquad\qquad \frac{\mathrm{d}I}{\mathrm{d}U} = -\frac{I}{U}$

可以根据 $\frac{\mathrm{d}I}{\mathrm{d}U}$ 与 $\frac{I}{U}$ 之间的关系来调整工作点电压从而实现最大功率跟踪。

图 1-27 和图 1-28 即为增量电导法的原理框图及流程图。采用增量电导法，对工作电压的调整不再是盲目的，而是通过每次的测量和比较，预估出最大功率点的大致位置，再根据结果进行调整。这样在天气情况有较快变化的时候，就不会出现采用微扰观察法时出现的工作点越来越远离最大功率点的情况。由此看来增量电导法较微扰观察法有效。但是由于采用增量电导法需要的计算量较大，而且在计算过程中，需要记录的数据比微扰观察法要多，因此对系统的性能要求较高。如果不能采用高速处理器，它的优势并不能真正地体现出来。

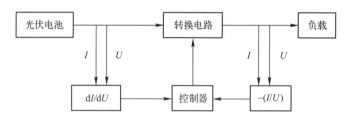

图 1-27　电导增量法原理框图

④滞环比较法。在微扰观察法中，其基本的设计思想是两点比较，即目前的工作点与上一个扰动点比较，判断功率的变化方向从而决定工作电压的移动方向。该方法除了会造成较多的扰动损失外，还可能发生程序的失序现象。针对太阳日照量并不会快速变化的特点，多余的扰动可能会带来更多的损失，而滞环比较法却可以避免此缺陷。此方法可在日照量快速变化时并不立即跟踪并快速移动工作点（可避免干扰或判断错误），而是在日照量比较稳定时再跟踪到最大功率点，以减少扰动消耗，其原理如下所述。

在太阳能电池 $P-U$ 特性曲线的顶点附近任意取三点不同位置，所得到的结果可分为图 1-29 所示的五种情况。设定一个比较的运算变量符 Tag，C 点与 B 点比较，若比 B 点大或相等，则 Tag = 1；若比 B 点小，则 Tag = -1。当三点比较完之后，若 Tag = 2，则工作电压扰动量 D 值应往后移动；若 Tag = -2，则工作电压扰动量 D 值应往左移动；若 Tag = 0，则表示到达顶点（最大功率点），D 值将不变。在 A、B 和 C 三点功率的检测上，先读取 B 点功率为立足点，再增加 ΔD 读取 C 点功率，再减少两倍 ΔD 读取功率值当作 A 点。连续检测三点功率值后再比较大小计算权位值，由权位值来判定立足点应往 C 点移动、A 点移动或是不动。

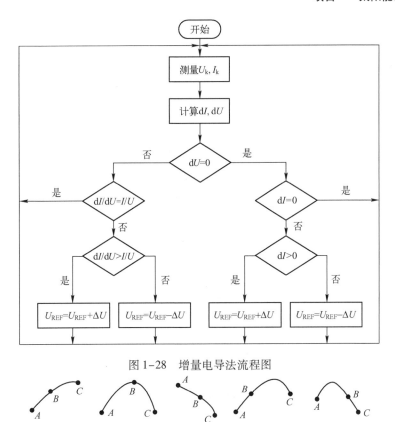

图 1-28　增量电导法流程图

图 1-29　最大功率点附近可能出现的各种状况

由图 1-30 可以看出，此三种排列方式在照度急剧变化时可能会出现，但 Tag 值都为零，即工作点并不会移动。滞环比较法的算法流程如图 1-31 所示，U_A、I_A、D_A，U_B、I_B、D_B，U_C、I_C、D_C 分别代表 A、B、C 三点的电压值、电流值和扰动的 D 值。图 1-33 表示读取 A、B、C 三点的电压值、电流值，并计算其功率。Tag 代表 A、B、C 三点的大小关系，当计算出三点功率后，接着就计算 Tag 值。

图 1-30　滞环比较法中其他的排列方式

Tag = 2 时，D 值增加；Tag = −2 时，D 值减少；Tag = 0 时，D 值不变。

⑤模糊控制法。模糊控制是以模糊集合理论、模糊语言及模糊逻辑推理为基础的控制，它是模糊数学在控制系统中的应用，是一种非线性智能控制。

模糊控制是利用人的知识对控制对象进行控制的一种方法，通常用"if 条件，then 结果"的形式来表现，所以又通俗地称为语言控制。一般用于无法以严密的数学表示的控制对象模型，即可利用人的经验和知识来很好地控制。因此，利用人的智力，模糊地进行系统控制的方法就是模糊控制。模糊控制系统原理框图如图 1-32 所示。

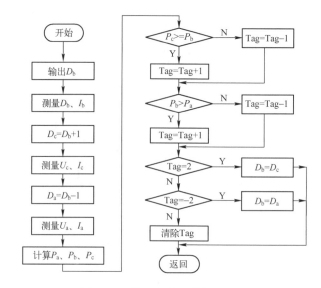

图 1-31　滞环比较法控制流程图

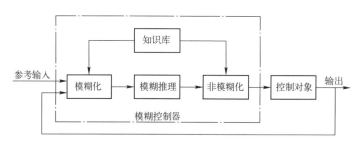

图 1-32　模糊控制系统原理框图

它的核心部分是模糊控制器。模糊控制器的控制是由计算机的程序实现的，实现模糊控制算法的过程：微机采集被控制量的精确值，然后将此量与给定值比较得到误差信号 E；一般选误差信号 E 作为模糊控制器的一个输入量，把 E 的精确值进行模糊量化变成模糊量，误差 E 的模糊量可用相应的模糊语言表示，从而得到误差 E 的模糊语言集合的一个子集 e（e 实际上是一个模糊向量）；再由 e 和模糊控制规则 R（模糊关系）根据推理的合成规则进行模糊决策，得到模糊控制量 u 为

$$u = eR$$

式中，u 为一个模糊量，为了对被控对象施加精确的控制，还需要将模糊量 u 进行非模糊化处理转换为精确量；得到精确数字量后，经数/模转换变为精确的模拟量送给执行机构，对被控对象进行第一步控制；然后，进行第二次采样，完成第二步控制……。这样循环下去，就实现了被控对象的模糊控制。

考虑到光伏电池的外特性，把最大功率探索方法模糊化，在功率比较法的基础上，引入模糊控制以改善其性能，亦即 DC/DC 变换器的占空比 D 的变化量 ΔD 是随模糊规则可变的控制，从而找到最大功率点。这种方法的优点是只注目于发电功率实际大小的信息，不管日照量有多大的变动，都能比较准确地跟踪最大功率点。

由于光伏电池的非线性，用严密的数学模型无法表示，若用最大功率点规则化语言来表示就非常简单。模糊规则如表 1-3 所示。

表 1-3　模　糊　规　则

规　　则	ΔP	$\|\Delta P/\Delta D_n\|$	ΔD_{n+1}
R^1	PS	—	S
R^2	PB	S	B
R^3	PB	B	S
R^4	NS	—	S
R^5	NB	S	B
R^6	NB	B	S

P 表示正；N 表示负；B 表示大；S 表示小；—表示任意。

图 1-33（a）为确定 ΔD 大小的隶属函数图，其中 $\Delta P(=P_n-P_{n-1})$ 为 if 的前部变量，根据 ΔP 的正负和大小来确定 ΔD 值。一般隶属函数的形态也可以为：吊钟形、三角形或梯形，为简化计算可以选用梯形隶属函数。此外，为提高控制的健壮性，相邻的隶属函数有25% 面积相重合。为使测量功率的干扰影响减小，原点近旁的隶属函数作适当偏移，例如把 NB 向负方向移动 $-a$ 距离。图 1-33（b）则是根据日照量变化来判断的隶属函数图。

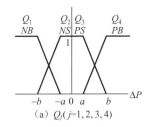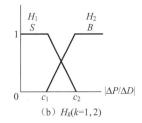

图 1-33　隶属函数图

此时，将 $\left|\Delta P/\Delta D_n\right|$ 作为 if 项的前部变量。该值若为 B（Big），则一旦日照量急剧变化，即可形成新的判断。由模糊规则，一旦出现 $\left|\Delta P/\Delta D_n\right|$ 为 B（Big），即可判断日照量已经增大，为防止误差 ΔD 的变化过大，可设置 ΔD 为 S（Small）的规则。该模糊结构可保证当日照量急剧变化时，虽然最佳工作点也产生很大改变，但不会造成 ΔD 过大的增值。在最大功率点的左右两侧，太阳能电池的工作状态均可正确判定。

5. 控制器的配置选型

控制器的配置选型要根据整个系统的各项技术指标并参考生产厂家提供的产品手册来确定。一般要考虑下面几项技术指标：

（1）控制器的额定负载电流。就是控制器输出到直流负载或逆变器的直流输出电流，该数据要满足负载或逆变器的输入要求。

（2）系统工作电压。指太阳能发电系统中蓄电池组或蓄电池的工作电压，这个电压要根据直流负载的工作电压或逆变器的配置选型确定，一般有12 V、24 V、48 V、110 V 和220 V 等。

（3）额定输入路数和电流。控制器的输入路数要等于或大于太阳能电池方阵的设计输入路数。小功率控制器一般只有一路太阳能电池方阵输入，大功率控制器通常采用多路输入，每路输入的最大电流等于额定输入电流，因此，各路电池方阵的输出电流应小于或等于控制器每路允许输入的最大电流值。

控制器的额定输入电流取决于太阳能电池方阵或组件的输入电流，选型时控制器的额定输入电流应大于或等于太阳能电池输入电流。

除上述主要技术数据要满足设计要求以外，使用环境温度、防护等级、海拔和外形尺寸等参数以及生产厂家和品牌也是控制器配置选型时要考虑的因素。

（三）直流/交流逆变器

1. 逆变器简介

1）逆变器的功能

逆变器是电力电子技术的一个重要应用方面。电力电子技术是电力、电子、自动控制、计算机及半导体等多种技术相互渗透与有机结合的综合技术。

通常，把将交流电能变换成直流电能的过程称为整流，把完成整流功能的电路称为整流电路，把实现整流过程的装置称为整流设备或整流器。与之相对应，把将直流电能变换成交流电能的过程称为逆变，把完成逆变功能的电路称为逆变电路，把实现逆变过程的装置称为逆变设备或逆变器。图 1-34 所示为常见逆变器外形图。

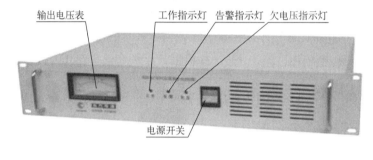

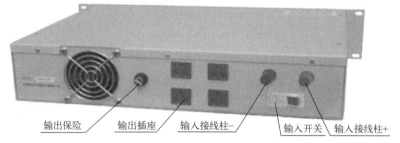

图 1-34 常见逆变器外形图

简单说，逆变器是通过半导体功率开关的开通和关断作用，把直流电能转变成交流电能的一种变换装置，是整流变换的逆过程。太阳能电池在阳光照射下产生直流电，然而以直流电形式供电的系统有很大的局限性。例如，日光灯、电视机、电冰箱、电风扇等均不能直接用直流电源供电，绝大多数动力机械也是如此。此外，当供电系统需要升高电压或降低电压时，交流系统只需加一个变压器即可，而在直流系统中升降压技术与装置则要复杂得多。因此，除特殊用户外，在光伏发电系统中都需要配备逆变器。逆变器还具备自动调压或手动调压功能，可改善光伏发电系统的供电质量。综上所述，逆变器已成为光伏发电系统中不可缺少的重要配套设备。

目前我国光伏发电系统主要是直流系统，即将太阳能电池发出的电能给蓄电池充电，而蓄电池直接给负载供电，如我国西北地区使用较多的太阳能用户照明系统以及远离电网的微波站供电系统均为直流系统。此类系统结构简单，成本低廉，但由于负载直流电压的不同（如 12 V、24 V、48 V 等），很难实现系统的标准化和兼容性，特别是民用电力，由于大多为交流负载，以直流电力供电的光伏电源很难作为商品进入市场。另外，光伏发电最终将实现并网运行，这就必须采用交流系统。随着我国光伏发电市场的日趋成熟，今后交流光伏发电系统必将成为光伏发电的主流。

2）逆变器的发展

从 21 世纪开始，能源的开发和能源资源与环境的协调可持续发展成为主要战略，能源的有效利用和清洁能源的逐步开发已经成为能源利用与环境协调可持续发展战略的重要组成部分。据现在的开采速度，化石能源中最多的煤炭也很快就会消耗殆尽，新能源必将成为人们的首选替代能源。在新能源应用中，诸如风力发电、太阳能发电以及大规模储能再逆变发电系统中，逆变器有着非常关键的作用。

逆变器的发展可以分为以下几个阶段：

1956—1980 年，这一阶段是传统阶段，其主要特征是：开关器件的开关速率低，输出的电压波形改善的方法多以多重叠加法为主，体积和质量都比较大，且效率低。正弦波逆变技术从这个阶段开始出现。

1981—2000 年，这一阶段是高频化阶段，其主要特征是：开关器件的跨管速率变高，波形改善以 PWM 为主，逆变器体积小、逆变速率显著提高，正弦波逆变器这个阶段已经逐渐完善。

2000 年以来，这一阶段的特征是：逆变器的综合性高较高，低速开关与高速开关搭配使用，安全稳定环保的技术出现。

3）逆变技术的发展趋势

1948 年第一台 3 kHz 感应加热逆变器在美国研制出来，真正为正弦波逆变器的发展创造了条件的是晶闸管（SCR）的诞生。到了 20 世纪 80 年代，静电感应功率器件、绝缘栅极晶体管（IGBT）和 MOS 控制晶闸管（GTO）以及功率场效应管（MOSFET）的诞生为大容量逆变器的发展奠定了基础，也为其实现大容量化和高频化奠定了基础。之后逐渐向采用高速器件和提高开关频率的方向发展，其质量和体积都有了进一步的减小，品质也得到了大幅度提高。

1964 年产生了正弦脉宽调制方法，正弦脉宽调制技术 SPWM（Sinusoidal – PWM）是载波为锯齿波或三角波，调制波是正弦波的一种脉宽调制方法，但是受到当时开关器件开关速率慢的影响一直没有得到推广，这个问题直到 1975 年才得到解决，并得到迅速推广使用，同时也使得逆变器的性能有了大大的提高，使得逆变器的研究逐渐由方波向正弦波转变。这种技术具有通用性强、原理简单、调节和控制性能好等特点。后来各种不同的 PWM 技术被开发出来，例如空间矢量调制、电流环 PWM 和三次谐波 PWM 等，这些都成为逆变器中高速开关控制的主导方式。在逆变器电源控制的方法中研究比较多的还有 PID 控制、重复控制、差拍控制、模糊控制等。其中 PID 控制方式因其算法简单成熟、不依赖系统参数、可靠性高等特点得到了较为广泛的应用。至此，逆变器的发展已基本完善。

为逆变技术的实用化创造了平台的是微电子技术的发展，许多先进技术如多电平变换技术、重复控制、模糊逻辑控制等技术得到了较好的应用。总之，逆变技术的发展随着电力电子技术和微电子技术以及现代控制理论的发展而发展，到了 21 世纪，逆变技术朝着功率更大、频率更高、体积更小、效率更高的方向发展。

4）逆变器种类

逆变器的种类很多，可以按照不同方式进行分类。按照逆变器输出交流电的相数，可分为多相逆变器、三相逆变器和单相逆变器；按照逆变器输出交流电的频率，可分为中频逆变器、工频逆变器和高频逆变器；按照逆变器线路原理不同，可分为自激振荡型逆变器、谐振型逆变器、阶梯波叠加型逆变器和脉宽调制型逆变器等；按照逆变器的输出电压的波形，可分为方波、正弦波和阶梯波逆变器；按照逆变器输出功率大小不同，可以分大功率逆变器（>10 kW）、中功率逆变器（1～10 kW）、小功率逆变器（<1 kW）；按照逆变器主电路结构不同，可分为推挽式逆变器、半桥式逆变器、单端式逆变器和全桥式逆变器；按照逆变器输出能量的去向不同，可分为有源逆变器和无源逆变器。

下面简单介绍按照逆变器的输出电压的波形分类的几种逆变器：

（1）方波逆变器。方波逆变器输出的电压波形为方波，此类逆变器所使用的逆变电路也不完全相同，但共同的特点是线路比较简单，使用的功率开关数量很少。设计功率一般在百瓦至千瓦之间。

方波逆变器的优点：线路简单，维修方便，价格便宜。

缺点是方波电压中含有大量的高次谐波，在带有铁芯电感或变压器的负载用电器中将产生附加损耗，对收音机和某些通信设备有干扰。此外，这类逆变器还有调压范围不够宽，保护功能不够完善，噪声比较大等缺点。

（2）阶梯波逆变器。此类逆变器输出的电压波形为阶梯波。逆变器实现阶梯波输出也有多种不同的线路。输出波形的阶梯数目差别很大。

阶梯波逆变器的优点：输出波形比方波逆变器有明显改善，高次谐波含量减少，当阶梯达到17个以上时输出波形可实现准正弦波，当采用无变压器输出时整机效率很高。

缺点是阶梯波叠加线路使用的功率开关较多，其中还有些线路形式还要求有多组直流电源输入。这给太阳能电池方阵的分组与接线和蓄电池的均衡充电均带来麻烦。此外，阶梯波电压对收音机和某些通信设备仍有一些高频干扰。

（3）正弦波逆变器。正弦波逆变器输出的电压波形为正弦波。

正弦波逆变器的优点：输出波形好，失真度很低，对收音机及通信设备干扰小，噪声低。此外，保护功能齐全，整机效率高。

缺点是线路相对复杂，对维修技术要求高，价格昂贵。

5）光伏逆变器的主要技术指标

（1）输出电压的稳定度。在光伏系统中，太阳能电池发出的电能先由蓄电池储存起来，然后经过逆变器逆变成220 V或380 V的交流电。但是蓄电池受自身充放电的影响，其输出电压的变化范围较大，如标称12 V的蓄电池，其电压值可在10.8～14.4 V之间变动（超出这个范围可能对蓄电池造成损坏）。对于一个合格的逆变器，输入端电压在这个范围内变化时，其稳态输出电压的变化量应不超过额定值的±5%，同时当负载发生突变时，其输出电压偏差不应超过额定值的±10%。

（2）输出电压的波形失真度。对正弦波逆变器，应规定允许的最大波形失真度（或谐波含量）。通常以输出电压的总波形失真度表示，其值应不超过5%（单相输出允许10%）。由于逆变器输出的高次谐波电流会在感性负载上产生涡流等附加损耗，如果逆变器波形失真度过大，会导致负载部件严重发热，不利于电气设备的安全，并且严重影响系统的运行效率。

（3）额定输出频率。对于包含电机之类的负载，如洗衣机、电冰箱等，由于其电机最佳频率工作点为50 Hz，频率过高或者过低都会造成设备发热，降低系统运行效率和使用寿命，所以逆变器的输出频率应是一个相对稳定的值，通常为工频50 Hz，正常工作条件下其偏差应在±1%以内。

（4）负载功率因数。表征逆变器带感性负载或容性负载的能力。正弦波逆变器的负载

功率因数为 $0.7 \sim 0.9$，额定值为 0.9。在负载功率一定的情况下，如果逆变器的功率因数较低，则所需逆变器的容量就要增大，一方面造成成本增加，同时光伏系统交流回路的视在功率增大，回路电流增大，损耗必然增加，系统效率也会降低。

（5）逆变器效率。逆变器的效率是指在规定的工作条件下，其输出功率与输入功率之比，以百分数表示。一般情况下，光伏逆变器的标称效率是指纯阻负载，80% 负载情况下的效率。由于光伏系统总体成本较高，因此应该最大限度地提高光伏逆变器的效率，降低系统成本，提高光伏系统的性价比。目前主流逆变器标称效率在 $80\% \sim 95\%$ 之间，对小功率逆变器要求其效率不低于 85%。在光伏系统实际设计过程中，不但要选择高效率的逆变器，同时还应通过系统合理配置，尽量使光伏系统负载工作在最佳效率点附近。

（6）额定输出电流（或额定输出容量）。表示在规定的负载功率因数范围内逆变器的额定输出电流。有些逆变器产品给出的是额定输出容量，其单位以 $V \cdot A$ 或 $kV \cdot A$ 表示。逆变器的额定容量是当输出功率因数为 1（即纯阻性负载）时，额定输出电压与额定输出电流的乘积。

（7）保护措施。一款性能优良的逆变器，还应具备完备的保护功能或措施，以应对在实际使用过程中出现的各种异常情况，使逆变器本身及系统其他部件免受损伤。

①输入欠电压保护。当输入端电压低于额定电压的 85% 时，逆变器应有保护和显示。

②输入过电压保护。当输入端电压高于额定电压的 130% 时，逆变器应有保护和显示。

③过电流保护。逆变器的过电流保护，应能保证在负载发生短路或电流超过允许值时及时动作，使其免受浪涌电流的损伤。当工作电流超过额定值的 150% 时，逆变器应能自动保护。

④输出短路保护。逆变器短路保护动作时间应不超过 0.5 s。

⑤输入反接保护。当输入端正、负极接反时，逆变器应有防护功能和显示。

⑥防雷保护。逆变器应有防雷保护。

⑦过温保护等。对无电压稳定措施的逆变器，逆变器还应有输出过电压防护措施，以使负载免受过电压的损害。

（8）启动特性。表征逆变器带负载启动的能力和动态工作时的性能。逆变器应保证在额定负载下可靠启动。

（9）噪声。电力电子设备中的变压器、滤波电感、电磁开关及电风扇等部件均会产生噪声。逆变器正常运行时，其噪声应不超过 80 dB，小型逆变器的噪声应不超过 65 dB。

6）逆变器的简单选型

逆变器的选用，首先要考虑具有足够的额定容量，以满足最大负荷下设备对电功率的要求。对于以单一设备为负载的逆变器，其额定容量的选取较为简单。

当用电设备为纯阻性负载或功率因数大于 0.9 时，选取逆变器的额定容量为用电设备容量的 $1.1 \sim 1.15$ 倍即可。同时逆变器还应具有抗容性和感性负载冲击的能力。

对一般电感性负载，如电动机、电冰箱、空调、洗衣机、大功率水泵等，在启动时，其瞬时功率可能是其额定功率的 $5 \sim 6$ 倍，此时，逆变器将承受很大的瞬时浪涌。针对此类系统，逆变器的额定容量应留有充分的余量，以保证负载能可靠启动。高性能的逆变器可做到连续多次满负荷启动而不损坏功率器件。小型逆变器为了自身安全，有时需采用软启动或限流启动的方式。

另外，逆变器还要有一定的过载能力，当输入电压与输出功率为额定值，环境温度为 25 ℃时，逆变器连续可靠工作时间应不低于 4 h；当输入电压为额定值，输出功率为额定值的 125% 时，逆变器安全工作时间应不低于 1 min；当输入电压为额定值，输出功率为额定值的 150% 时，逆变器安全工作时间应不低于 10 s。

应用举例：光伏系统中主要负载是 150 W 的电冰箱，正常工作时选择额定容量为 180 W 的交流逆变器即能可靠工作，但是由于电冰箱是感性负载，在启动瞬间其功率消耗可达额定功率的 5 ～ 6 倍之多，因此逆变器的输出功率在负载启动时可达到 800 W，考虑到逆变器的过载能力，选用 500 W 逆变器即能可靠工作。

当系统中存在多个负载时，逆变器容量的选取还应考虑几个用电负载同时工作的可能性，即"负载同时系数"。

2. 逆变器的工作原理

逆变器的工作原理是通过功率半导体开关器件的开通和关断作用，把直流电能转换成交流电能的电力电子变换器。逆变器尽管种类繁多，线路也各有不同，有的电路也很复杂，但逆变的基本原理还是相同的。下面将以最简单的单相桥式逆变电路为例，说明逆变器的逆变原理、过程。单相桥式逆变的原理，如图 1–35 所示。

图 1–35 中 E 表示输入直流电压，R 表示逆变器的纯阻性负载。当开关 S_1、S_4 接通后，电流流过 S_1、R 和 S_4，负载上的电压极性是左正右负；当开关 S_1、S_4 断开，S_2、S_3 接通后，电流流过 S_2、R 和 S_3，负载上的电压极性反向。若两组开关 S_1、S_4 和 S_2、S_3 以一定的频率 f 更替通断，其波形如图 1–36 所示，该波形为一方波，其周期 $T = 1/f$，这就实现了直流电向交流电的逆变过程。

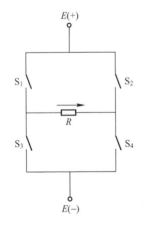

图 1–35　逆变器的工作原理示意图

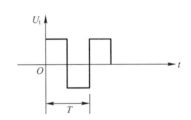

图 1–36　方波波形图

逆变器的基本电路构成如图 1–37 所示，在现代电力电子技术中，逆变器一般除了逆变电路和控制电路以外，一般还有保护电路、辅助电路、输入和输出电路等。

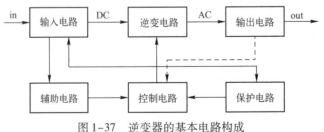

图 1–37　逆变器的基本电路构成

保护电路主要包括输入欠电压、过电压保护，输出过电压、欠电压保护，过电流和短路保护，过热保护，过载保护等。

控制电路主要为主逆变电路提供一系列的控制脉冲来控制逆变开关器件的导通和关断，配合主逆变电路完成逆变功能。

主逆变开关电路是逆变电路的核心，其主要作用是通过半导体开关器件的导通和关断完成逆变的功能。逆变电路分为非隔离式和隔离式两大类。

输入电路的主要作用是为主逆变电路提供可确保其正常工作的直流工作电压。

输出电路主要是对主逆变电路输出的交流电的波形、电压和电流的频率、幅值和相位等进行调理、补偿、修正，使之能满足使用需求。

辅助电路主要是将输入电压变换成适合控制电路工作的直流电压，辅助电路还包含了多种检测电路。

1）方波逆变器原理

方波逆变器电路图如图 1-38 所示，它共有四个桥臂，其中 V_1 和 V_4 组成一对桥臂，V_2 和 V_3 组成另一对桥臂，两对桥臂交替导通 180°，称之为 180°导电型，也称为单相电压型全桥逆变电路，其输出电压、电流波形如图 1-39 所示。工作过程简要分析如下：当 V_1、V_4 导通时，$u_o = +U_d$；当 D_2、D_3 导通续流时，$u_o = -U_d$。

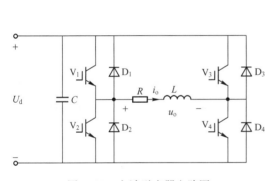

图 1-38 方波逆变器电路图

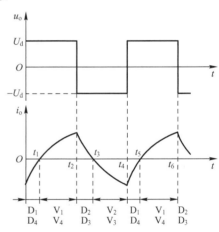

图 1-39 逆变器输出波形图

全桥逆变电路是应用得最多的、最广泛的一种单相逆变电路。下面对其输出电压进行定量分析。将幅值为 U_d 的矩形波 u_o 展开成傅里叶级数得

$$u_o = \frac{4U_d}{\pi}\left(\sin\omega t + \frac{1}{3}\sin3\omega t + \frac{1}{5}\sin5\omega t + \cdots\right) \tag{1-7}$$

由式（1-7）得基波分量的幅值 U_{o1m} 和基波分量的有效值 U_{o1} 分别为

$$U_{o1m} = \frac{4U_d}{\pi} = 1.27U_d \tag{1-8}$$

$$U_{o1} = \frac{2\sqrt{2}U_d}{\pi} = 0.9U_d \tag{1-9}$$

因此，改变直流电压 U_d 就可以实现交流输出电压有效值的调节。

2）正弦波逆变器原理

正弦波逆变器就是输出波形为正弦波的逆变器，它跟方波逆变器相比，由于输出波形为

正弦波，失真小，因而对外界的干扰小，在要求较高的场合，必须使用正弦波逆变器。要了解正弦波逆变器，首先必须知道什么是脉冲宽度调制。

脉冲宽度调制简称脉宽调制，用 PWM 表示。PWM 控制技术就是控制开关器件的导通和关断的时间比，即调节脉冲宽度或者周期来控制输出电压的一种控制技术。

在逆变器中，脉宽调制的方法主要有矩形波脉宽调制和正弦波脉宽调制（SPWM）两大类。矩形波脉宽调制的输出波形是宽度相等的脉冲列；正弦波脉宽调制的输出波形是宽度与正弦波的幅值成正比的脉冲列。这里将介绍目前应用最广泛的正弦波脉宽调制型逆变器。

3）PWM 控制技术的基本原理

PWM 控制的重要理论依据是采样控制理论的冲量等效原理，即脉冲面积相等而形状不同的窄脉冲用于惯性系统时，其作用效果相同。

如图 1-40 所示，这里把一个正弦半波电压分成 N 等分（图中 $N=8$），这样正弦波就可以由看成由 N 个彼此相连的脉冲列组成。这些脉冲列的宽度相等，但是幅值是按照正弦波的规律变化的。假如将上述脉冲列用同样数量的等幅值不等宽的矩形脉冲代替，并且使矩形脉冲的中点和相应的正弦半波的中心点重合，同时使各矩形脉冲和其相应的正弦部分面积相等，这样就得到了图 1-40 所示的脉冲列，这就是 PWM 波形。从图中可看出，各脉冲的幅值相等，而宽度是按正弦规律变化的。

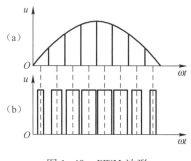

图 1-40　PWM 波形

用同样的方法可得到正弦波负半周的 PWM 波形。完整的正弦波形用等效的 PWM 波形表示就称为 SPWM 波形。

4）单极性 SPWM 调制

图 1-41 为单极性 SPWM 波形，调制信号 u_r 为正弦波，载波信号 u_c 在 u_r 的正半周为正极性的三角波，在 u_r 的负半周为负极性的三角波，所得到的 SPWM 波形也相应的只在一个方向变化。由图 1-41 可见，u_o 波形有三种电平，即 $+U_d$、0、$-U_d$。

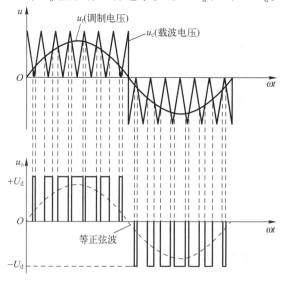

图 1-41　单极性 SPWM 波形

SPWM 型逆变电路既可以用晶闸管作为开关器件构成，也可以用全控型开关器件构成。用全控型器件（如：功率 MOSFET、IGBT、GTR 等）构成的 PWM 型逆变器具有体积小、频率高、控制灵活、调节性好以及成本低等优点，因此在中小功率范围内得到了非常广泛的应用。图 1-42 是电压型单相 SPWM 逆变器的基本电路，图中采用了 IGBT 作为控制器件，假设负载为电感性。

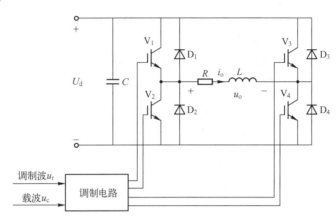

图 1-42　电压型单相 SPWM 逆变器的基本电路

①在 u_r 的正半周内，使 V_1 保持通态，V_2、V_3 保持断态，而在 u_r 和 u_c 的交点时刻控制 V_4 交替通断。当 $u_r > u_c$ 时，使 V_4 导通，输出电压 $u_o = U_d$；当 $u_r \leq u_c$ 时，使 V_4 关断，由于电感性负载中的电流不能突变，负载电流将通过二极管 D_3 续流，使输出电压 $u_o = 0$。

②在 u_r 的负半周内，使 V_2 保持通态，V_1、V_4 保持断态，同样在 u_r 和 u_c 的交点时刻控制 V_3 交替通断。当 $u_r < u_c$ 时，使 V_3 导通，输出电压 $u_o = -U_d$；当 $u_r \geq u_c$ 时，使 V_3 关断，负载电流将通过二极管 D_4 续流，使输出电压 $u_o = 0$。

这样就可以得到单相 SPWM 逆变电路输出电压 u_o 的 SPWM 波形，如图 1-41 所示，图中虚线表示输出电压 u_o 的基波分量。由以上分析可知，调节正弦波信号 u_r 的幅值就可以改变脉冲的宽度，从而改变逆变器输出电压的基波幅值，实现对输出电压的大小调节；而改变正弦波调制信号 u_r 的频率，就可以实现对逆变输出频率的调节。

5）双极性 SPWM 调制

图 1-43 所示为双极性 SPWM 波形，与单极性方式有所不同的是，在正弦波调制信号 u_r 的半个周期内，三角波载波信号 u_c 有正有负，所得到的 SPWM 波形也有正有负。并且在 u_r 的一个周期内，输出的 SPWM 波只有 $\pm U_d$ 两种电平。

同样如图 1-43，在 u_r 和 u_c 的交点时刻控制各开关器件的通断，并且在 u_r 的正负半周内，对各开关器件的控制规律相同。当 $u_r > u_c$ 时，使 V_1、V_4 导通，V_2、V_3 关断，输出电压 $u_o = U_d$；当 $u_r < u_c$ 时，使 V_2、V_3 导通，V_1、V_4 关断，输出电压 $u_o = -U_d$。由于电感性负载电流不能突变，所以也有续流二极管的续流过程，当 $i_o > 0$ 时，D_2、D_3 续流，$u_o = -U_d$；当 $i_o < 0$ 时，D_1、D_4 续流，$u_o = +U_d$。单相 SPWM 逆变电路在采用双极性 SPWM 时的波形如图 1-43 所示。

在双极性 SPWM 调制中，同一半桥上下两个桥臂 IGBT 的驱动信号极性相反，故 V_1 和 V_2 的通断状态互补，V_3 和 V_4 的通断状态也互补。实际应用时，为了防止上下两个桥臂同时导通而引起短路，在给一桥臂施加关断信号后，要延迟 ΔT 时间再给另一桥臂施加导通信号。延迟时间的大小取决于 IGBT 的关断时间。由于延迟时间存在，将会给输出的 PWM 波形带来偏离正弦波的不利影响。所以，在保证安全可靠换流的前提下，延迟时间应尽可能的小。

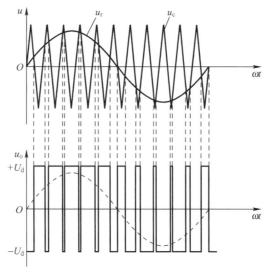

图 1-43　双极性 SPWM 波形

3. 逆变变换的电路形式

在逆变器中需要把低压升压成逆变电路所需要的峰值电压，如是正弦波逆变，则产生所需要的 220 V 正弦波交流电。在逆变器的升压电路，是通过高频半导体器件的开关动作，将电压较低的直流电压变为电压较高的交流电压。变换器包括很多种形式，其中常用的形式为单管正激式、推挽式、双管正激式、半桥式和全桥式，如图 1-44 所示。

1）单管正激式拓扑

单管正激式拓扑如图 1-44（a）所示，其结构简单，变压器有三个绕组（其中 N_3 为磁通复位绕组），即在变压器绕组中加一磁通复位绕组就可以实现去磁，适合用于中小功率变压器。但是这种拓扑也存在很多问题：主开关器件电压应力较高，承受了两倍的输入电压甚至更高；由于在变压器中添加了去磁绕组而使得结构复杂化，所以变压器的绕组烧制工艺将直接影响到电路的性能。

2）推挽式拓扑

推挽式拓扑如图 1-44（b）所示。电路工作时，由于两只对称的功率开关管每次只有一个导通，因此开关管的导通损耗小，效率高，其开关变压器磁芯利用率也高。推挽变换器电路的特点是：电路结构简单，变压器能够双向励磁，磁芯利用率高。但是这种电路也存在不足：首先主功率器件电压应力较高，为输入电压的两倍。而且若变压器一次侧的两个绕组不能够很好耦合，开关的电压应力还会升高；其次变压器一次绕组需要中间抽头，变压器的制作难度增加。变压器虽然能够双向励磁，但是由于开关器件的开关时间以及导通压降不能完全相同，所以很容易造成变压器正向励磁和反向励磁不相等而引起变压器的偏磁而导致铁芯饱和，因此在使用推挽电路时必须采取一些特别的措施来防止变压器的偏磁。

3）半桥式拓扑

半桥式拓扑如图 1-44（c）所示。与推挽电路相比，半桥变换器开关的电压应力减少了一半，为输入电源电压，但是半桥变换器在开关开通时，变压器一次侧所加的电压只有输入电源电压的一半，一次变换器的输出功率受到了限制，要想得到较高的输出功率就必须增加开关的电流应力。另外，从半桥变换器的拓扑电路上可以看出，桥臂结构为两个开关管串联，因而存在桥臂直通的危险，影响了变换器的可靠性。

　　4）全桥式拓扑

　　全桥式拓扑如图1-44（d）所示。全桥变换器与双管正激变换器的开关电压应力相同，但是全桥变换器具有变压器利用率高的优点和存在桥臂直通的缺点，而双管正激变换器正好相反，没有桥臂直通电流的危险。

　　5）双管正激式拓扑

　　双管正激式拓扑如图1-44（e）所示。该电路显著的优点是漏感能量在开关管导通时不是消耗于电阻元件或功率开关管内，而使在开关管关断时通过D_1和D_2回馈给直流电源，漏感电流从N_1的异名端流出，经D_2流入U_{in}的正极，然后从其负极流出，经D_1返回到N_1的同名端。双管正激式变换器另一个优点就是变换器每个桥臂都是由开关管和二极管串联而成，能够从结构上彻底消除桥臂直通的现象，变换器的可靠性得到了大大的提高，因此在工业领域得到了广泛的应用。

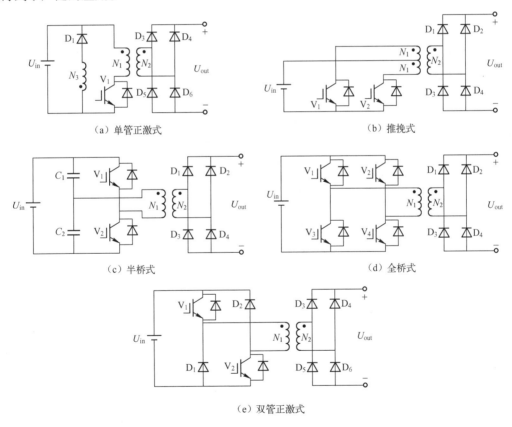

图1-44　DC-DC隔离变换拓扑图

（四）蓄电池组

　　蓄电池组是光伏电站的储能装置，由它将太阳能电池方阵从太阳辐射能转换来的直流电转换为化学能储存起来，以供应用。其作用是储存太阳能电池方阵受光照时所发出的电能并可随时向负载供电。蓄电池放电时输出的电量与充电时输入的电量之比称为容量输出效率，蓄电池使用过程中，蓄电池放出的容量占其额定容量的百分比称为放电深度。当控制器对蓄电池进行充放电控制时，要求控制器具有输入充满断开和恢复接通的功能。如对 12 V 密封型铅酸蓄电池控制时，其恢复连接参考电压值为 13.2 V；如对 24 V 密封铅酸蓄电池控制时，其恢复连接参考电压值为 26.4 V。

根据计量条件的不同，电池的容量包括理论容量、实际容量和额定容量。理论容量是蓄电池中活性物质的质量按法拉第定律计算得到的最高理论值。实际容量是指蓄电池在一定放电条件下实际所能输出的电量。数值上等于放电电流与放电时间的乘积，其数值小于理论容量。额定容量国外又称标称容量，是按照国家或有关部门颁布的标准，在电池设计时要求电池在一定的放电条件下（通信电池一般规定在 25 ℃ 环境下以 10 h 放电率电流放电至终止电压）应该放出的最低限度的电量值。

太阳能电池发电系统对所用蓄电池组的基本要求如下：

（1）自放电率低；

（2）使用寿命长；

（3）深放电能力强；

（4）充电效率高；

（5）少维护或免维护；

（6）工作温度范围宽；

（7）价格低廉。

目前我国与太阳能电池发电系统配套使用的蓄电池主要是铅酸蓄电池。固定式铅酸蓄电池性能优良、质量稳定、容量较大、价格较低，是我国光伏电站目前选用的主要储能装置。根据光伏发电系统使用的要求，可将蓄电池串并联成蓄电池组，蓄电池组主要有三种运行方式，分别为循环充放电制、定期浮充制、连续浮充制。

1. 铅酸蓄电池的结构及工作原理

1）铅酸蓄电池的结构

铅酸蓄电池主要由正极板组、负极板组、隔板、容器、电解液及附件等部分组成。极板组是由单片极板组合而成，单片极板又由基极（又叫极栅）和活性物质构成。铅酸蓄电池的正负极板常用铅锑合金制成，正极的活性物是二氧化铅，负极的活性物质是海绵状纯铅。

极板按其构造和活性物质形成方法分为涂膏式和化成式。涂膏式极板在同容量时比化成式极板体积小、质量小、制造简便、价格低廉，因而使用普遍；缺点是在充放电时活性物质容易脱落，因而寿命较短。化成式极板的优点是结构坚实，在放电过程中活性物质脱落较少，因此寿命长；缺点是笨重，制造时间长，成本高。隔板位于两极板之间，防止正负极板接触而造成短路。材料有木质、塑料、硬橡胶、玻璃丝等，现大多采用微孔聚氯乙烯塑料。

电解液是用蒸馏水稀释纯浓硫酸而成。其比重视电池的使用方式和极板种类而定，一般在 1.200 ～ 1.300（25 ℃）之间（充电后）。

容器通常为玻璃容器、衬铅木槽、硬橡胶槽或塑料槽等。

2）铅酸蓄电池的工作原理

蓄电池是通过充电将电能转换为化学能贮存起来，使用时再将化学能转换为电能释放出来的化学电源装置。它是用两个分离的电极浸在电解质中而成。由还原物质构成的电极为负极，由氧化态物质构成的电极为正极。当外电路接近两极时，氧化还原反应就在电极上进行，电极上的活性物质就分别被氧化还原了，从而释放出电能，这一过程称为放电过程。放电之后，若有反方向电流流入电池时，就可以使两极活性物质回复到原来的化学状态。这种可重复使用的电池，称为二次电池或蓄电池。如果电池反应的可逆变性差，那么放电之后就不能再用充电方法使其恢复初始状态，这种电池称为原电池。

电池中的电解质，通常是电离度大的物质，一般是酸和碱的水溶液，但也有用氨盐、熔融盐或离子导电性好的固体物质作为有效的电池电解液的。以酸性溶液（常用硫酸溶液）作为电解质的蓄电池，称为酸性蓄电池。根据铅酸蓄电池使用场地，又可分为固定式和移动式两大类。铅酸蓄电池单体的标称电压为 2 V。实际上，电池的端电压随充电和放电的过程而变化。

铅酸蓄电池在充电终止后，端电压很快下降至 2.3 V 左右。放电终止电压为 1.7 ～ 1.8 V。若再继续放电，电压急剧下降，将影响电池的寿命。铅酸蓄电池的使用温度范围为 $-40 \sim +40 \,^{\circ}\mathrm{C}$。铅酸蓄电池的安时效率为 85% ～ 90%，瓦时效率为 70%，它们随放电率和温度而改变。

凡需要较大功率并有充电设备可以使电池长期循环使用的地方，均可采用蓄电池。铅酸蓄电池价格较廉，原材料易得，但维护手续多，而且能量低。碱性蓄电池，维护容易，寿命较长，结构坚固，不易损坏，但价格昂贵，制造工艺复杂。从技术经济性综合考虑，目前光伏电站应以主要采用铅酸蓄电池作为贮能装置为宜。

2. 蓄电池的电压、容量和型号

（1）蓄电池的电压。蓄电池每单格的标称电压为 2 V，实际电压随充放电的情况而变化。充电结束时，电压为 2.5 ～ 2.7 V，以后慢慢地降至 2.05 V 左右的稳定状态。

如用蓄电池做电源，开始放电时电压很快降至 2 V 左右，以后缓慢下降，保持在 1.9 ～ 2.0 V 之间。当放电接近结束时，电压很快降到 1.7 V；当电压低于 1.7 V 时，便不应再放电，否则要损坏极板。停止使用后，蓄电池电压自己能回升到 1.98 V。

（2）蓄电池的容量。蓄电池的容量是指电池蓄电的能力，通常以充足电后的蓄电池放电至端电压到达规定放电终了电压时电池所放出的总电量来表示。在放电电流为定值时，电池的容量用放电电流和时间的乘积来表示，单位是安·时，简写为 A·h。

蓄电池的"标称容量"是在蓄电池出厂时规定的该蓄电池在一定的放电电流及一定的电解液温度下单格电池的电压降到规定值时所能提供的电量。

蓄电池的放电电流常用放电时间的长短来表示（即放电速度），称为"放电率"，如 30 h 率、20 h 率、10 h 率等。其中以 20 h 率为正常放电率。所谓 20 h 放电率，表示用一定的电流放电，20 h 可以放出的额定容量。通常额定容量用字母 C 表示。因而 C_{20} 表示 20 h 放电率，C_{30} 表示 30 h 放电率。

（3）蓄电池的型号。蓄电池的型号由三部分组成：第一部分表示串联的单体电池个数；第二部分是用汉语拼音字母表示的电池类型和特征；第三部分表示额定容量。例如"6-A-60"型蓄电池，表示六个单格（即 12 V）的干荷电式铅酸蓄电池，标称容量为 60 A·h。

3. 电解液的配制

电解液的主要成分是蒸馏水和化学纯硫酸。硫酸是一种剧烈的脱水剂，若不小心，溅到身上会严重腐蚀人的衣服和皮肤，因此配制电解液时必须严格按照操作规程进行。

（1）配制电解液的容器及常用工具。配制电解液的容器必须用耐酸耐高温的瓷、陶或玻璃容器，也可用衬铅的木桶或塑料槽。除此之外，任何金属容器都不能使用。搅拌电解液时只能用塑料棒或玻璃棒，不可用金属棒搅拌。为了准确地测试出电解液的各项数据，还需以下几种专用工具：

①电液密度计。电液密度计是间接测量电解液浓度（质量分数或体积分数）的一种仪器。它由橡皮球、玻璃管、密度计和橡皮插头构成，如图1-45所示。

使用电液密度计时，先把橡皮球压扁排出空气，将橡皮管头插入电解液中，慢慢放松橡皮球将电解液吸入玻璃管内。吸入的电解液以能使管内的密度计浮起为准。测量电解液的浓度时，密度计应与电解液液面相互垂直，观察者的眼睛与液面平齐，并注意不要使密度计贴在玻璃管壁上；观察读数时，应当略去由于液面张力使表面扭曲而产生的读数误差。

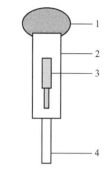

图1-45　电液密度计示意图
1—橡皮球；2—玻璃管；
3—密度计；4—橡皮插头

常用带胶球电解液密度计的测量范围在 $1.100 \sim 1.300 \text{ g/cm}^3$ 之间，准确度可达1‰。

②温度计。一般有汞温度计和酒精温度计两种。区分这两种温度计的方法，是观察温度计底部球状容器内液体的颜色，酒精温度计的颜色是红色，汞温度计的颜色是银白色。由于在使用酒精温度计时一旦温度计破损酒精溶液将对蓄电池板栅有强烈的腐蚀作用，所以一般常用汞温度计来测电解液的温度。

③蓄电池电压表。蓄电池电压表又称高率放电叉，是用来测量蓄电池单格电压的仪表。当接上高率放电电阻丝时，蓄电池电压表可用来测量蓄电池的闭路电压（即工作电压）。卸下高率放电电阻丝，可作为普通电压表使用，用来测量蓄电池的开路电压。

（2）配制电解液的注意事项。配制电解液必须注意安全，严格按操作规程进行，应注意以下事项：

①要用无色透明的化学纯硫酸，严禁使用含杂质较多的工业用硫酸。

②应用纯净的蒸馏水，严禁使用含有有害杂质的河水、井水和自来水。

③应在清洁耐酸的陶瓷或耐酸的塑料容器中配制，避免使用不耐温的玻璃容器，以免被硫酸和水混合时产生的高温炸裂。

④配制人员一定要做好安全防护工作。要戴胶皮手套，穿胶靴及耐酸工作服，并戴防护镜。若不小心，将电解液溅到身上，要及时用碱水或自来水冲洗。

⑤配制前按所需电解液的比重先粗略算出蒸馏水与硫酸的比例。配制时必须将硫酸缓慢倒入水中，并用玻璃棒搅动，千万不能用铁棒和任何金属棒搅拌，千万不要将水倒入硫酸中，以免强烈的化学反应飞溅伤人。

⑥新配制的电解液温度高，不能马上灌注电池，必须待稳定降至30℃时倒入蓄电池中。

⑦灌注蓄电池的电解液，其密度为 $(1.27 \pm 0.01) \text{ g/cm}^3$。

⑧由于电解液的密度会随温度的变化而变化，所以测量密度时应根据实际温度进行修正（见表1-4和表1-5）。

表 1-4 电解液与蒸馏水的配比表

电解液密度/(g/cm³)	体 积 之 比		质 量 之 比	
	浓硫酸	蒸馏水	浓硫酸	蒸馏水
1.180	1	5.6	1	3.0
1.200	1	4.5	1	2.6
1.210	1	4.3	1	2.5
1.220	1	4.1	1	2.3
1.240	1	3.7	1	2.1
1.250	1	3.4	1	2.0
1.260	1	3.2	1	1.9
1.270	1	3.1	1	1.8
1.280	1	2.8	1	1.7
1.290	1	2.7	1	1.6
1.400	1	1.9	1	1.0

表 1-5 电解液在不同温度下对密度计读数的修正数值

电解液温度/℃	密度修正数值/(g/cm³)	电解液温度/℃	密度修正数值/(g/cm³)	电解液温度/℃	密度修正数值/(g/cm³)
+45	+0.017 5	+10	−0.007 0	−25	−0.031 5
+40	+0.014 0	+5	−0.010 5	−30	−0.035 0
+35	+0.010 5	+0	−0.014 0	−35	−0.038 5
+30	+0.007 0	−5	−0.017 5	−40	−0.042 0
+25	+0.003 5	−10	−0.021 0	−45	−0.045 5
+20	0	−15	−0.024 5	−50	−0.049 5
+15	−0.003 5	−20	−0.028 0	—	—

4. 电池的安装

（1）蓄电池与控制器的连接。连接蓄电池，一定要注意按照控制器的使用说明书的要求连接，而且电压一定要符合要求。若蓄电池的电压低于要求值时，应将多块蓄电池串联起来，使它们的电压达到要求。

（2）安装蓄电池的注意事项有如下几点：

①加完电解液的蓄电池应将加液孔盖拧紧，防止有杂质掉入电池内部。胶塞上的通气孔必须保持畅通。

②各接线夹头和蓄电池极柱必须保持紧密接触。连接导线接好后，需在各连接点涂上一层薄凡士林油膜，以防接点锈蚀。

③蓄电池应放在室内通风良好、不受阳光直射的地方。距离热源不得少于 2 m。室内温度应经常保持在 10 ～ 25 ℃之间。

④蓄电池与地面之间应采取绝缘措施，例如垫置木板或其他绝缘物，以免因电池与地面短路而放电。

⑤放置蓄电池的位置应选择在离太阳能电池方阵较近的地方。连接导线应尽量缩短；导线线径不可太细。这样可以减少不必要的线路损耗。

⑥酸性蓄电池和碱性蓄电池不允许安置在同一房间内。

⑦对安置蓄电池较多的蓄电池室，冬天不允许采用明火保温，应用火墙来提高室内温度。

5. 蓄电池的充电

蓄电池在太阳能电池系统中的充电方式主要采用"半浮充方式"进行。这种充电方法是指太阳能电池方阵全部时间都同蓄电池组并联浮充供电，白天浮充电运行，晚上只放电不充电。

（1）半浮充电特点。白天，当太阳能电池方阵的电势高于蓄电池的电势时，负载由太阳能电池方阵供电，多余的电能充入蓄电池，蓄电池处于浮充电状态。

当太阳能电池方阵不发电或电动势小于蓄电池电势时，全部输出功率都由蓄电池组供电，由于阻断二极管的作用，蓄电池不会通过太阳能电池方阵放电。

（2）充电时的注意事项有如下几点：

①干荷式蓄电池加电解液后静置 20～30 min 即可使用。若有充电设备，应先进行 4～5 h 的补充充电，这样可充分发挥出蓄电池的工作效率。

②无充电设备进行补充充电时，在开始工作后 4～5 天不要启动用电设备，用太阳能电池方阵对蓄电池进行初充电，待蓄电池冒出剧烈气泡时方可起用用电设备。

③充电时误把蓄电池的正、负极接反，如蓄电池尚未受到严重损坏，应立即将电极调换，并采用小电流对蓄电池充电，直至测得电液密度和电压均恢复正常后方可启用。

④当发现蓄电池亏电情况严重时应及时补充充电。

（3）蓄电池亏电的原因：

①在太阳能资源较差的地方，由于太阳能电池方阵不能保证设备供电的要求而使蓄电池充电不足。

②每年的冬季或连续几天无日照的情况下，用电设备照常使用而造成蓄电池亏电。

③用电器的耗能匹配超过太阳能电池方阵的有效输出能量。

④几块电池串联使用时，其中一块电池由于过载而导致整个电池组亏电。

⑤长时间使用一块电池中的几个单格而导致整块电池亏电。

（4）蓄电池亏电的判断方法：

①观察到照明灯泡发红、电视图像缩小、控制器上电压表指示低于额定电压。

②用电液密度计量得电液密度减小。蓄电池每放电 25%，密度降低 0.04（见表 1-5）。

③用放电叉测量电流放电时的电压值，在 5 s 内保持的电压值即为该单格电池在大负荷放电时的端电压。端电压值与充、放电程度之间的关系见表 1-6。使用放电叉时，每次不得超过 20 s。

表 1-6 蓄电池不同贮（充）放电程度与电解液密度、负荷放电叉电压之间的关系　　单位：g/cm³

容量放出程度	充足电时	放出 25% 贮存 75% （电解液密度 降低 0.04）	放出 50% 贮存 50% （电解液密度 降低 0.08）	放出 75% 贮存 25% （电解液密度 降低 0.12）	放出 100% 贮存 0% （电解液密度 降低 0.16）
电解液的相应 密度（20℃）	1.30 1.29 1.28 1.27 1.26 1.25	1.26 1.25 1.24 1.23 1.22 1.21	1.22 1.21 1.20 1.19 1.18 1.17	1.18 1.17 1.16 1.15 1.14 1.13	1.14 1.13 1.12 1.11 1.10 1.09
负荷放电 叉指示	1.7～1.8 V	1.6～1.7 V	1.5～1.6 V	1.4～1.5 V	1.3～1.4 V

（5）蓄电池补充充电方法。当发现蓄电池处于亏电状态时，应立即采取措施对蓄电池进行补充充电。有条件的地方，补充充电可用充电机充电，不能用充电机充电时，也可用太阳能电池方阵进行补充充电。

使用太阳能电池方阵进行补充充电的具体做法是：在有太阳的情况下关闭所有电器，用太阳能电池方阵对蓄电池充电。根据功率的大小，一般连续充电 3～7 天基本可将电池充满。蓄电池充满电的标志，是电解液的密度和电池电压均恢复正常；电池注液口有剧烈气泡产生。待电池恢复正常后，方可启用用电设备。

6. 固定型铅酸蓄电池的管理和维护

（1）日常检查和维护：

①值班人员或蓄电池工要定期进行外部检查，一般每班或每天检查一次。检查内容有如下几个方面：

- 室内温度、通风和照明；
- 玻璃缸和玻璃盖的完整性；
- 电解液液面的高度，有无漏出缸外；
- 典型电池的密度和电压，温度是否正常；
- 母线与极板等的连接是否完好，有无腐蚀，有无凡士林油；
- 室内的清洁情况，门窗是否严密，墙壁有无剥落；
- 浮充电流值是否适当；
- 各种工具仪表及保安工具是否完整。

②蓄电池专职技术人员或电站负责人会同蓄电池工每月进行一次详细检查。检查内容有如下几个方面：

- 每个电池的电压、比重和温度；
- 每个电池的液面高度；
- 极板有无弯曲、硫化和短路；
- 沉淀物的厚度；
- 隔板、隔棒是否完整；
- 蓄电池绝缘是否良好；
- 进行充、放电过程情况，有无过充电、过放电或充电不足等情况；
- 蓄电池运行记录簿是否完整，记录是否及时正确。

③日常维护工作的主要项目：清扫灰尘，保持室内清洁；及时检修不合格的落后电池；清除漏出的电解液；定期给连接端子涂凡士林；定期进行充电放电；调整电解液液面高度和密度。

（2）检查蓄电池是否完好的标准。

①运行正常，供电可靠。

- 蓄电池组能满足正常供电的需要。
- 室温不得低于 0 ℃，不得超过 30 ℃；电解液温度不得超过 35 ℃。
- 各蓄电池电压、密度应基本相同，无明显落后的电池。

②构件无损，质量符合要求。

- 外壳完整，盖板齐全，无裂纹缺损；

- 台架牢固，绝缘支柱良好；
- 导线连接可靠，无明显腐蚀；
- 建筑符合要求，通风系统良好，室内整洁无尘。

③主体完整，附件齐全。

- 极板无弯曲、断裂、短路和生盐；
- 电解液质量符合要求，液面高度超出极板 10 ～ 15 mm；
- 沉淀物无异状、无脱落，沉淀物和极板之间距离在 10 mm 以上；
- 具有温度计、密度计、电压表和劳保用品等。

④技术资料齐全准确，应具有：

- 制造厂说明书；
- 每个蓄电池的充、放电记录；
- 蓄电池维修记录。

（3）管理维护工作的注意事项。

①蓄电池室的门窗应严密，防止尘土入内；要保持室内清洁，清扫时要严禁将水洒入蓄电池；应保护室内干燥，通风良好，光线充足，但不应使日光直射蓄电池上。

②室内要严禁烟火，尤其在蓄电池处于充电状态时，不得将任何火焰或有火花发生的器械带入室内。

③蓄电池盖，除工作需要外，不应挪开，以免杂物落于电解液内，尤其不要使金属物落入蓄电池内。

④在调配电解液时，应将硫酸徐徐注入蒸馏水内，用玻璃棒搅拌均匀，严禁将水注入硫酸内，以免发生剧烈爆炸。

⑤维护蓄电池时，要防止触电，防止蓄电池短路或断路，清扫时应用绝缘工具。

⑥维护人员应戴防护眼镜和护身的防护用具。当有溶液落到身上时，应立即用 50 % 的苏打水擦洗，再用清水清洗。

（4）蓄电池正常巡视的检查项目：

①电解液液面的高度应高于极板 10 ～ 20 mm。

②蓄电池外壳应完整、不倾斜，表面应清洁，电解液应不漏出壳外。木隔板、铅卡子应完整、不脱落。

③测定蓄电池电解液的密度、液温及电池的电压。

④电流、电压正常，无过充、过放电现象。

⑤极板颜色正常，无断裂、弯曲、短路及有机物脱落等情况。

⑥各接头连接应紧固、无腐蚀，并涂有凡士林。

⑦室内无强烈气味，通风及附属设备完好。

⑧测量工具、备品备件及防护用具完整良好。

二、太阳能发电系统的设计

太阳能发电系统分为并网型太阳能发电系统和离网型太阳能发电系统。并网型太阳能发电系统是将所发电量送入电网，离网型太阳能发电系统是将所发电量在当地使用，不并入电网。对于并网型太阳能发电系统要求全年所发电量尽可能最大，而对于离网型太阳能发电系统则要求全年发电尽可能均衡，以满足当地需要。对于离网型太阳能发电系统与并网型太阳能发电系统的最大区别是前者一般需要蓄电池来储存电能。由于离网型太阳能发电系统目前使用量比较大，这里将围绕离网型太阳能发电系统展开叙述。离网型太阳能发电系统一般也称为独立太阳能发电系统。

离网型太阳能发电系统的设计计算部分主要包括：负载用电量的计算，太阳能电池方阵面辐射量的计算，太阳能电池和蓄电池容量的计算和二者之间相互匹配的优化设计，太阳能电池方阵安装倾角的计算，系统运行情况的预测和系统经济效益的分析等，由于该部分计算牵涉到复杂的太阳能辐射量、安装倾角以及系统优化的设计计算，一般是由计算机来完成的；在要求不太严格的情况下，也可以采取估算的办法。

具体系统设计还应包括：负载的选型及必要的设计，太阳能电池和蓄电池的选型，太阳能电池支架的设计，逆变器的选型和设计，以及控制、测量系统选型和设计。对于大型太阳能光伏发电系统，还要有光伏电池方阵场的设计、防雷接地的设计、配电系统的设计以及辅助或备用电源的选型和设计。

离网型太阳能发电系统设计的总原则是，在保证满足负载供电需要的前提下，确定使用最少的太阳能电池组件功率和蓄电池容量，以尽量减少初始投资。对系统设计者来说，在光伏发电系统设计过程中做出的每个决定都会影响造价。由于不适当的选择，可轻易地使系统的投资成倍地增加，而且未必见得就能够满足使用要求。为了建立一个独立的太阳能光伏发电系统，可按以下步骤进行设计：计算负载，确定蓄电池容量，确定太阳能电池方阵容量，选择控制器和逆变器，考虑混合发电的问题等。

在设计计算中，需要的基本数据主要有：现场的地理位置，包括地点、纬度、经度和海拔等；安装地点的气象资料，包括逐月的太阳能总辐射量、直接辐射量及散辐射量，年平均气温和最高、最低气温，最长连续阴雨天数，最大风速及冰雹、降雪等特殊气象情况。气象资料一般无法做出长期预测，只能以过去 10 ～ 20 年的平均值作为依据。但是很少有独立光伏发电系统是建在太阳辐射数据资料齐全的城市的，而且偏远地区的太阳辐射数据可能并不类似于附近的城市。因此只能采用邻近某个城市的气象资料或类似地区气象观测站所记录的数据进行类推。在类推时把握好可能导致的偏差因素。要知道，太阳能资源的估算会直接影响到光伏发电系统的性能和造价。另外，从气象部门得到的资料，一般只有水平面的太阳辐射量，实际使用时必须设法换算到相应阵列倾斜面上的辐射量。

1. 负载每天总耗电量计算

对于负载的估算，是独立光伏发电系统设计和定价的关键因素之一。通常列出所有负载的名称、功率要求、额定工作电压和每天用电时间。对于交流和直流负载都要同样列出，功率因数在交流功率计算中可不必考虑。然后，将负载分类并按工作电压分组，计算每一组的总的功率要求。接着，选定系统工作电压，计算整个系统在这一电压下所要求的平均安·时（A·h），也就是算出所有负载的每天平均耗电量之和。

关于系统工作电压的选择，经常是选最大功率负载所要求的电压。在以交流负载为主的系统中，直流系统电压应当考虑与选用的逆变器输入电压相适应。通常，在中国独立运行的太阳能光伏发电系统，其交流负载工作在 220 V，直流负载工作在 12 V 或 12 V 的倍数，即 24 V 或 48 V 等。从理论上说，负载的确定是直截了当的，而实际上负载的要求却往往并不确定。例如，家用电器所要求的功率可从制造厂商的资料上得知，但对它们的工作时间却并不知道，每天、每周和每月的使用时间很可能估算过高，其累计的效果会导致光伏发电系统的设计容量和造价上升。所以，负载的实地调查和统计是一项非常重要的工作。实际上，某些较大功率的负载可安排在不同的时间内使用。在严格的设计中，必须掌握独立光伏发电系统的负载特性，即每天 24 h 中不同时间的负载功率，特别是对于集中的供电系统，了解用电规律后即可适时地加以控制。

2. 蓄电池容量的确定

蓄电池在太阳能电池系统中处于浮充电状态，充电电流远小于蓄电池要求的正常充电电流。尤其在冬天，太阳辐射量小，蓄电池常处于欠充状态，长期深放电会影响蓄电池的寿命，故必须考虑留有一定余量，常以放电深度 d 或 DOD 来表示，即

$$d = \frac{C - C_{\mathrm{R}}}{C} \tag{1-10}$$

式中，d 为放电深度；C 为蓄电池标称容量；C_{R} 为蓄电池剩余容量。

设计一个完善的光伏发电系统需要考虑很多因素，进行多种计算。然而，对地面应用的独立光伏系统而言，最重要的是根据使用要求，确定合理的太阳能电池方阵和蓄电池容量。在地面独立光伏发电系统中，蓄电池是仅次于光伏组件的最重要部件，而且随着光伏组件价格的不断降低，蓄电池在总投资中的比例正在逐渐增加。所以，合理配置蓄电池容量十分重要，容量过大，不仅增加投资，而且会造成蓄电池充电不足，长期处于亏电状态，加上自放电等原因，蓄电池容易损坏；容量太小，容易造成过放电，不能满足负载用电需要。参考 RAPS Design Manual 和 Applied Photovoltaics 两个文献，结合参数分析法，蓄电池容量的计算可以根据用电负荷和连续阴雨天数来确定，实际计算可按式（1-11）进行。

$$C = \frac{S \times Q_1}{d \times \eta_{\mathrm{out}}} \times K \tag{1-11}$$

式中，C 为蓄电池容量；S 为蓄电池供电支持的天数（一般取 5 ~ 10）；Q_1 为负载平均每天用电量；d 为蓄电池放电深度（一般取 60%）；η_{out} 为从蓄电池到负荷的效率（一般取 0.85 ~ 0.95）；K 为蓄电池放电容量修正系数（一般取 1.2）等于蓄电池 Amp - hour（安培-小时）效率的倒数。

3. 光伏方阵最佳方位角的确定

方位角是指太阳能电池方阵的垂直面与正南方向的夹角（向东偏设定为负角度，向西偏设定为正角度）。一般情况下，方阵朝向正南时，太阳能电池发电量是最大的。但是，在晴朗的夏天，太阳辐射能量的最大时刻是在中午稍后，因此方阵的方位稍微向西偏一些时，在午后时刻可获得最大发电功率。在不同的季节，太阳能电池方阵的方位稍微向东或西一些都有获得发电量最大的时候。方阵设置场所受到许多条件的制约。例如，在地面上设置时土地的方位角、在屋顶上设置时屋顶的方位角，或者是为了躲避太阳阴影时的方位角，以及布置规划、发电效率、设计规划、建设目的等许多因素都有关系。如果要将方位角调整到在一天中负荷的峰值时刻与发电峰值时刻一致时，则利用式（1-12）。

方位角 =（一天中负荷的峰值时刻(24 h 制) - 12）× 15 +（经度 - 116） （1-12）

注：在不同的季节，各个方位的日射量峰值产生时刻是不一样的。

在实际应用中，对于固定安装的太阳能电池方阵方位角往往取正南向安装，对于逐日式系统可根据每日的最佳方位角，由系统自动调节。

4. 光伏方阵最佳倾角的确定

在设计地面应用的光伏系统时，首先要解决的关键问题就是要确定光伏方阵的倾角，并由此估计照射到方阵面上的太阳辐射量，才能得出所需的光伏方阵和蓄电池容量。在地面应用的光伏系统中，除了带有跟踪系统和安装在移动基座（如车辆、船只等）上的光伏方阵由于方向经常改变，不得已只能采用水平安装以外，其余固定式光伏方阵均采用倾斜安装的方式。

按照不同的使用情况，方阵倾角有不同的要求。对于并网系统及极少数应用领域（如光电水泵），希望方阵全年接收到的辐射量最大，因而可取方阵倾角接近于当地纬度。而对于应用最广的独立光伏系统，则有其特殊的要求。

通常的独立光伏系统，由于负载用电规律和太阳辐射情况不相一致，一般都需要蓄电池作为储能装置。蓄电池有其额定容量，充满后如继续充电将产生严重过充，会损坏蓄电池。同时，蓄电池在放电时又只能允许一定的放电深度。因此，对蓄电池来说，要求尽可能均衡地充放电。然而，对一定的光伏方阵，其发电量是间歇性的，而且不同季节之间发电量差异很大。通过调节方阵的倾角可以适当缓解蓄电池和光伏发电量之间的矛盾。

根据日地运动规律，在朝向赤道的适当倾斜面上所接收到的太阳辐射量要大于水平面上的辐射量。利用这个规律，有利于减小方阵容量，从而可降低投资费用。而且在一定范围内，倾角增大时，夏季照射在倾斜面上的太阳辐射量要减少，而冬季则增加，这正好符合光伏系统要求方阵全年发电尽量均衡的要求。然而，这两种变化并不成比例。随着倾斜角度的增加，夏季倾斜面上的辐射量减少较快，而冬季却增加得较慢。这种变化情况与许多条件，如当地纬度、直接辐射量在总辐射量中所占比例、地面反射情况等有关。因此，选取光伏方阵最佳倾角要综合考虑多种因素。

选择最佳倾角通常的做法是以当地全年太阳辐射量最弱的月份得到最大的辐射量为标准，该月份在北半球通常是 12 月，南半球一般为 6 月。然而，这样片面照顾太阳辐射最弱的月份，会使夏季方阵面上接收到的太阳辐射量削弱太多，甚至低于冬季的辐射量，这样做显然是不妥当的。在负荷不变的独立光伏系统中，蓄电池的充放电处于日夜小循环和季节大循环状态。从总体上来看，可以认为在辐射量较大的连续 6 个月（称为"夏半年"）中，蓄电池处于充电状态，其余连续 6 个月（称为"冬半年"）则处于放电状态。因此不应以某个月作为依据，而以半年为单位较为合适。若以 H_1 和 H_2 分别表示夏半年和冬半年的平均日辐射量，则在水平面上 $H_1 > H_2$。根据蓄电池均衡充电的要求，最好做到夏半年和冬半年在方阵面上的日辐射量相等，即 $H_1 = H_2$。但同时还要使方阵面上冬半年的日辐射量 H_2 尽量达到最大值，从而增加方阵在太阳辐射强度较弱月份的发电量。综合考虑这些因素，可以分别算出不同倾角时方阵面上夏半年和冬半年的平均日辐射量 H_1 和 H_2。一般情况下，随着倾角增大，H_1 减少较快，而 H_2 增加较慢，并有一极大值。确定最佳倾角的方法是：①H_2 达到极大值时，如仍有 $H_1 > H_2$，则取 H_2 极大值所对应角度为最佳倾角。②在 H_2 达到极大值之前，已有 $H_1 = H_2$，如仍取 H_2 极大值对应角度，则有 $H_1 < H_2$，这时夏半年辐射量削弱太多，故应取 $H_1 = H_2$，所对应的角度为最佳倾角。

对于方阵最佳倾角，可查有关资料得到。表 1-7 列出了全国主要城市最佳安装倾角，在实际应用中直接查表使用相关数据。有关内容可参见《太阳光伏电源系统安装工程设计规范》（CECS 84—1996）。

表 1-7　全国主要城市最佳安装倾角表

城　　市	纬度 ϕ/(°)	最佳安装倾角/(°)	城　　市	纬度 ϕ/(°)	最佳安装倾角/(°)
哈尔滨	45.68	$\phi+3$	杭州	30.23	$\phi+3$
长春	43.90	$\phi+1$	南昌	28.67	$\phi+2$
沈阳	41.77	$\phi+1$	福州	26.08	$\phi+4$
北京	39.80	$\phi+4$	济南	36.68	$\phi+6$
天津	39.10	$\phi+5$	郑州	34.72	$\phi+7$
呼和浩特	40.78	$\phi+3$	武汉	30.63	$\phi+7$
太原	37.78	$\phi+5$	长沙	28.20	$\phi+6$
乌鲁木齐	43.78	$\phi+12$	广州	23.13	$\phi-7$
西宁	36.75	$\phi+1$	海口	20.03	$\phi+12$
兰州	36.05	$\phi+8$	南宁	22.82	$\phi+5$
银川	38.48	$\phi+2$	成都	30.67	$\phi+2$
西安	34.30	$\phi+14$	贵阳	26.58	$\phi+8$
上海	31.17	$\phi+3$	昆明	25.02	$\phi-8$
南京	32.00	$\phi+5$	拉萨	29.70	$\phi-8$
合肥	31.85	$\phi+9$			

5. 计算倾斜面上日辐射量

从气象站得到的资料一般只有水平面上的太阳辐射总量 H，辐射量 H_B 及散射辐射量 H_d，需换算成倾斜面上的太阳辐射量。斜面上的太阳辐射量包括直接辐射分量 H_{BT}，天空散射辐射分量 H_{dT} 和地面反射辐射分量 H_{rT}。

（1）直接辐射分量 H_{BT} 的计算式为

$$H_{BT} = H_B R_B \tag{1-13}$$

式中，R_B 为倾斜面上的直接辐射分量与水平面上直接辐射分量的比值。对于朝向赤道的倾斜面来说，R_B 的计算式为

$$R_B = \frac{\cos(\phi-\beta)\cdot\cos\delta\cdot\sin(\omega_{ST})+\dfrac{\pi}{180}\omega_{ST}\cdot\sin(\phi-\beta)\cdot\sin\delta}{\cos\phi\cdot\cos\delta\cdot\sin\omega_S+\dfrac{\pi}{180}\omega_S\cdot\sin\phi\cdot\sin\delta} \tag{1-14}$$

式中，ϕ 为当地纬度；β 为方阵倾角。

太阳赤纬的计算式为

$$\delta = 23.45\sin\left[\frac{360}{365}(284+n)\right] \tag{1-15}$$

式中，n 为日数。

水平面上日落时角的计算式：

$$\omega_S = \arccos\left[-\tan\phi\cdot\tan\delta\right] \tag{1-16}$$

倾斜面上日落时角的计算式：

$$\omega_{ST} = \min\left\{\omega_S, \arccos\left[\tan(\phi-\beta)\cdot\tan\delta\right]\right\} \tag{1-17}$$

（2）天空散射辐射分量 H_{dT}。在各向同性时 H_{dT} 的计算式为

$$H_{dT} = \frac{H_d}{2}(1+\cos\beta) \tag{1-18}$$

（3）地面反射辐射分量 H_{rT}。通常可将地面的反射辐射看成是各向同性的，其大小 H_{rT} 的计算式为

$$H_{rT} = \frac{\rho}{2} H (1 - \cos \beta) \tag{1-19}$$

式中，ρ 为地面反射率，其数值取决于地面状态，不同地面的反射率如表 1-8 所示。

表 1-8　不同地面的反射率

地 面 状 态	反 射 率	地 面 状 态	反 射 率	地 面 状 态	反 射 率
沙漠	0.24～0.28	干湿土	0.14	湿草地	0.14～0.26
干燥裸地	0.1～0.2	湿黑土	0.08	新雪	0.81
湿裸地	0.08～0.09	干草地	0.15～0.25	冰面	0.69

一般计算时，可取 $\rho = 0.2$。

因此斜面上太阳辐射量为

$$H_T = H_B R_B + \frac{H_d}{2} (1 + \cos \beta) + \frac{\rho}{2} H (1 - \cos \beta) \tag{1-20}$$

通常计算时用式（1-20）即可满足要求。如考虑天空散射的各向不同性，则可按式（1-21）计算。

$$H_T = H_B R_B + H_d \left[\frac{H_B}{H_0} R_B + \frac{1}{2} \left(1 - \frac{H_B}{H_0} \right) (1 + \cos \beta) \right] + \frac{\rho}{2} H (1 - \cos \beta) \tag{1-21}$$

式中，H_0 为大气层外水平面上辐射量。

6. 估算方阵电流

将历年逐月平均水平面上太阳直接辐射及散射辐射量，代入以上各公式即可算出逐月辐射总量，然后求出全年平均日太阳辐射量 H_t，单位化成 $kW \cdot h/m^2$，除以标准日光强 $1\,000\,W/m^2$，即求出平均日照时数为

$$T_m = \frac{H_t}{1\,000} \tag{1-22}$$

则方阵应输出的最小电流为

$$I_{min} = \frac{Q_I}{T_m \cdot \eta_1 \cdot \eta_2} \tag{1-23}$$

式中，Q_I 为负载每天总耗电量；η_1 为蓄电池充电效率；η_2 为方阵表面灰尘遮蔽损失。

同时，由倾斜面上各月中最小的太阳总辐射量可算出各月中最少的峰值日照数 T_{min}。方阵应输出的最大电流为

$$I_{max} = \frac{Q_I}{T_{min} \cdot \eta_1 \cdot \eta_2} \tag{1-24}$$

7. 确定最佳电流

方阵的最佳额定电流介于 I_{min} 和 I_{max} 这两个极限值之间，具体数值可用尝试法确定。先选定一电流值 I，然后对蓄电池全年荷电状态进行检验，方法是按月求出方阵输出的发电量，即

$$Q_{out} = I \times N \times T_m \times \eta_1 \times \eta_2 \tag{1-25}$$

式中，N 为当月天数。

而各月负载耗电量为

$$Q_{\text{load}} = N \cdot Q \tag{1-26}$$

若两者相减，$\Delta Q = Q_{\text{out}} - Q_{\text{load}}$ 为正，表示该月方阵发电量大于耗电量，能给蓄电池充电；若 ΔQ 为负，表示该月方阵发电量小于耗电量，要用蓄电池储存的能量来补足。

如果蓄电池全年荷电状态低于原定的放电深度，就应增加方阵输出电流；如果荷电状态始终大大高于放电深度允许的值，则可减少方阵电流。当然也可相应地增加或减少蓄电池容量。若有必要，还可修改方阵倾角，以求得最佳的方阵输出电流 I_{m}。

8. 方阵电压计算

方阵的电压输出要足够大，以保证全年能有效地对蓄电池充电。方阵在任何季节的工作电压都应满足

$$U = U_{\text{f}} + U_{\text{d}} \tag{1-27}$$

式中，U_{f} 为蓄电池浮充电压；U_{d} 为因线路（包括阻塞二极管）损耗引起的电压降。

9. 方阵功率计算

由于温度升高时，太阳能电池的输出功率将下降，因此要求系统即使在最高温度下也能确保正常运行，所以在标准测试温度（25 ℃）下方阵的输出功率应为

$$P = \frac{I_{\text{m}} \cdot U}{1 - \alpha(t_{\max} - 25)} \tag{1-28}$$

式中，α 为太阳能电池功率的温度系数，对一般的硅太阳能电池，$\alpha = 0.5\%$；$t_{\max}$ 为太阳最高工作温度。

这样，只要根据算出的蓄电池容量，太阳能电池方阵的电压及功率，参照生产厂家提供的蓄电池和太阳能电池组件的性能参数，选取合适的型号即可。

三、太阳能光伏系统的检查与试验

太阳能光伏系统安装完毕后，需要对整个系统进行检查和必要的试验，以便系统能正常启动、运转。系统运转开始后还需要进行日常检查、定期检查以确保系统正常运转。

（一）太阳能光伏系统的检查种类

太阳能光伏系统的检查可分成系统安装完成时的检查、日常检查及定期检查三种。

1. 系统安装完成时的检查

系统安装完成时的检查，检查内容包括目视检查及测量试验，如太阳能电池阵列的开路电压测量、各部分的绝缘电阻测量、对地电阻测量等。将观测结果和测量结果记录下来，为日后的日常检查、定期检查提供参考。

2. 日常检查

日常检查主要用目视检查的方式，一般一个月进行一次检查。如果发现有异常现象应尽快与有关部门联系，以便尽早解决问题。

3. 定期检查

定期检查一般四年或四年以上进行一次。检查内容根据设备的特性等情况而定。原则上应在地面上实施，根据实际需要也可在屋顶进行。

（二）太阳能光伏系统的检查内容

太阳能光伏系统检查一般对各电气设备进行外观检查，包括太阳能电池组件、阵列台架、连接箱、功率调节器、系统并网装置、接地等。

1. 太阳能电池组件的检查

太阳能电池组件的表面一般采用强化玻璃结构，具有抵御冰雹破坏的强度。一般要对太阳能电池组件进行钢球落下的强度试验，因此在一般情况下不必担心太阳能电池组件会发生破损现象。如果由于人为、自然因素使太阳能电池组件受到破损时有时虽然可能未影响太阳能电池组件的正常发电，但若长期不予修理，雨水进入可能会导致太阳能电池的破损，因此应尽早修理。由于太阳能电池的表面被污染后会影响发电出力，在雨水较少、粉尘较多的地区要进行定期检查，必要时应进行清洗。相反在雨水较多、粉尘较少的地区可借助大自然的力量而不必对太阳能电池的表面进行清洗。

2. 阵列台架的检查

太阳能电池阵列台架会因风吹雨淋而出现生锈、螺钉松动等现象，因此需要进行是否有铁锈、螺钉松动等检查，并进行必要的修理。另外，对于在屋顶用铁丝固定的太阳能电池板，一两个月之后应对金属部件再次进行固定以防松动，经过再固定后一般不会松动。

3. 连接箱的检查

应定期检查连接箱的外部是否有损伤、生锈的地方。另外，应打开箱门检查保护装置是否动作，如果动作应及时更换或复位。

4. 功率调节器的检查

功率调节器具有故障诊断功能，故障发生时会自动表示故障的种类等信息。如果发现有故障表示信息、发热、冒烟、异臭、异音等情况时，应立即停机并与厂家联系进行检修。除此之外，应进行外观检查，如外箱是否变形、生锈等，是否脱落、变色，保护装置是否动作等，还应定期对吸气口的过滤装置进行清扫。

5. 系统并网装置的检查

系统并网装置一般安装在功率调节器中，因此应打开箱门对保护继电器进行确认。另外，需要检查备用电源的蓄电池、其他设备是否脱落、变色等。

6. 配线电缆的检查

配线电缆在安装过程中可能会造成损伤，长期使用会导致绝缘电阻的降低、绝缘破坏等问题的出现，因此需要进行外观检查等，以确保配线电缆正常工作

（三）太阳能光伏系统的试验方法

对太阳能光伏系统一般需进行绝缘电阻试验、绝缘耐压试验、接地电阻试验、太阳能电池阵列的出力试验、系统并网保护装置试验等

1. 绝缘电阻试验

太阳能光伏发电系统绝缘电阻的测量是关键测量项目，包括太阳能电池方阵的绝缘电阻测量、功率调节器绝缘电阻测量以及接地电阻的测量。一般在太阳能光伏系统开始运行前、运行中的定期检查以及确定事故点时进行。由于太阳能电池在白天始终有较高的电压存在，在进行太阳能电池电路的绝缘电阻试验时，要准备一个能够承受太阳能电池方阵短路电流的开关，先用短路开关将太阳能电池阵列的输出端短路。根据需要选用 500 V 或 1 000 V 的绝缘电阻表（兆欧表），使太阳能电池阵列通过与短路电流相当的电流，然后测量太阳能电池阵列的各输出端子对地间的绝缘电阻。绝缘电阻值一般在 0.1 MΩ 以上

功率调节器电路的绝缘电阻测试要根据功率调节器的额定（工作）电压选择不同电压等级的绝缘电阻表。绝缘电阻表为 500 V 或 1 000 V 不同规格。试验项目包括输入回路的绝缘电阻试验以及输出回路的绝缘电阻试验。在进行输入回路的绝缘电阻试验时，首先将太阳

能电池与接线盒分离，并将功率调节器的输入回路和输出回路短路，然后测量输入回路与大地间的绝缘电阻。进行输出回路的绝缘电阻测量时，同样将太阳能电池与接线盒分离，并将功率调节器的输入回路和输出回路短路，然后测量输出回路与大地间的绝缘电阻。功率调节器的输入、输出绝缘电阻值一般在 0.1 MΩ 以上。

2. 绝缘耐压试验

对于太阳能电池阵列和功率调节器，根据要求有时需要进行绝缘耐压试验，测量太阳能电池阵列电路和功率调节器电路的绝缘耐压值。测量的条件一般与前述的绝缘电阻试验相同。

进行太阳能电池阵列电路的绝缘耐压试验时，将标准太阳能电池阵列开路电压作为最大使用电压，对太阳能电池阵列电路加上最大使用电压的 1.5 倍的直流电压或 1 倍的交流电压，试验时间为 10 min 左右，检查是否出现绝缘破坏。绝缘耐压试验时一般将避雷装置取下，然后进行试验。

在进行功率调节器电路的绝缘耐压试验时，试验电压与太阳能电池阵列电路的绝缘耐压试验相同，试验时间为 10 min，检查是否出现绝缘破坏。

3. 接地电阻试验

在光伏发电系统中接地主要包括如下几个方面：

（1）防雷接地。包括避雷针、避雷带、低压避雷器、外线出线杆上的瓷瓶铁脚以及架空线路的电缆金属外皮都要接地，以便将流过的雷电引入大地。

（2）工作接地。逆变器、蓄电池的中性点，以及电压互感器和电流互感器的二次线圈接地。

（3）保护接地。光伏电池组件机架、控制器、逆变器、配电柜外壳、蓄电池支架、电缆外皮、穿线金属管道的外皮接地。

（4）屏蔽接地。电子设备的金属屏蔽接地

（5）重复接地。低压架空线路上，每隔 1 km 处接地。

接地电阻测量使用接地电阻计进行测量，接地电阻计包括一个接地电极以及两个辅助电极。有手摇式、数字式和钳式。

接地电阻试验的方法如图 1-46 所示，接地电极与辅助电极的间隔为 10 m 左右并成直线排列，将接地电阻表的 E、P（测量用电压电极）、C（测量用电流电极）端子分别与接地电极以及其他辅助电极相连，使用接地电阻表可测出接地电阻值。

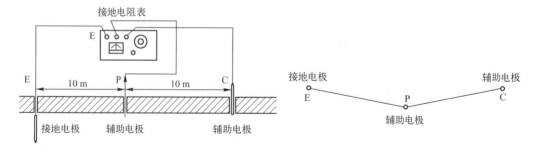

图 1-46　接地电阻试验的方法示意图

4. 太阳能电池阵列的出力试验

为了使太阳能光伏系统满足所需出力（电能），一般将多个太阳能电池组件并联、串联构成。判断太阳能电池组件串联、并联是否有误需要进行检查、试验。定期检查时可根据已测量的太阳能电池阵列的出力发现动作不良的太阳能电池组件以及配线存在的缺陷等问题。太阳能电池阵列的出力试验包括太阳能电池阵列的开路电压试验以及短路电流试验。

在进行太阳能电池阵列的出力试验时，首先测量各并联支路的开路电压，以便发现动作不良的并联支路、不良的太阳能电池组件以及串联接线出现的问题。通常由 36 片或 72 片电池片组成的电池组件，其开路电压约为 21 V 或 42 V，如果若干组件串联，则其组件两端的开路电压约为 21 V 或 42 V 的整数倍。测量太阳能电池组件两端的开路电压是否基本符合，若相差太大，则可能有组件损坏、极性接反或连接处接触不良等问题。可逐个测量组件的开路电压，找出故障。

5. 系统并网保护装置试验

系统并网保护装置试验包括继电器的动作特性试验以及单独运转防止功能等试验。系统并网保护装置的生产厂家不同，所采用的单独运转防止功能的方式也不同。因此，可以采用厂家推荐的方法进行试验，也可以委托厂家进行试验。

 项目实施

1. 列出基本数据

（1）负载耗电情况：功耗：30 W；电压：12 V；每天工作时间：6 h。

（2）西安纬度：北纬 34°30′，东经 108°56′，海拔 396.9 m。

2. 确定负载大小

电池电压 12 V，换算成安时数的每天耗电量：$Q_I = 30 \times 6/12 \ A \cdot h = 15 \ A \cdot h$。

3. 选择蓄电池容量

选蓄电池支持天数 S 为 5 天，放电深度 d 为 75%，输出效率 η_{out} 取 0.95，蓄电池放电容量修正系数 K 取 1.2，则根据

$$C = \frac{S \times Q_I}{d \times \eta_{out}} \times K \tag{1-29}$$

可算出蓄电池容量 C 为 126.3 A·h。根据蓄电池的规格，并留有一定余量，因此可选取型号为 GFM-150 固定型阀控式密封铅酸蓄电池 1 只，其容量为 150 A·h，电压为 12 V。

4. 决定倾角方位角

因西安当地纬度 $\phi = 34°30′$，根据《太阳光伏电源系统安装工程设计规范》（CECS 84—1996），查表取组件安装倾角 $\beta = \phi + 14° = 48°30′$（为安装与计算方便，工程上一般取 45°），安装方位角取 0°，即正南方向安装。

5. 倾斜面上各月平均太阳日辐射量

根据前文介绍的设计方法，计算倾斜面上各月平均太阳日辐射量，一般要由气象资料查得各月平均太阳辐射量 H，H_B 及 H_α，再结合公式计算倾斜面上各月太阳平均辐射总量 H_T，进而算出斜面上各月平均太阳日辐射量 H_t，但由于信息化的快速发展，现在有关数据都可以直接查到，减少了设计时复杂计算的麻烦。表 1-9 所示即为查得的西安地区倾斜 45° 平面上各月的平均日辐射量 H_t，单位为 kW·h/m²。

表 1-9　各月平均日辐射量　　　　　　　　　　单位：kW·h/m²

月份	1 月	2 月	3 月	4 月	5 月	6 月	7 月	8 月	9 月	10 月	11 月	12 月
H_t	3.013	3.443	3.396	3.681	3.921	4.293	4.129	4.517	3.333	3.260	3.034	2.876

6. 估算方阵电流

由表 1-9 可以算出，倾斜面上全年平均日辐射量为 $3.575\text{ kW} \cdot \text{h/m}^2$，除以标准太阳光强度 $1\,000\text{ W/m}^2$，得全年平均峰值日照时数为

$$T_{\text{m}} = \frac{3.575}{1\,000} = 3.58\text{ h}$$

取 $\eta_1 = \eta_2 = 0.9$，算出方阵应输出的最小电流为

$$I_{\text{min}} = \frac{Q_1}{T_{\text{m}}\eta_1\eta_2} = \frac{15}{3.58 \times 0.9 \times 0.9} = 5.17\text{ A}$$

η_1 为从方阵到蓄电池回路的输入效率，包括方阵面上的灰尘遮蔽损失、性能失配及老化、防反充二极管及线路损耗、蓄电池充电效率等；η_2 为由蓄电池到负载的放电回路效率，包括蓄电池放电效率、控制器、逆变器的效率及线路损耗等。

由表 1-9 查出在 12 月份倾斜面上的平均日辐射量最小，为 $2.876\text{ kW} \cdot \text{h/m}^2$，相应的峰值日照数最少，只有 2.88 h。则方阵输出的最大电流为

$$I_{\text{max}} = \frac{Q_1}{T_{\text{min}}\eta_1\eta_2} = \frac{15}{2.88 \times 0.9 \times 0.9} = 6.43\text{ A}$$

7. 确定最佳电流

根据 $I_{\text{min}} = 5.17\text{ A}$ 和 $I_{\text{max}} = 6.43\text{ A}$，选取 $I = 5.6\text{ A}$，N 为当月天数，T_{m} 为该月太阳平均峰值日辐射时数，另外取 $\eta_1 = \eta_2 = 0.9$。根据前文计算公式，将方阵各月输出电量 Q_{out} 及负载耗电量 Q_{c} 计算如表 1-10 所示。

表 1-10　计 算 结 果

月　份	T_{m}/h	$Q_{\text{g}}/(\text{A} \cdot \text{h})$	$Q_{\text{c}}/(\text{A} \cdot \text{h})$	$Q_{\text{g}} - Q_{\text{c}}/(\text{A} \cdot \text{h})$
1	3.013	423.676	465	−41.324
2	3.443	437.289	420	17.289
3	3.396	477.532	465	12.532
4	3.681	500.910	450	50.910
5	3.921	551.355	465	86.355
6	4.293	584.191	450	134.191
7	4.129	580.603	465	115.603
8	4.517	635.162	465	170.162
9	3.333	453.555	450	3.555
10	3.260	458.408	465	−6.592
11	3.034	412.867	450	−37.133
12	2.876	404.412	465	−60.588

由表 1-10 中可见，当年 10 ～ 12 月及次年 1 月都是亏欠量，全年累计亏欠量 $\sum |-\Delta Q_i|$ 是 10 月到 1 月的亏欠量之和 145.637。代入公式计算后得

$$n_1 = \frac{\sum |-\Delta Q_i|}{Q_1} = 9.709$$

可见要比要求的蓄电池维持天数大得多，表示所选的方阵电流太小，因此要增加方阵电流。

取 $I = 6.1\text{ A}$，算出各月方阵发电量 Q_{g}，并列出各月负载耗电量，从而求出各月发电盈

亏量 ΔQ，具体数值如表 1-11 所示。

表 1-11　各月发电盈亏量

月　份	H_t/h	$Q_g/(A \cdot h)$	$Q_c/(A \cdot h)$	$Q_g - Q_c/(A \cdot h)$
1	3.013	461.504	465	-3.496
2	3.443	476.332	420	56.332
3	3.396	520.169	465	55.169
4	3.681	545.635	450	95.635
5	3.921	600.583	465	135.583
6	4.293	636.351	450	186.351
7	4.129	632.443	465	167.443
8	4.517	691.873	465	226.873
9	3.333	494.051	450	44.051
10	3.260	499.337	465	34.337
11	3.034	449.730	450	-0.270
12	2.876	440.520	465	-24.480

代入公式计算后：$n_1 = \dfrac{\sum |-\Delta Q_i|}{Q_1} = 1.883$，与要求的维持天数 5 天相比要小得多，因此可以减少方阵电流，不断重复以上步骤，最后取 $I = 5.89\,\text{A}$，得到的结果如表 1-12 所示。

表 1-12　各月发电盈亏值

月　份	H_t/h	$Q_g/(A \cdot h)$	$Q_c/(A \cdot h)$	$Q_g - Q_c/(A \cdot h)$
1	3.013	445.616	465	-19.384
2	3.443	459.934	420	39.934
3	3.396	502.261	465	37.261
4	3.681	526.850	450	76.850
5	3.921	579.908	465	114.908
6	4.293	614.444	450	164.444
7	4.129	610.670	465	145.670
8	4.517	668.055	465	203.055
9	3.333	477.042	450	27.042
10	3.260	482.147	465	17.147
11	3.034	434.247	450	-15.753
12	2.876	425.354	465	-39.646

由表 1-12 可见，当年 11～12 月和次年 1 月还是亏欠量，总亏欠量为 74.783 A·h。由此求出 $n_1 = 4.986$ 天，与要求的维持天数 $n = 5$ 天基本相符。由此确定电流取 $I = 5.89\,\text{A}$。

以上确定电流的方法是一种常规有效的方法，但计算比较烦琐，目前已经出现了采用计算机编程的方法来确定最佳电流，只要输入相关数据，结果就出来了，非常方便。

8. 决定方阵电压

根据以上计算，已确定了系统需要型号为 GFM-150 固定型阀控式密封铅酸蓄电池一只，其容量为 150 A·h，电压为 12 V。根据《太阳光伏电源系统安装工程设计规范》（CECS 84：1996）关于蓄电池组浮充电压 U_f 的要求，取蓄电池组浮充电压 U_f 为 12 V，取防反充二极管的压降及线路压降 $U_d = 1$ V，忽略太阳能电池因温升引起的压降，则方阵工作电压为

$$U = U_f + U_d = 14 + 1 = 15 \text{ V}$$

9. 确定最后功率

设太阳能电池的最高温度 t_{max} 为 60 ℃，根据 $I = 5.89$ A，$U = 15$ V，$\alpha = 0.5\%$，可算出所需方阵的输出功率为

$$P = \frac{I \cdot U}{1 - \alpha \ (t_{max} - 25)} = 107 \text{ W}$$

为保证一定设计余量，最后取太阳能电池方阵的输出功率为 190 W。

10. 系统组成示意图

系统组成示意图如图 1-47 所示。太阳能电池完成太阳能向电能的转换，控制器控制充电同时具备对负载工作控制的任务，控制器可选择江苏省风光互补发电工程技术研究开发中心研制的型号为 NT-008 的控制器，功能较为完善，性能稳定。

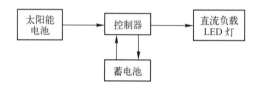

图 1-47　系统组成示意图

 水平测试题

一、单项选择题

1. 在地球大气层之外，地球与太阳平均距离处，垂直于太阳光方向的单位面积上的辐射能基本上为一个常数。这个辐射强度称为_____。

　　A. 大气质量　　　　　B. 太阳常数　　　　　C. 辐射强度　　　　　D. 太阳光谱

2. 太阳每年投射到地面上的辐射能高达_____ kW·h，按目前太阳的质量消耗速率计，可维持 6×10^{10} 年。

　　A. 2.1×10^{18}　　　B. 5×10^{18}　　　C. 1.05×10^{18}　　　D. 4.5×10^{18}

3. 太阳能电池是利用_____的半导体器件。

　　A. 光热效应　　　　　B. 热电效应　　　　　C. 光生伏打效应　　　　D. 热斑效应

4. 太阳能电池单体是用于光电转换的最小单元，其工作电压约为_____ mV，工作电流为 20 ～ 25 mA/cm²。

　　A. 400 ～ 500　　　　B. 100 ～ 200　　　　C. 200 ～ 300　　　　D. 800 ～ 900

5. 目前单晶硅太阳能电池的实验室最高效率为_____，由澳大利亚新南威尔士大学创造并保持。

　　A. 17.8%　　　　　　B. 30.5%　　　　　　C. 20.1%　　　　　　D. 24.7%

6. 在太阳能电池外电路接上负载后，负载中便有电流过，该电流称为太阳能电池的_____。

　　A. 短路电流　　　　　B. 开路电流　　　　　C. 工作电流　　　　　D. 最大电流

7. 下列表征太阳能电池的参数中，哪个不属于太阳能电池电学性能的主要参数_____。

　　A. 开路电压　　　　　B. 短路电流　　　　　C. 填充因子　　　　　D. 掺杂浓度

8. 地面用太阳能电池标准测试条件为在温度为 25 ℃下，大气质量为 AM1.5 的阳光光谱，辐照度为_____ W/m^2。

  A. 1 000   B. 1 367   C. 1 353   D. 1 130

9. 太阳能光伏发电系统中，_____指在电网失电情况下，发电设备仍作为孤立电源对负载供电这一现象。

  A. 孤岛效应   B. 光伏效应   C. 充电效应   D. 霍尔效应

10. 在太阳能光伏发电系统中，太阳能电池方阵所发出的电力如果要供交流负载使用的话，实现此功能的主要器件是_____。

  A. 稳压器   B. 逆变器   C. 二极管   D. 蓄电池

11. 当日照条件达到一定程度时，由于日照的变化而引起较明显变化的是_____。

  A. 开路电压   B. 工作电压   C. 短路电流   D. 最佳倾角

12. 太阳能光伏发电系统中，太阳能电池组件表面被污物遮盖，会影响整个太阳能电池方阵所发出的电力，从而产生_____。

  A. 霍尔效应   B. 孤岛效应   C. 充电效应   D. 热斑效应

13. 太阳能电池方阵安装时要进行太阳能电池方阵测试，其测试条件是太阳总辐照度不低于_____ mW/cm^2。

  A. 400   B. 500   C. 600   D. 700

14. 当控制器对蓄电池进行充放电控制时，要求控制器具有输入充满断开和恢复接通的功能。如对 12 V 密封型铅酸蓄电池控制时，其恢复连接参考电压值为_____。

  A. 13.2 V   B. 14.1 V   C. 14.5 V   D. 15.2 V

15. 太阳能电池最大输出功率与太阳光入射功率的比值称为_____。

  A. 填充因子   B. 转换效率   C. 光谱响应   D. 串联电阻

16. 太阳是距离地球最近的恒星，由炽热气体构成的一个巨大球体，中心温度约为 10^7 K，表面温度接近 5 800 K，主要由_____（约占 80%）和_____（约占 19%）组成。

  A. 氢、氧   B. 氢、氦   C. 氮、氢   D. 氮、氦

17. 太阳能光伏发电系统的最核心的器件是_____。

  A. 控制器   B. 逆变器   C. 太阳能电池   D. 蓄电池

18. 在衡量太阳能电池输出特性参数中，表征最大输出功率与太阳能电池短路电流和开路电压乘积比值的是_____。

  A. 转换效率   B. 填充因子   C. 光谱响应   D. 方块电阻

19. 蓄电池的容量就是蓄电池的蓄电能力，标志符号为 C，通常人们用_____来表征蓄电池容量。

  A. 安   B. 伏   C. 瓦   D. 安·时

20. 蓄电池放电时输出的电量与充电时输入的电量之比称为容量_____。

  A. 输入效率   B. 填充因子   C. 工作电压   D. 输出效率

21. 蓄电池使用过程中，蓄电池放出的容量占其额定容量的百分比称为_____。

  A. 自放电率   B. 使用寿命   C. 放电速率   D. 放电深度

22. 下列光伏系统器件中，能实现 DC – AC（直流 – 交流）转换的器件是_____。

  A. 太阳能电池   B. 蓄电池   C. 逆变器   D. 控制器

23. 太阳能光伏发电系统的装机容量通常以太阳能电池组件的输出功率为单位，如果装机容量 1 GW，其相当于_____ W。

  A. 10^3 B. 10^6 C. 10^9 D. 10^5

24. 在太阳能光伏发电系统中，最常使用的储能元件是_____。

  A. 锂离子电池   B. 镍铬电池   C. 铅酸蓄电池   D. 碱性蓄电池

25. 一个独立光伏系统，已知系统电压为48 V，蓄电池的标称电压为12 V，那么需串联的蓄电池数量为_____。

    A. 1   B. 2   C. 3   D. 4

二、填空题

1. _____的大量开发和利用，是造成大气污染与生态破坏的主要原因之一。光学大气质量与太阳天顶角有关。当太阳天顶角为0°时，大气质量为1；太阳天顶角为48.2°时，大气质量为_____；太阳天顶角为_____时，大气质量为2。

2. 新能源主要是指_____。

3. 太阳能电池的测量必须在标准条件（STC——"欧洲委员会"定义的101号标准）下，其条件是光谱辐照度为_____ W/m²、光谱为_____、电池温度为25℃。

4. 在足够能量的光照射太阳能电池表面时，在PN结内建电场的作用下，N区的_____向P区运动，P区的_____向N区运动。

5. 在太阳能电池电学性能参数中，其开路电压_____（填大于或小于）工作电压，工作电流_____（填大于或小于）短路电流。

6. 根据光伏发电系统使用的要求，可将蓄电池串并联成蓄电池组，蓄电池组主要有三种运行方式，分别为_____、定期浮充制、_____。

7. 太阳能光伏发电系统绝缘电阻的测量包括_____的绝缘电阻测量、功率调节器绝缘电阻测量以及_____的测量。

8. 太阳能光伏控制器主要由_____、开关元件和其他基本电子元件组成。

9. 太阳能光伏发电系统最核心的器件是_____。

10. 独立运行的光伏发电系统中，根据系统中用电负载的特点，可分为直流系统、_____系统、_____系统。

11. 太阳能电池有单晶硅太阳能电池、多晶硅太阳能电池以及非晶硅太阳能电池等。通常情况其光电转换效率最高的是_____太阳能电池，光电转换效率最低的是_____太阳能电池。

12. 太阳能利用的基本方式可以分为四大类，分别为_____光热利用_____、_____太阳能发电_____、光化学利用以及光生物利用。

13. 光伏组件主要由_____、_____、_____、_____等几部分组成。

14. 在现代电力电子技术中，逆变器一般除了_____和控制电路以外，一般备有_____、辅助电路、输入和输出电路等。

15. 太阳能光伏发电系统中，没有与公用电网相连接的光伏系统称为_____太阳能光伏发电系统；与公共电网相连接的光伏系统称为_____太阳能光伏发电系统。

三、简述题

1. 太阳能光伏发电系统的运行方式有哪两种？选举其中一种运行方式列出其主要组成部件。

2. 请画出太阳能电池直流模型的等效电路图，分别指出各部分的含义。

3. 充放电控制器在光伏系统中的作用是什么？

4. 太阳能光伏发电系统对蓄电池的基本要求有哪些？

5. 太阳能光伏发电系统要求光伏控制器有哪些基本功能？

6. 请简述太阳能光伏系统设计过程中接地包括哪几方面？

7. 请简述在太阳能光伏发电系统中，防反充二极管的作用。

8. 什么叫光学大气质量？

9. 太阳能电池的光谱响应的意义是什么？请简答光谱响应的大小取决于哪两个因素？

10. 请简述太阳能光伏发电系统对蓄电池的基本要求。

11. 请简述蓄电池理论容量、实际容量及额定容量的含义。

12. 独立光伏发电系统由哪些部分组成？各组成部分的主要功能是什么？

13. 请简述最大功率跟踪（MPPT）的含义？

14. 请用图示方法简述太阳能光伏系统接地电阻的测量方法。

15. 请根据你对光伏系统的了解列举光伏发电系统设计的步骤。

四、综合题

1. 请阐述太阳能电池的工作原理。

2. 最大功率跟踪（MPPT）有哪几种常用的方法？各自的原理是什么？

3. 简述太阳能电池组件制作流程及有关注意事项。

4. 简述逆变器的工作原理。

5. 太阳能光伏系统的检查包括哪些内容？

6. 太阳能光伏系统的试验包括哪些内容？并就试验方法进行描述。

7. 某地为一个 220 V、18 W 路灯提供光伏电源，设计每天工作 12 h（工作温度 25 ℃），选用 12 V、10 W 的太阳能光伏组件（工作电流 0.6 A），若安装合适，则一年中正常情况最少的日辐射时数为 8 h。选用 12 V 效率 90 % 的逆变器，问需要多少块太阳能光伏组件？

8. 在海南地区为一个 220 V、720 W 增氧机提供光伏电源，设计每天工作 24 h（工作温度 25 ℃），最长无阳光 1 天。选用 12 V、75 W 的太阳能光伏组件（工作电流 4.35 A），若安装合适，则一年中正常情况最少的日辐射时数为 8 h。选用 24 V 效率 90 % 的逆变器和 12 V、100 A·h 放电深度 80 % 的蓄电池。问需要多少块太阳能光伏组件和多少个蓄电池？各如何连接？

项目 **二** 风力发电系统设计

学习目标

通过完成风力发电系统设计，达到如下目标：
- 熟练掌握风力发电系统组成。
- 掌握风力发电系统组成部件功能及选型依据。
- 初步掌握风力发电系统设计方法。

项目描述

设计一套 1 kW 的独立运行的风力发电系统，具体包括：
- 确定风力机装机容量。
- 风力发电机选型。
- 蓄电池容量确定。
- 电力变换单元设计方案确定。
- 电力变换单元主要元件选型。
- 逆变器选型。

相关知识

一、系统基本组成

1～10 kW 的风力发电系统，适用于远离电网，有一定用电量的家庭农场、公路、铁路养路站、小型微波发射站、移动通信发射站、光纤通信信号放大站、输油管线保护站等用户。离网型风力发电系统组成结构框图如图 2-1 所示。其主要组成部分包括风力机、发电机、蓄电池、逆变器以及控制器。

风轮将风能转变为机械能，风轮带动发电机再将机械能转变为电能。由于风速的多变，使得风力发电机的电压及频率变化，不易于直接被负载利用，所以一般独立运行小型风力发电系统通过"交流-直流-交流"的方式供电，并且由于无风季节的存在，使用了蓄电池进行储能。先用整流器将发电机的交流电变成直流

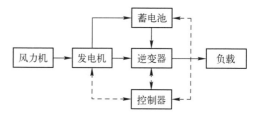

图 2-1 离网型风力发电系统组成结构框图

电向蓄电池充电，再用逆变器把直流电变换成电压和频率都很稳定的交流电输出供给负载。

二、风力机结构

风力机一般分为水平轴和垂直轴两种。垂直轴的风力机主要缺点是转矩脉动大，在遇到强风时不易调速，在 20 世纪 80 年代后期各国已经停止了对这种风车的研制和开发，现在的风力机主要是水平轴螺旋桨推进器型的。

水平轴风力机主要由风轮、回转体、调速机构、调向机构、手制动机构、增速齿轮箱、发电机、塔架等部件所组成。风轮由气动性能优异的叶片（目前商业机组一般为两三个叶片）装在轮毂上所组成。风轮采用定桨距或变桨距两种，小型风力机以定桨距居多。低速转动的风轮通过传动系统由增速齿轮箱增速，将动力传递给发电机，小型风力机中采用低速永磁发电机，故不用增速齿轮箱增速。上述这些部件都安装在机舱平面上，整个机舱由高大的塔架举起。回转体是小型风力发电机的重要部件之一，其作用是支承安装发电机、风轮和尾翼调速机构等，并保证上述工作部件按照各自的工作特点随着风速、风向的变化在机架上端自由回转，目前偏心并尾式回转体在我国应用比较广泛。

由于风向经常变化，为了有效地利用风能，必须要有迎风装置，独立运行的风力发电机组的调向装置大部分是上风向尾翼调向。风力机工作时尾翼板始终顺着风向，尾翼梁的长度和尾翼板的顺风面积在设计时，就保证了风向偏转时尾翼板所受风压作用而产生的力矩足以使机头转动，从而使风轮处在迎风位置。小型风力机由于桨距是固定的，所以调速装置采用侧翼调速和偏心调速，在风速较大，达到风车的额定功率时，以某种机构使风轮偏离风向，减小风轮迎风面积，从而减小风能的吸收。发电装置主要由塔楼和安装在塔顶的发动机舱组成。风车中还包括许多控制装置，功率较大的机组还装有手制动机构，以确保风力机在大风或台风情况下的安全。

三、风力发电系统主要类型

近年来世界风力发电发展十分迅速，每年其容量以 30％ 的速度递增。风力机和发电机是风力发电系统实现机电能量转换的两大主要部分，有限的机械强度和电气性能必然使其受到功率和速度的限制，因此，风力机和发电机的功率和速度控制是风力发电的关键之一。目前风力发电机组按照风电机的调节技术分主要有以下四种：

1. 定桨距失速调节型风力发电机组

定桨距是指桨叶与轮毂的连接是固定的，桨距角固定不变，即当风速变化时，桨叶的迎风角度不能随之变化。失速型是指桨叶翼型本身所具有的失速特性，当风速高于额定风速时，气流的攻角增大到失速条件，使桨叶的表面产生涡流，效率降低，来限制发电机的功率输出。为了提高风电机组在低风速时的效率，通常采用双速发电机（即大/小发电机）。在低风速段运行时，采用小发电机使桨叶具有较高的气动效率，提高发电机的运行效率。

失速调节型的优点是失速调节简单可靠，当风速变化引起的输出功率的变化只通过桨叶的被动失速调节而控制系统不做任何控制，使控制系统大为减化。其缺点是叶片质量大（与变桨距风机叶片比较），桨叶、轮毂、塔架等部件受力较大，机组的整体效率较低。

2. 变桨距调节型风力发电机组

变桨距是指安装在轮毂上的叶片通过控制改变其桨距角的大小。其调节方法为：当风力发电机组达到运行条件时，控制系统命令调节桨距角调到45°，当转速达到一定时，再调节到0°直到风力发电机达到额定转速并网发电；在运行过程中，当输出功率小于额定功率时，桨距角保持为0°位置不变，不做任何调节；当发电机输出功率达到额定功率以后，调节系统根据输出功率的变化调整桨距角的大小，使发电机的输出功率保持在额定功率。

随着风电控制技术的发展，当输出功率小于额定功率状态时，变桨距风力发电机组采用了最优叶尖速比技术，即根据风速的大小，调整发电机转差率，使其尽量运行在最优叶尖速比，优化输出功率。变桨距调节的优点是桨叶受力较小，桨叶做得较为轻巧。桨距角可以随风速的大小而进行自动调节，因而能够尽可能多地吸收风能转化为电能，同时在高风速段保持功率平稳输出。缺点是结构比较复杂，故障率相对较高。

3. 主动失速调节型风力发电机组

将定桨距失速调节型与变桨距调节型两种风力发电机组相结合，充分吸取了被动失速和桨距调节的优点，桨叶采用失速特性，调节系统采用变桨距调节。在低风速时，将桨叶节距调节到可获取最大功率位置，桨距角调整优化机组功率的输出；当风力机发出的功率超过额定功率后，桨叶节距主动向失速方向调节，将功率调整在额定值以下，限制机组最大功率输出，随着风速的不断变化，桨叶仅需要微调维持失速状态。制动时，调节桨叶相当于气动制动，很大程度上减少了机械制动对传动系统的冲击。主动失速调节型的优点是具备了定桨距失速型的特点，并在此基础上进行变桨距调节，提高了机组的运行效率，减弱了机械制动对传动系统的冲击，控制较为容易，输出功率较平稳。

4. 变速恒频风力发电机组

变速恒频是指在风力发电的过程中，发电机的转速可以跟踪风速的变化，由于转速发生变化必然导致发电机频率的变化，必须采用适当的控制手段（AC-DC-AC 或 AC-AC 变频器）来保证与电网同频率后并入电网。机组在叶片设计上采用了变桨距结构。其调节方法是：在启动阶段，通过调节变桨距系统控制发电机转速，将发电机转速保持在同步转速附近，寻找最佳并网时机然后平稳并网；在额定风速以下时，主要调节发电机反力转矩使转速跟随风速变化，保持最佳叶尖速比以获得最大风能；在额定风速以上时，采用变速与桨叶节距双重调节，通过变桨距系统调节限制风力机获取能量，保证发电机功率输出的稳定性，获取良好的动态特性；而变速调节主要用来响应快速变化的风速，减轻桨距调节的频繁动作，提高传动系统的柔性。变速恒频这种调节方式是目前公认的最优化调节方式，也是未来风电技术发展的主要方向。变速恒频的优点是大范围内调节运行转速，来适应因风速变化而引起的风力机功率的变化，可以最大限度地吸收风能，因而效率较高。控制系统采取的控制手段可以较好地调节系统的有功功率、无功功率，但控制系统较为复杂。

风力发电机组的控制技术从机组的定桨距恒速运行发展到基于变距技术的变速运行，已经基本实现了风力发电机组理想地向电网提供电力的最终目标。

四、风力机运行特性

风力机的运行特性主要包括以下四部分：

1. 叶尖速比与风能利用系数

根据风力机的空气动力学特性，风力机输出机械功率可表示为

$$P_t = \frac{1}{2} C_p \rho A v^3 \tag{2-1}$$

式中，C_p 为风能利用系数；A 为风轮扫掠面积；ρ 为空气密度，kg/m^3；v 为风速。

由式（2-1）可知，在桨叶大小、风速和空气密度一定时，影响功率输出的唯一因素是风能利用系数 C_p，输出功率与 C_p 成正比，而 C_p 是叶尖速比 λ 的函数，λ 可以表示为

$$\lambda = \frac{2\pi Rn}{v} = \frac{\omega R}{v} \qquad (2-2)$$

式中，λ 为叶尖速比；ω 为风机角速度，rad/s；R 为叶轮半径，m。

因此风力机特性通常用 C_p 和 λ 之间的关系来表示，典型的 $C_p = f(\lambda)$ 关系曲线如图 2-2 所示。

从图中可以看出，在 C_p 随着 λ 的变化过程中，存在着一点 λ_m 可以获得最大的风能利用系数 C_{pmax}，即最大输出功率。

2. 最大功率曲线

把式（2-2）代入式（2-1）可得

$$P_t = \frac{1}{2}\rho\pi R^2 C_p \left(\frac{\pi R}{30\lambda}\right)^3 n^3 \qquad (2-3)$$

在某一风速下，风力机的输出机械功率随转速的不同而变化，其中有一个最佳的转速，在该转速下，风力机输出最大机械功率，它与风速的关系是最佳叶尖速比关系；在不同的风速下，均有一个最佳的转速使风力机输出最大机械功率，将这些最大功率点连接起来可以得到一条最大输出机械功率曲线，即最佳功率负载线，处于这条曲线上的任何点，其转速与风速的关系均为最佳叶尖速比关系。因此在不同风速下控制风力机转速向最佳转速变化就可以实现最大功率控制。不同风速下风力机的功率-转速特性曲线如图 2-3 所示。

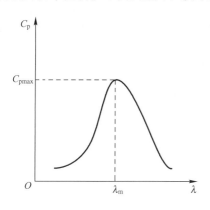

图 2-2　典型 $C_p = f(\lambda)$ 曲线

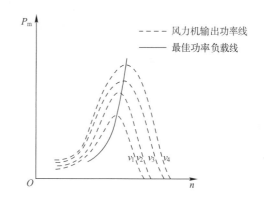

图 2-3　功率-转速特性曲线

3. 实际输出功率

考虑到风力机的功率调节完全依靠叶片的气动特性和调速装置，吸收的风功率和风力机转速受到限制，式（2-1）可改写为

$$P_t = \begin{cases} 0 & v_m < v_{in} \\ \dfrac{1}{2}C_p\rho Av^3 & v_{in} \leq v_m < v_N \\ P_N & v_N \leq v_m < v_{out} \\ 0 & v_m \geq v_{out} \end{cases} \qquad (2-4)$$

式中，v_{in}，v_N，v_{out} 分别为风力机切入风速、额定风速和切出风速；P_N 为风力机的额定功率。

某风力机输出功率曲线如图2-4所示。从图中可以看出，在切入风速与切出风速之间，当风速在额定风速以下时，输出功率不超过额定风速时，属于正常调节范围；当风速高于额定风速时，机械调速装置的存在将风力机的输出功率限制在所允许的最大功率以内。

4. 转矩-转速特性

由于系统本身机械性能、电气特性的限制，转矩、功率和转速不可能无限大，在达到极限后必须进行运行保护控制，使系统能够安全运行。不同风速下的转矩-转速特性曲线如图2-5所示。

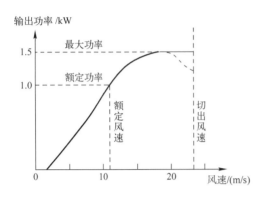

图2-4 某风力机输出功率曲线

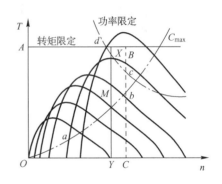

图2-5 转矩-转速特性曲线

从图2-5中可以看出，风力机有六个运行阶段：

（1）启动阶段，发电机转速从静止上升到切入速度，a点的转速为切入速度。这个阶段只要风速达到启动风速，使产生的转矩大于设计阻转矩就可以实现。在切入速度以下时发电机不工作，只是风轮做机械运动。

（2）变速运行阶段，切入速度和极限转速之间的区域，即a点和b点之间的转速范围。当达到切入风速后，发电机获得能量开始发电。从理论上说，根据能量与风速的三次方成正比的关系，那么风力发电系统在限定的转速范围内无限地获得能量，但是由于独立运行风力发电系统的负载是不断变化的，并且受到运行转速的限制。

（3）恒速运行阶段，由于系统本身机械性能和安全性的限制，达到极限转速后转速不能继续增大，bc段为转速恒定阶段。在恒定转速运行下，风力机的功率系数不再与叶尖速比有关，而仅仅取决于风速的大小。

（4）恒功率运行阶段，转速恒定后，如果风速继续增大，C_p值减小，但功率继续增大，达到额定风速后由于电路和电子功率器件受到的限制，输出功率不可能无限大，在c点功率已经达到了极限，此时当风速继续增加，风力机保持功率恒定输出，即cd段。

（5）转矩恒定阶段，在d点气动转矩达到限定值。

（6）达到切出风速时，风力机系统停机。

由转矩、转速和功率的限制线画出的区域$OABC$为风力机安全运行区域。

五、发电机

发电机承担了机械能到电能的转换任务。它不仅直接影响整个转换过程的性能、效率和供电质量，而且也影响到整个系统的运行方式、效率和装置结构。因此，选用可靠性高、效率高、控制及供电性能良好的发电机系统，是风力发电工作的一个重要任务。

由于风力发电机的应用场所与一般发电机不同，其技术要求有其特殊性，在性能上又必须与风力机有良好的匹配，独立运行风力发电系统的发电机的形式一般为三相交流同步发电机，发电机功率等级如表2-1所示。

表2-1　发电机功率等级

额定功率/kW	额定转速/（r/min）		额定电压/V		额定功率/kW	额定转速/（r/min）	额定电压/V	
0.1	400	620	28		3.0	1 500	115	230
0.2	400	540	28	42	5.0	1 500	230	
0.3	400	500	28	42	7.5	1 500	230	
0.5	360	450	42		10	1 500	230	345
1.0	280	450	56	115	15	1 500	345	460
2.0	240	360	115	230	20	1 500	345	460

其中，发电机额定电压指发电机在额定工况下运行，其端子电压为整流后并扣除连接线压降的直流输出电压。

独立运行小型风力发电系统中的发电机应该符合以下主要的技术要求：

（1）发电机额定运行时，其输出交流电压的频率不小于20 Hz；

（2）发电机应能承受短路机械强度试验而不发生损坏及有害变形，试验应在当发电机空载转速为额定转速时进行，在交流侧三相短路，历时3 s；

（3）发电机的工作转速范围1 kW及以下（含1 kW）为65 %～150 %额定转速，2 kW及以上（含2 kW）为65 %～125 %额定转速；

（4）在65 %额定转速下，发电机的空载电压应不低于额定电压；

（5）当发电机在额定电压下并输出额定功率时，其转速应不大于105 %额定转速；

（6）在最大工作转速下，发电机应能承受输出功率增大至1.5倍额定值的过载运行，历时5 min；

（7）直流输出端输出额定功率时，其效率的保证值应符合表2-2的规定；

（8）发电机在空载情况下，应能承受2倍的额定转速，历时2 min，转子结构不发生损坏及有害变形；

（9）发电机定子绕组应能承受历时1 min的耐电压试验而不发生击穿。

表2-2　发电机效率

功率/kW	0.1	0.2	0.3	0.5	1.0	2.0	3.0	5.0	7.5	10	15	20
效率/%	65	68	70	72	74	75	76	78	80	82	84	86

六、永磁同步发电机

1. 永磁同步发电机发展现状

20世纪30年代后永磁发电机真正被应用于实际生产生活中。为了适应各种场合的需要，各种专用发电机应运而生，各个方面应用越来越广泛。到了20世纪70年代石油的开采供不应求，工业革命的发展使得能源的消耗越来越多，而当时受制于能源开采技术，能源使用的单一性，全球范围内爆发了石油危机。自此，欧美发达国家开始寻求新兴能源来缓解能源危机，风力发电机技术开始进入人们的视野。当时风力发电机的普及率、装机量和规模都不大，但却慢慢开启了风能转换成电能的尝试，为后续风力发电的发展奠定了基础，这些风机组绝大多数都采用永磁发电机。

进入 21 世纪，对永磁发电机的研究越来越深入，永磁风力发电技术得到进一步发展，人们更多地采用多极数低转速的永磁发电机应用到实践生产生活中，从起初的异步发电机发展到无刷的、直驱式永磁发电机。永磁同步风力发电机结构简单，运行损耗小，随着永磁制造技术的发展永磁发电机性能不断得到提升。产生的电能经过整流器变成直流电后给蓄电池充电，将电能存储下来给所需负载供电，并且对电能质量的控制不像并网型那样严格。要是发出的电能过剩还可以采取一系列措施将其并入电网。由于采用高性能永磁材料，可以大大减小发电机的质量和体积，提高功率密度，由于永磁体的存在，和电励磁产生磁场相比，发电机的整体性能得到充分改善。

2. 永磁同步发电机的特点

现代发电厂中的交流机都是以同步发电机为主，同步发电机在日常生产、生活等方面应用十分广泛，其转子转速 n 与发电机频率 f 之间的固有关系为：$n = n_s = 60f/p$，其中 p 代表发电机极对数，n_s 代表同步转速。

与传统的电励磁发电机相比，永磁同步发电机是通过永磁体来建立发电机主磁场。相较于普通同步发电机，永磁同步发电机既有其优点也有其缺点，总的特点概括如下：

（1）由于永磁体的使用，实现了无刷化，结构更加简单紧凑，故障率降低，持久运行状况下其可靠性得到大大提升。

（2）永磁发电机的磁场由永磁体建立，气隙中的磁场强度高并且发电机功率密度高，同等条件下可以造出质量很小，体积很小的发电机。

（3）用永磁体替换了原来的电励磁绕组和电刷，使运行过程中的损耗大为减小，整体运行效率得到提升。

（4）固有电压调整率小，引起的输出电压波动也就小。

（5）永磁同步发电机采用钕铁硼、稀土钴等永磁体，最大的缺点就是输出电压难以调节。

如今，随着永磁材料的不断发展，永磁同步发电机的应用领域非常广阔，如风力发电、航空航天用主发电机、汽车用发电机等领域都广泛采用各种类型的永磁同步发电机。永磁同步发电机在一些场合开始呈现出逐步替代电励磁永磁同步发电机的趋势。

3. 永磁同步发电机基本结构与分类

与普通交流电机一样，永磁同步发电机也由定子和转子两部分构成，结构示意图如图 2-6 所示。定子铁芯上预留有大小、型号相同的定子槽，槽内根据要求布置有三相对称绕组，通常制成定子铁芯的材料为硅钢片。永磁同步发电机的定子槽宜采用梨形槽或梯形槽，因为这两种定子槽的定子齿是等宽齿，所以漏磁少、谐波分量小。每个导体可以采用多根圆铜漆包线并绕。定子绕组通常由圆铜线绕制而成，采用多根圆铜漆包线绕组又容易实现绕组端部扭转换位。其连接方式大多采用双层短距离绕组和星形连接方式，单层绕组和正弦绕组也用于小功率发电机。

永磁同步发电机转子通常由转子铁芯和永磁体两部分构成。在实际生产加工过程中，转子铁芯的原材料也是硅钢片。根据永磁体摆放方位可将转子磁极结构分为表面式和内置式两种。根据转子相对位置的不同，又可分为内转子结构

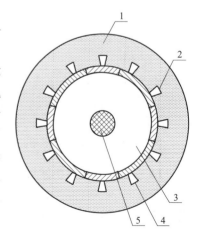

图 2-6 典型永磁同步
发电机的结构示意图
1—定子铁芯；2—定子槽；
3—转子铁芯；4—永磁体；5—轴

和外转子结构。内置式磁极结构中根据永磁体磁极的横向或者纵向布置又可分为径向式转子结构和切向式转子结构。

1）表面式转子结构

表面式转子结构中，在转子铁芯的表面经过处理，然后将永磁体贴在其上。这样在发电机高速运行情况下会产生很大的离心力，由离心力所形成的拉力易损坏永磁体。为此，在发电机高速运行情况下需在转子外加上套环来保证转子的机械强度。图2-7（a）所示为表面凸出式转子结构示意图。这种结构形式从构造来说相比其他的结构简单很多，而且在实际加工过程中易于加工制造，制造费用相对较低。图2-7（b）所示为表面插入式转子结构示意图，这种结构下由于磁阻转矩的存在使得发电机的过载能力强。因永磁体是插入其中，在安装时易于定位，制造装备过程简单，但是漏磁系数较大。

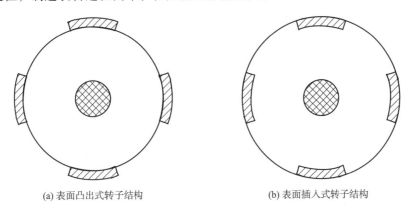

(a) 表面凸出式转子结构　　　　　　　(b) 表面插入式转子结构

图2-7　表面式转子结构示意图

2）内置式转子结构

内置式转子结构永磁同步发电机的永磁体位于转子内部，根据永磁体磁极的布置又可分为径向式和切向式，如图2-8（a）和图2-8（b）所示。

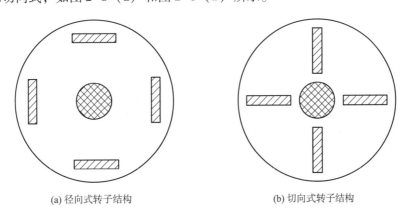

(a) 径向式转子结构　　　　　　　(b) 切向式转子结构

图2-8　内置式转子结构示意图

七、电力变换单元

由于风能的随机性，发电机所发出电能的频率和电压都是不稳定的，以及蓄电池只能存储直流电能，无法为交流负载直接供电。因此，为了给负载提供稳定、高质量的电能和满足交流负载用电，需要在发电机和负载之间加入电力变换装置，由整流器、DC/DC 变换器和逆变器组成。

1. 整流器

独立运行的小型风力发电系统中，有风轮驱动的交流发电机，需要配以适当的整流器，才能对蓄电池充电。根据风力发电系统的容量不同，整流器分为可控与不可控两种，可控整流器主要应用在功率较大的系统中，可以减小电感过大带来的体积大、损耗大等缺点；不可控整流器主要应用于小功率系统中。

可控整流器如图 2-9 所示，该电路通过控制功率开关管 V_1 到 V_6 实现电压的可调，若一相的上桥臂和另一相的下桥臂导通，则该工作状况等同于斩波电路电感充电的情况；若一个桥臂，上下开关管同时导通，则电路的工作状况相当于斩波电路续流二极管起作用的情况。

目前在我国独立运行小型风力发电系统中大量使用的是桥式不可控整流方式，如图 2-10 所示。因为它由二极管组成，具有功耗低、电路简单等特点。

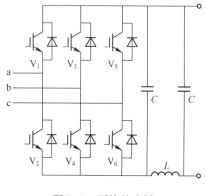

图 2-9 可控整流桥

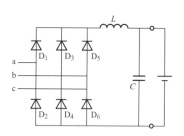

图 2-10 不可控整流桥

三相整流器除了把输入的三相交流电能整流为可对蓄电池充电的直流电能之外，另外一个重要的功能是在外界风速过小或者基本没风的时候，风力发电机的输出功率也较小，由于三相整流桥的二极管导通方向只能是由风力发电机的输出端到蓄电池，所以防止了蓄电池对风力发电机的反向供电。

2. DC/DC 变换器

DC/DC 变换器将直流电源能量传送到负载并加以控制，得到另一个直流输出电压或电流。通过对开关管的导通或关断时间长短控制，即控制从电源端到负载端传送的能量。本书涉及到的非隔离型 DC/DC 变换器主要包括 Buck，Boost，Buck - Boost，Cuk 变换器四种。以 Buck 变换器为例，如图 2-11 所示，通过在功率开关管的控制端施加周期一定，占空比可调的驱动信号，使其工作在开关状态。当开关管 V 导通时，二极管 D 截止，发电机输出电压整流后通过能量传递电感向负载供电，同时使电感器 L 能量增加；当开关管截止时，电感释放能量使续流二极管 D 导通，在此阶段，电感器 L 把前一段的能量向负载释放，使输出电压极性不变且比较平直。滤波电容器 C 使输出电压的纹波进一步减小。显然，功率管在一个周期内导通时间越长，传递的能量越多，输出电压越高。

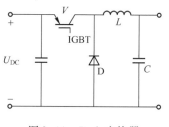

图 2-11 Buck 变换器

DC/DC 变换器的输入阻抗的大小可以通过控制开关电源的占空比来人为改变。这种控制性能正好被用在小型风力发电系统中，通过控制发电机的输出电流，改变风力发电机的负载特性，即调节了发电机的转矩 – 转速特性，从而控制风力机转速用来改变叶尖速比，这样就控制了风能转换效率和风力发电机的输出功率。

3. 逆变器

逆变器的功能是将蓄电池所存储和整流桥输出的直流电能转换为负载所需要的交流电能。

逆变器按输出功率分为：100 W、200 W、500 W、1 000 W、2 000 W、5 000 W 等。逆变器按输入方式分为两种：

（1）直流输入型：逆变器输入端直接与蓄电池连接的产品；

（2）交流输入型：逆变器输入端与风力发电机组的发电机交流输出端连接的产品，即控制、逆变一体化的产品。

逆变器应有电压调节装置，当输入直流电压在额定值的85 % ～ 120 % 范围时，其输出端电压不超过额定电压值的 ±5 % ，逆变器的输出频率变化范围不超过规定值的 ±10 % 。在额定状态下，输出功率不大于 500 W 的逆变器，效率不小于 75 % ；大于 500 W 的逆变器，效率不小于 80 % 。当蓄电池电压低于额定电压的 85 % 时，应具有输入欠电压保护功能。在额定电流下逆变器应能连续工作不少于 8 h，在 1.2 倍额定电流下允许连续工作 20 min。

目前独立运行小型风电系统的逆变器多数为电压型单相桥式逆变器。在风力发电中所使用的逆变器主要要求具有较高的效率，特别是轻载时的效率要高，这是因为风电发电系统经常运行在轻载状态。另外，由于输入的蓄电池电压随充、放电状态改变而变动较大，这就要求逆变器能在较大的直流电压变化范围内正常工作，而且要保证输出电压的稳定。目前，独立运行的风电系统主要用于边远地区，运行维护及维修条件都比较差，高可靠性是逆变器一个特别重要的要求。

八、储能装置

由于太阳能和风能的出力具有随机性和波动性，使得风力发电系统和光伏发电系统不能为负载提供持续稳定的输出。储能的提出，可以有效地解决这个问题。随着储能技术的不断发展，其实际应用价值也日渐凸显。储能可以提高微电网供电可靠性和电能的利用效率，从而维持系统的稳定运行。

1. 储能技术发展现状

随着储能技术的发展，其容量不断加大，成本也在不断降低，逐渐可以被电力系统所接受。储能系统种类繁多，主要可分为抽水蓄能、飞轮储能、压缩空气储能、电池储能（蓄电池、锂离子电池或者钠硫电池等）以及超级电容器储能和超导储能。每种储能方式都有其自身的优缺点和适应场景。表 2-3 列举了储能技术发展现状。

表 2-3 储能技术发展现状

储 能 类 型	应 用 场 合	当前发展趋势	难点与挑战
压缩空气储能	能量管理 季节性备用 新能源接入	爬坡率较高 技术成熟，成本低	场地限制 效率低 响应速度低于电池

储能类型	应用场合	当前发展趋势	难点与挑战
抽水蓄能电站	能量管理 季节性备用 用于调频	技术成熟 爬坡率高 运行成本最低	特殊场地要求 建设成本高
铅酸蓄电池	平抑负荷波动 调节负载 系统稳定	制造技术成熟 成本低 高回收效益	放电深度限制 能量密度低 电极腐蚀影响寿命
超级电容器储能	电能质量调节 频率调节	循环效率高	能量密度低 材料及制造成本高

综合上述各种储能类型的优缺点可知，单一的储能装置自身总存在一些缺点，所以如果有必要，可将不同类型的储能装置组合形成混合储能系统，才可以更好地优势互补，充分利用储能的特性。

2. 蓄电池储能系统

铅酸蓄电池以其自放电率低、性能稳定、技术纯熟、价格低、可长期存储等优势而得到广泛应用，以下就对铅酸蓄电池的特性和常用参数进行介绍。

1）蓄电池容量

$$C = I \int_0^t t \mathrm{d}t \tag{2-5}$$

蓄电池容量是指电池总放电电荷量，其放电终结的标志是放电电压低于截止电压。容量单位常用安·时（A·h）表示。蓄电池容量可根据不同的条件分为实际容量、额定容量和理论容量。实际容量是反映蓄电池实际存储电量大小的物理量。额定容量是蓄电池在规定条件下（包括放电强度、放电电流及放电终止电压）可以放出的最小电量。理论容量是指电极上的活性物质全部参与成流反应，根据法拉第定律计算所得出的最高容量值，一般情况下实际容量远小于理论容量。

2）充放电终止电压

充电终止电压定义为蓄电池以一定的充电率进行充电而得到的最高电压。放电终止电压是指在 25 ℃环境温度下，蓄电池放电至最低电压。若蓄电池超过终止电压而继续充放电，将会导致其过充或过放，从而严重缩短蓄电池寿命。

3）蓄电池充放电倍率

蓄电池充放电倍率等于充放电电流除以额定容量，其单位用 C 表示。充放电率表示充放电电流的大小，分为充放电时间率和充放电电流率。充放电时间率是指蓄电池在一定充放电条件下充放电至终止电压所用的时间，为了比较额定容量不同的蓄电池电流大小而设置一个充放电电流率。通常以 10 h 放电率下测得的容量作为蓄电池的额定容量，记为 C_{10}。

4）蓄电池荷电状态

在配置模型中，蓄电池的荷电状态（State of Charge，SOC）是指剩余电量 C_r 和额定容量 C_{ba} 的比值，用来表示蓄电池某一时刻的实际容量，其值由式（2-6）求出。

$$\mathrm{SOC}_t = \left(\frac{C_r}{C_{ba}} \right) \times 100\% \tag{2-6}$$

5）放电深度

放电深度（Depth of Discharge，DOD）是指在工作过程中蓄电池能放电到什么程度，一般用放出的电量与电池额定容量的百分比来计算。蓄电池的荷电状态和放电深度共同决定其使用寿命，一般情况下，放电深度 DOD 越大，蓄电池的寿命就越短。所以为了延长蓄电池的使用寿命，减少投入成本，应该尽可能避免深度放电。

由定义可知放电深度 DOD 和荷电状态 SOC 的关系如式（2-7）所示。

$$SOC + DOD = 1 \tag{2-7}$$

6）蓄电池寿命表示方式

一般来说铅酸蓄电池寿命主要有三种表示方式，即循环次数、工作年限及放置寿命。循环次数是指在一定的充放电情况下，电池容量衰减到某一规定值之前，能经受多少次充电与放电。蓄电池的工作年限就是蓄电池从开始工作到其无法工作所用年限。蓄电池的放置寿命是指蓄电池在不工作的状态下，能够维持一定比例的额定容量所用的时间。

3. 超级电容器储能系统

超级电容器作为一种新兴的储能元件，目前已逐步实现市场化。以下就对超级电容器的特性和常用参数进行介绍。

1）高功率密度

由于超级电容器在充电和放电过程中不存在化学反应，所以理论上超级电容器的充放电过程不受限制，可达 $10^2 \sim 10^4$ W/kg，远远高于蓄电池的功率密度。

2）高充放电速率

超级电容器具有很高的充放电速率是由于其充放电过程可以看作是电荷的移动。

3）长循环寿命

实验室环境下（温度为 25 ℃），超级电容器的循环寿命一般可达 50 万次以上，工作时间可达数十年。超级电容器的循环寿命随着温度的升高而降低，温度每升高 10 ℃其循环寿命便会缩短一半。

4）免维护

超级电容器充放电效率高，对过充电和过放电有一定的承受能力，可稳定地反复充放电，在理论上是不需要进行维护的。

5）超级电容器的荷电状态

与蓄电池一样，超级电容器的荷电状态（SOC）也是一个重要的量，超级电容器的 SOC 计算公式如式（2-8）所示。

$$SOC = \left(\frac{E_t}{E_N} \right) \times 100\% \tag{2-8}$$

式中，E_t 为超级电容器的当前容量；E_N 为超级电容器的额定容量。

4. 蓄电池常用充电方法

1）恒流充电

恒流充电的特点即以恒定的电流对蓄电池充电，在充电过程中要不断提升充电电压。恒流充电电流可调，故可以适应不同技术状态的蓄电池，但充电过程中需要较多的人工干预，如蓄电池端电压的测试、温度测量、电流调节，且充电时间较长；由于没有去极化措施，因而特别在充电过程后期极化现象比较严重；而且负载和风速的变化，使风力系统很难实现长时间对蓄电池的恒流充电。

在实际操作中恒流充电一般存在初期电流偏小，后期电流太大的缺陷。初期电流偏小影响充电速度，所以，恒流充电一般时间很长，后期电流偏大使得极化现象严重加剧。所以，恒流充电无论从速度上还是从效果上都不完善。

2）恒压充电

恒压充电的特点是充电过程中充电电压始终保持不变。恒压充电电流随蓄电池电动势的升高而逐渐减小，若充电电压设定为终止电压，还可实现自动停充。因此，恒压充电操作简单，无须人工干预，省去了许多麻烦；恒压充电在充电过程初期由于蓄电池电动势较低，充电电流较大，因而充电速度较快，一般在 3～4 h 即可充到蓄电池容量的 80%～90%。这种方法也有它的不足之处：

（1）在充电初期，如果蓄电池放电深度过深，充电电流会很大，不仅危及充电控制器的安全，而且蓄电池可能因过电流而受到损伤。

（2）如果蓄电池电压过低，后期充电电流又过小，充电时间过长，极板深处的活性物质不能充分恢复，因而不能保证蓄电池彻底充足。长此以往，蓄电池容量及寿命都会遭受损失。

（3）蓄电池端电压的变化很难补偿，充电过程中对落后电池的完全充电也很难完成。

3）两阶段、三阶段充电

这种充电方式是克服恒流与恒压充电的缺点而形成的一种充电策略。它要求首先对蓄电池采用恒流充电方式充电，蓄电池充电到达一定容量后，然后采用恒压方式进行充电。在两阶段充电完毕，即蓄电池容量到达其额定容量（当时环境条件下）时，许多充电控制器允许对蓄电池继续以小电流进行充电，以弥补蓄电池的自放电，这种以小电流充电的方式称为浮充。这就是在两阶段基础上的第三阶段，但在这一阶段的充电电压要比恒压阶段的低。

4）智能充电

该方法是按照蓄电池可接受电流来实现的智能充电控制方法，从而使蓄电池能得到快速充电。快速充电就是采用大电流和高电压对蓄电池充电，在 1～2 h 内把蓄电池充好，而且在这个过程中不会使蓄电池产生大量析气和使蓄电池电解液温度过高（一般在 45 ℃ 以下）。快速充电方式解决不产生大量析气和不使温度升高过大的方法是采用不断地脉冲充电和反向电流短时间放电相结合的方法。短时反向放电的目的是消除蓄电池大电流充电过程中产生的极化。这样就可以大大地提高充电速度，缩短充电时间。但是由于风力发电的特殊性，现阶段智能快速充电还无法应用到风力发电蓄电池的充电技术中。

5）均衡充电

这种方法主要是为蓄电池组中某些蓄电池（组）由于电池特性或环境原因造成充电不均匀（主要是某些欠充），而以小电流进行的过充电方式。由于过充的缺点，此种方式不宜经常使用。

5. 蓄电池放电控制技术

蓄电池放电的控制技术有放电电压控制法、放电电流控制法和放电深度控制法。

（1）放电电压控制法是在蓄电池组进行放电时，维持直流母线电压的稳定，这样能保证供给负载变化情况下，及时提供足够的能量。当蓄电池组的电压接近蓄电池组过放电压时，给出报警；低于下限时，本组蓄电池就停止放电。

（2）放电电流控制法是在当一个蓄电池组的放电电流小于或等于其额定放电电流时，不进行电流调节。当有大于其额定放电电流的组时，对蓄电池实行限流控制。即只有蓄电池的放电电流大于设定的放电电流时，其调节环节才会起作用；否则，这个电流调节环节对系统不起作用。

（3）放电深度控制法是当蓄电池组的放电深度大于其设定的放电深度时，蓄电池将停止向负载放电。这主要是为延长蓄电池的使用寿命而设置的。蓄电池放电深度的大小，可根据实际要求通过设定值得到。

九、控制器

控制器在独立运行系统中是一个非常重要的部件，它不但控制、协调整个系统的正常运行，而且实时检测系统各参数以防异常情况的出现，一旦检测到异常，它能够自动保护并报警。这些保护包括：蓄电池组过电压、欠电压保护，发电机的超速、过电流保护。

由于风速和用户负载是不断变化的，控制器用于调节发电机输出与负载用电量以及蓄电池所能储存的能量总和匹配，使得风力机能及时捕获到随机波动的风能。研究发现，蓄电池充电过程对蓄电池寿命影响最大，放电过程的影响较少。也就是说，绝大多数的蓄电池不是用坏的，而是充坏的。由此可见，一个好的控制器对蓄电池的使用寿命具有举足轻重的作用。控制器还对风力发电机输出的不稳定的功率（尤其输出电压大范围波动）进行调节，完成对蓄电池合理充电的功能。

由于所安装的独立运行小型风力发电系统主要是解决当地居民生活用电问题。在蓄电池充满电，并且没有负载用电、蓄电池突然从系统中断开等情况下需通过继电器接入耗能负载，用它来消耗风力发电机所发出的电能，否则大风时可能导致风轮飞车。控制器应配有的耗能负载功率不小于风力发电机组额定功率的两倍，其切换的动作时间不大于 $0.55\ \mathrm{s}$。

 项目实施

对于独立运行小型风力发电系统，为保障其安全可靠地运行，向用户提供稳定连续的电能，节约投资成本，风力发电机组安装容量、蓄电池容量和负载三者之间合理配置至关重要。

独立运行小型风力发电系统的风力发电机组容量的选择，不仅要考虑用户对负荷电量的需求，而且要关注当地风能资源与负荷的匹配特性、风能的连续无风小时数。具有风力资源和掌握使用地区的瞬时风速、平均风速、风速频率和风向等方面的数据，是使用风力发电系统的基本条件。风速的不定常变化直接关系到风力发电机组的安全性和发电量，影响到负荷的调整方式和储能容量的设计。正确分析和计算用户现有的负荷耗电量，并做客观的负荷用电预期，是选择风力发电机组安装容量的关键，因此，风力发电机组安装容量的计算要充分考虑用户的耗电量，根据风能与负荷匹配特性来验算风力发电机组容量。

独立运行小型风力发电系统中的蓄电池组可以平抑风速变化引起的电能变化和风电给负载造成的冲击，也能尽可能多地利用短时剩余风电和补充短时风电的不足造成系统崩溃。由于蓄电池投资大，运行费用高，通常采用保障基本负荷连续供电小时的计算方法确定蓄电池容量。

独立运行小型风力发电系统从能量流动角度来看，主要分为：产生电能的永磁同步发电机、传递能量的功率控制器和消耗能量的负载及蓄电池。功率控制主要包括驱动永磁同步发电机、蓄电池控制和负载。所谓的主电路是指从永磁同步发电机发出的电能到达负载和蓄电池所经过的所有电路，即三相二极管整流器和 Buck 变换器。

1 kW ～ 10 kW 的风力发电系统，适用于远离电网，有一定用电量的家庭农场，公路，铁路养路站，小型微波发射站，移动通信发射站，光纤通信信号放大站，输油管线路保护站等用户。

本项目设计的 1 kW 独立运行风电系统的结构采用交 - 直 - 交的框架结构，主要组成部分主要包括：风力机、三相交流永磁同步发电机（PMSG）、三相二极管整流器、DC/DC 变换器、蓄电池、逆变器以及控制系统几个组成部分，系统各个部分互相关联、协调运行，构成一个智能的交流发电机系统。

一、风力发电机安装容量

考虑某一地区有风和无风情况，统计出每天的风速数据为：假设风速 >6 m/s 为 7 h/天，风速 >9 mm/s 为 2.5 h/天。用电对象为单一家庭用户，统计平均功率为 1 000 W，平均每天用电 5 h。这样，负载用电量情况统计如下：

负载功率：1 kW；

日总耗电量：1 kW × 5 h = 5 kW·h；

月总耗电量：5 kW·h × 30 = 150 kW·h；

年总耗电量：150 kW·h × 12 = 1 800 kW·h。

按照用户一年总耗电量来选择风力机组的安装容量。根据系统所在地区风能资源情况，若初步选择额定功率为 1 kW，额定风速为 8 m/s 的风力机，对于设计定型的风力机，其输出功率与风速的三次方成正比关系，则可以下式计算风机的平均输出功率。

$$P_w = (v/v_e)^3 \times P_e \tag{2-9}$$

式中，P_e 为风力发电机组额定输出功率，W；v_e 为额定风速，m/s；v 为实际风速，m/s。风力机组输出电能为

$$E_w = \sum P_{wm} \times T_m \tag{2-10}$$

式中，E_w 为机组输出总电能，kW·h；P_{wm} 是平均风速为 m 时的输出功率，W；T_m 是平均风速为 m 时的时间，h。当风速为 6 m/s 时，风力机发出的平均功率为

$$P_w = (v/v_e)^3 \times P_e = (6/8)^3 \times 1 = 0.42 \text{ kW}$$

当风速为 8 m/s 时，风力机发出的平均功率为

$$P_w = 1 \text{ kW}$$

这样，风力机每天发出的电能为

$$E_d = P_w \times 7 + P_w \times 2.5 = 5.44 \text{ kW·h}$$

风力机每年能发出的电能为

$$E_r = 5.44 \times 360 = 1 958.4 \text{ kW·h}$$

即风力发电机组每年约发电 2 000 kW·h，超过用户总耗电量 1 800 kW·h，基本满足用户的用电要求。因此，若选择额定功率为 1 kW，额定风速为 8 m/s 的风力发电机组，在当地风能资源条件下，能满足用户的用电需求。根据上述风力发电机组安装容量和选取原则，这里选定型号为 FD4 - 1/8 小型风力发电机作为设计依据。主要技术参数如表 2-4 所示。额定功率 1 kW 风力发电机的转速工作范围为 65 % ～ 150 % 额定转速，即风力机工作转速为 450 ～ 1 450 r/min。发电机的机械角速度范围为 199 ～ 472 rad/s。发电机的电角速度为 769 ～ 1 880 rad/s。风速在工作范围时，风力发电机组输出电压为 370 ～ 550 V。

表 2-4　FD4-1/8 型风力发电机参数

项　　目	参　数	项　　目	参　数
启动风速	4 m/s	风轮直径	4 m
额定风速	8 m/s	工作风速范围	5～20 m/s
最高安全风速	50 m/s	输出电压	AC 370～550 V
额定功率	1 000 W	额定转速	3 000 r/min
最大功率	1 500 W	发电机形式	稀土永磁发电
发电机效率	≥71 %	噪声	<65 dB
工作环境温度	-40～+50 ℃	塔架高度	8 m
质量	350 kg	风能利用系数	0.41

在发电机部分，可以应用"交-直-交"系统的发电机有反馈式感应发电机、感应式、永磁同步发电机（PMSG）等形式。反馈式感应发电机一般用于较大功率系统，感应式发电机则用于中低功率系统，稀土永磁同步发电机则最常被用于小功率系统。稀土永磁同步发电机具有以下优点：

- 稳定性好；
- 不需要外加直流励磁电源；
- 构造简单，装置成本低；
- 易于操作与维修成本低；
- 适用于小型直驱式风力机，不需要外加变速装置，即齿轮箱；
- 无电刷式转子，坚固耐用。

二、蓄电池容量

确定蓄电池容量应考虑以下因素：

- 测定系统的负荷每天需要的电量；
- 根据当地风能资源数据，测算蓄电池每天需要存储的能量；
- 注意蓄电池自放电率、放电深度、电解液温度、老化、控制性能和维护；
- 蓄电池容量的选择适宜为好，不求过大。

用保障基本负荷连续供电小时的计算方法确定蓄电池容量。由上面可知，用户总耗电功率为 1 kW，统计出无风期平均用电 5 h，则根据蓄电池放出的电能等于负载消耗的电能的原则，蓄电池容量计算式为

$$Q_B = \frac{P_L \times T}{U_B \times d_C} \qquad (2-11)$$

式中，Q_B 为蓄电池的容量，A·h；P_L 为用户总耗电功率，W；T 为放电小时数，h；U_B 为蓄电池端电压，V；d_C 为蓄电池放电深度。

从式（2-11）得知，蓄电池端电压越高、放电深度越大，则需要的蓄电池容量越小。蓄电池端电压越高，需的蓄电池单体个数越多，成本就越高。参照变换器的技术参数，选定蓄电池端电压为 410 V，平均用电时间为 5 h，蓄电池放电深度为 80 %，留 20 % 的裕度，则计算蓄电池容量为 295 A·h。实际选用 400 A·h。选用型号为 CB 122000 阀控密封铅酸蓄电池，其技术参数如表 2-5 所示。

表 2-5　CB122000 参数

项目	标准电压	最大充电电流	单体内阻	最大放电流	端子形式
参数	410 V	60 A	4 mΩ（25℃）	10 A	FP-08
项目	不同温度下的放电容量	单体充电电压（25℃）	标准容量	单体自放电残余容量（25℃）	尺寸
参数	40℃　102% 25℃　100% 0℃　85%	浮充 415 V±0.25 V （-3 mV/℃） 循环 420 V±0.5 V （-5 mV/℃）	400.00 A·h　20 h	3个月后90% 6个月后82% 12个月后70%	高 240 mm 长 260 mm 宽 520 mm

用于风力发电系统中的蓄电池，通常要求工作在浮充电和循环充放电方式。该型号蓄电池充放电要求：浮充方式使用时，充电电压为 408～415 V，浮充电流为 0.01C，即 2 A；循环方式使用时，充电电压恒定在 415～420 V，恒流充电电流为 0.1C，即 20 A，C 为蓄电池的标准容量，放电终止电压为 400 V。

这也就说明蓄电池将 DC/DC 变换器输出电压钳制在 400～420 V 的范围内，这就为通过电流调节实现集成控制奠定了基础。

三、电力变换单元

由于风能的随机性，发电机所发出电能的频率和电压都不是稳定的，以及蓄电池只能存储直流电能，无法为交流负载直流供电。因此，为了给负载提供稳定、高质量的电能和满足交流负载用电，需要在发电机和负载之间加入电力变换装置，由整流器，DC/DC 变换器和逆变器组成。

1. 整流器

三相整流器除了把输入的三相交流电能整流为可对蓄电池充电的直流电能之外，另外一个重要的功能是外界风速过小或者基本没风的时候，风力发电机的输出功率也较小。由于三相整流桥的二极管导通方向只能是由风力发电机的输出端到蓄电池，所以防止了蓄电池对风力发电机的反向供电。这里将选用额定容量为 2 kV·A 的三相不可控整流器作为小型风力发电系统的整流部分。

2. DC/DC 变换器

本项目的风力发电系统负载由蓄电池组和等效电阻组成。Buck 变换器作为主电路的一部分，该变换器用于蓄电池充电和向负载供电。

Buck 变换器的设计要求：

- 按电感电流连续模式设计，工作频率 f 为 20 kHz；
- 输入电压 U_i 为 600～900 V，输出电压 U_o 为 400～420 V；
- 输出电流 I_o 为 1.1～5 A，额定输出电流 I_e 为 2 A；
- 输出纹波电压 ΔV_0 为 0.05 V，输出电流纹波系数 k 为 0.05；
- 最大占空比 DH 为 0.7，最小占空比 DL 为 0.45。

Buck 变换器主要元件有：功率开关器件 Q、续流二极管 D、输入滤波电容 C_1、输出滤波电容 C_2、电感 L。根据设计要求确定各元件的参数和选型。

1）功率开关器件 Q

当 Q 截止时，由于 L 储能放电，经由 D 导通续流，此时，忽略 D 的导通压降，则 Q 承受的最大反向电压 U_{rmax} 是最大输入电压，考虑 1.5 倍的设计裕度，Q 承受最大反向电压为 1 200 V。当 Q 导通时，流过的电流最大为 L 的峰值电流，由式（2-12）计算为 49.5 A。

$$I_{max} = I_o + 2kI_o \tag{2-12}$$

IGBT 是在 MOSFET 基础上研制成功的，它兼有功率 MOSFET 高输入阻抗、高速特点和巨型晶体管大电流密度特性，具有安全工作区宽、易于并联等独特的优点，IGBT 被认为是理想的新型电力电子器件。功率电子系统中使用 IGBT 器件，可以改进系统的体积、质量和效率，也可以提高电气设备的频率、节约材料和节能，因此，IGBT 得到了广泛应用。对于独立运行小型风力发电系统减少能量的损失，是有效利用风电设备的重要方法。对于 Buck 变换器设计，可以减少储能电感的体积。因此，该任务功率开关器件选择 IGBT。

上面确定的最大反向电压 U_{rmax} 和最大电流 I_{max}，即为 IGBT 的最大集-射电压 U_{cemax} 和最大集电极电流 I_{cmax}。据此，功率开关器件 Q 选用 1MHB60D-100。

2）续流二极管 D

当 Q 导通时，二极管 D 承受最大反向电压 U_{Dmax} 为最大输入电压，即为 1 260 V。当 Q 截止时，流过 D 的最大电流为电感 L 的峰值电流，即 I_{max}，数值为 49.5 A。据此，续流二极管 D 选用 MURP20040CT。

3）输出滤波电感 L

在 Q 截止期间，电感 L 将 Q 导通期间存储电能释放，与电容 C_2 共同保持电流连续。在电感 L 电流连续的工作模式，且电路处于稳态时，根据电感电压伏秒平衡原理，由式（2-13）确定电感最大量。

$$L_{max} = \frac{U_{omax} \times T}{2kI_o}(1 - D_L) \tag{2-13}$$

式中，U_{omax} 为最大输出电压。计算得 L_{max} 为 0.231 mH。留有设计裕度，最大电感量取为 0.346 mH。

在电感电流临界连续的工作模式下，临界电感量由式（2-14）计算。

$$L_{cmax} = \frac{U_{omax}}{2I_{omin}}(1 - D_L)T \tag{2-14}$$

式中，I_{omin} 为最小输出电流。由上式计算最大临界电感量为 0.260 7 mH。因此，计算得到的最大电感量大于最大临界电感量，初步验证最大电感值满足电感电流连续的设计要求。

另外，由于 Buck 变换器输出直接连接蓄电池和负载电阻，蓄电池提供反电势。所以，以蓄电池为负载 Buck 变换器。电感电流断续判断条件为

$$m > \frac{e^{D\rho} - 1}{e^\rho - 1} \tag{2-15}$$

式中，$m = U_B/U_i$，$t_1/\zeta = (t_1/T)/(T/\zeta) = D\rho$，$\zeta = L/R$。其中，$U_B$ 为蓄电池组端电压。

代入参数计算得到：

$$m = (410/900) \sim (410/600) = 0.46 \sim 0.68$$
$$\zeta = 0.260 7 \times 10^{-3} \sim 29.9 \times 10^{-3}$$
$$\rho = 191.79 \times 10^{-3} \sim 1.707 \times 10^{-3}$$
$$D = 0.45 \sim 0.70$$

将 e = 2.71828 代入式（2-15），得式右边的计算结果为 0.48～0.81，即式（2-15）左边值不大于右边值，所以以计算电感值不满足电感电流断续条件。

电感 L 实际取值与电感设计和制作有关，按照电感作用来分，Buck 变换器的电感属于储能和滤波双重作用电感。电感一般由铁芯、线圈、骨架、绝缘材料和其他一些附件组成。铁芯是其磁路部分，线圈是其电路部分。Buck 变换器的电感一般是在带气隙的铁芯上绕线圈构成。设计电感的任务就是在满足给定性能指标的情况下，确定最好的铁芯结构、最小的几何尺寸、恰当的绕组匝数、导线截面积和气隙长度等。

几何参数法（K-G 法）就是当电感器的直流铜耗或绕组电阻是主要的限制条件时，先求出铁芯的几何常数 KG，来表示铁芯的有效尺寸；根据 KG 值查阅铁芯手册，选择一个铁芯，使该铁芯的 KG 值足够大，满足对电感器的直流铜耗或绕组电阻的要求；然后计算所需的气隙长度、匝数和导线直径等。

（1）铁芯选择方法。在带气隙的铁芯上绕线圈的电感，若忽略气隙边缘效应时，气隙磁阻远远大于磁芯磁阻。由给定最大电流 I_{max}，得到铁芯的最大工作磁密 B_{max}，根据磁路的欧姆定律得

$$N_{Imax} = B_{max}(l_g / u_o) \qquad (2-16)$$

根据安培环路定律和电磁感应定律，得出给定的电感 L 与绕组匝数 N、铁芯有效截面积 A_e 和气隙长度 l_g 的关系为

$$L = \frac{u_o A_e N^2}{l_g} \qquad (2-17)$$

考虑电感制作要求，保证铁芯的窗口必须能绕得下全部绕组，得出铁芯窗口有效利用面积 $k_u A_w$ 与绕组总面积的关系为

$$S \leqslant \frac{k_u A_w}{N} \qquad (2-18)$$

由铁芯得到绕组的每匝平均长度 MLT 与铁芯材料的电阻率 ρ，得出绕组的电阻为

$$R = \frac{\rho N(\text{MLT})}{S} \qquad (2-19)$$

由式（2-16）~式（2-19）与铁芯的几何形状和已知量 I_{max}、B_{max}、u_o、L、k_u、R 及 ρ 得出

$$K_G = \frac{A_e^2 A_w}{\text{MLT}} \geqslant \frac{\rho L^2 I_{max}^2}{B_{max}^2 R K_u} \times 10^8 \qquad (2-20)$$

$$K_G = \frac{A_e^2 A_w}{\text{MLT}} \qquad (2-21)$$

K_G 称为铁芯几何尺寸常数，式（2-19）反映了电感器的技术指标是如何影响铁芯的尺寸的。u_o 为真空磁导率。

（2）气隙长度。电感铁芯留有气隙，可以有效防止铁芯磁饱和，也用来储能。根据选定型号铁芯的几何尺寸参数，由式（2-22）计算气隙长度。

$$L_g = \frac{u_o L I_{max}^2}{B_{max}^2 A_e} \times 10^4 \qquad (2-22)$$

（3）线圈参数。线圈参数主要包括线圈匝数、绕组导电体尺寸、电阻和电流密度等，分别由式（2-23）计算。

$$N = \frac{LI_{max}^2}{B_{max}^2 A_e} \times 10^4$$

$$S \leqslant \frac{k_u A_w}{N}$$

$$R = \frac{\rho N (\text{MLT})}{S}$$ (2-23)

$$J = \frac{I}{S}$$

（4）核算损耗和温升。若忽略铁芯损耗和涡流损耗，则线圈损耗主要是铜损。根据选定铁芯材料，计算或查表确定损耗，然后核算温升。

由上述计算初步确定电感线圈参数：匝数为 7 匝；电流密度为 250 A/cm²；气隙长度为 0.020 cm。Buck 变换器电感的峰值磁通密度受饱和磁通密度的限制，选择硅钢片铁芯 CD32 × 64 × 100，该铁芯的饱和磁通密度为 1.7 ～ 1.8 T。电感的制作主要是线圈绕线、骨架和气隙。遵循"平、紧、密"的原则单层绕满铁芯共绕线 15 匝，然后通过调整气隙长度得到实际需要电感量。假设所设计的 Buck 变换器电感的气隙由四层牛皮纸制作，得到实际电感值为 0.278 mH。

4）输出滤波电容 C_2

当 Buck 变换器电路达到稳态时，根据电容 C_2 电荷平衡原理，电容 C_2 取值由式（2-24）确定。

$$C_2 = \frac{T^2 \times U_O}{8L\Delta U_O}(1 - D_L)$$ (2-24)

考虑设计裕量后，计算值为 846 μF，实际选用 1 000 μF。电容 C_2 两端最大电压即为最大输出电压 420 V，所以，选用 500 V/1 000 μF。

5）输入滤波电容 C_1

由于选用的 FD4 - 1/8 型风力发电机组内部带有三相二极管整流电路（如果本身不带，使用时也必须有此电路），这样，电容 C_1 既是整流电路的输出滤波电容，也是 Buck 变换器的输入滤波电容。计算得到 Buck 变换器输入侧等效电阻 R_{in} 为 4.59 ～ 21.5 Ω。计算电容 C_1 的容量为

$$C_1 \leqslant \frac{\sqrt{3}}{\omega_{min} R_{in}}$$ (2-25)

式中，ω_{min} 为发电机最小角速度，rad/s。计算 C_1 为 1 043 μF，实际选用 1 200 μF。电容 C_1 的最大电压为 2.45 倍的最大相电压，即 479 V，所以，实际选用 500 V/1 200 μF 电容。

3. 逆变器

由于 IGBT（绝缘双极型晶体管）是一种结合大功率晶体管及功率场效应晶体管两者特点的复合型电力电子器件，它既具有工作速度快，驱动功率小的优点，又兼有大功率晶体管的电流能力大，导通压降低的优点，因此在这种系统中多采用 IGBT 逆变器。

根据负载需要，逆变器容量应大于或等于总耗电量，因此可选用额定容量为 2 kV·A，输入电压为 400 ～ 420 V、输出电压为 220 V AC 的逆变器，如表 2-6 所示。

表 2-6 逆变器参数

项 目	参 数	项 目	参 数
型 号	GNIKC	额定电流/A	3.6
额定容量（kV·A）	1.0	额定频率/Hz	50
输入额定电压/V	420	输出波形	正弦波
输入电压允许范围/V	350~500	过载能力	120% 1 min, 150% 10 s, 200% 1 s
输入最大电流/A	41.6	电压稳定精度/VAC	220±3%
空载输入电流/A	0.6	频率稳定精度/Hz	50±0.04
功率因数(Power Factor, PF)	0.8		

输出 LC 滤波器对输出波形中的高次谐波进行滤波处理，使逆变电路输出高质量的正弦波。逆变电路的输出端采用电感和电容构成 Γ 型低通滤波器，其传递函数为

$$G_F = \frac{1}{2LCs^2 + \dfrac{L}{R}s + 1} \tag{2-26}$$

逆变器的输出为频率为 20 kHz（10 kHz 开关频率倍频）的 SPWM 方波，其基波为 50 Hz，还含有低次、高次谐波，其输出 SPWM 波中含有的谐波主要在三倍基波频率，也就是说谐波主要集中在 150 Hz 附近，使逆变器输出为标准正弦波就必须设置滤波，如图 2-12 所示，针对三次谐波采用的是 LC 滤波电路，称为 Γ 型低通滤波器。负载电阻为额定负载电阻的 50% 来计算滤波电感和电容的取值。

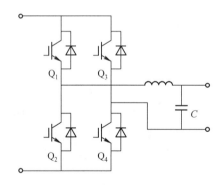

图 2-12 单相全桥逆变及滤波电路

我们采用的是 LC 滤波电路，有下列公式：

$$3WL = \frac{1}{3WC} \tag{2-27}$$

$$LC = \frac{1}{9W^2} = 1.13 \times 10^{-6} \tag{2-28}$$

由于 LC 的乘积为 1.13×10^{-6}，在选取电容电感时根据原则选择的是小电容和大电感的 LC 滤波器，在这里选择的电感为 2 H，电容为 0.57×10^{-6} F。计算得到滤波电感和电容的取值分别为 2 H 和 0.57 μF。如图 2-13 所示，综合得到本设计的独立运行小型风电系统的电路结构图，本设计的"交-直-交"小型风力发电系统由风力机，三相永磁同步发电机，三

相桥式不可控整流器，Buck 斩波器，蓄电池，单相全桥逆变器以及负载组成。

图 2-13 独立运行小型风电系统的电路结构图

 水平测试题

简述题

1. 1 ～ 10 kW 的风力发电系统适用于哪些场合？

2. 离网型风力发电系统主要组成部分有哪些？

3. 为什么独立运行小型风力发电系统一般通过"交 - 直 - 交"的方式供电？

4. 垂直轴风力机有何缺点？

5. 水平轴风力机包括哪几部分？

6. 风力机中回转体有何作用？

7. 风力机尾翼有何作用？简述其工作原理。

8. 风力发电系统主要类型有哪四种？

9. 什么叫定桨距？什么叫失速型？

10. 失速调节有何优点？

11. 什么叫变桨距？简述变桨距调节型风力发电机组的调节方法。

12. 简述主动失速调节型风力发电机组调节方法。

13. 什么叫变速恒频？变速恒频风力发电机组有何优点？

14. 简述风力发电系统最大功率点控制原理。

15. 简述风力机运行的六个阶段。

16. 选择合适的发电机，对风力发电系统有何重要意义？

17. 永磁电机转子结构可分为哪几类？

18. 整流器分为哪两类？各有何特点？

19. 简述 Buck 变换器工作原理。

20. 逆变器按输入类型分类，可分为哪些？

21. 在风力发电系统中，蓄电池有何作用？

22. 常用的充电控制方法有哪些？

23. 常用的放电控制方法有哪些？

24. 风力发电系统中控制器有何作用？

项目 三　风光互补 LED 路灯系统设计

 学习目标

通过完成风光互补 LED 路灯系统设计，达到如下目标：

- 熟练掌握风光互补路灯系统的原理。
- 掌握风光互补 LED 路灯系统的组成。
- 初步掌握风光互补 LED 路灯系统设计方法。

 项目描述

为北京佛爷顶地区建设风光互补 LED 路灯系统，完成系统的设计及部件的选型。系统要求的蓄电池电压 24 V，蓄电池放电深度 70%，蓄能天数为 4 天，LED 路灯分主灯和辅灯，主灯功率 80 W，辅灯功率 20 W，每天照明时间 10 h，道路长度 2 000 m。

 相关知识

一、风光互补发电系统的发展

1. 背景与意义

能源是人们生活的物质基础。在当今世界，社会的发展离不开能源的发展，一直以来能源的开发使用和环境的治理，都是国家政府关注的问题。能源推动社会快速发展，随着社会的快速发展人们对能源利用的技术变得越来越成熟。钻木取火是人们对能源使用的起点。全球能源发展经历了从薪柴时代到煤炭时代，再到油气时代、电气时代的演变过程。但是，能源与环境之间存在着密切的关系，一方面，开采能源会对自然环境造成一定的破坏，使用能源的同时也会产生大量的污染物，如果处理不当或不能及时治理，我们生存的环境被破坏和污染；另一方面，能源的开采利用，又对经济的发展起着巨大的推动作用。

我国已成为世界第一大能源生产国和消费国，最大的碳排放国。我国能源类型多，而且分布范围广，开始阶段人们还没有意识到过度开采和大量能源使用带来的危害，所以就造成资源的严重浪费和对自然环境的极大破坏。主要有污染物排放造成的空气污染、温室效应、酸雨等问题。

风能作为一种使用方便无污染的可再生能源，人类早已在日常生活中使用。主要是通过风车来抽水、磨面等，而现在，人们感兴趣的是如何利用风来发电。每个国家对风电技术的研究和风电的市场都各有所长，但从全球的角度看，风电的发展潜力最大。据国家统计局

2018 年公布的数据信息，我国的风力发电总量在前三季度已达到到 2 367.3 亿 kW·h，占全国同期发电总量的 4.7%，同比 2017 年前三季度增多了 475.8 亿 kW·h。但是，按照国家能源局公布的数据信息，全国的弃风电量在 2018 年上半年达到 182 亿 kW·h，虽然同比 2017 年上半年减少 53 亿 kW·h，但情况依旧很严重，特别是新疆、甘肃、内蒙古弃风率排名前三。

太阳能是一种蕴藏量大、无污染的可再生能源，所以是当今人们知道的可使用的最佳能源选择之一。然而，在我国西北部太阳能资源非常丰富，但是因为限电，所以就造成光能源的过度浪费，弃光现象比较严重。2016 年新疆和甘肃的弃光率均达到了 30%，虽然 2017 年有所下降，但弃光率还是达到了 20%。

我国蕴含大量的风能和太阳能。根据有关的风能资源普查统计结果，我国 10 m 高度以内能够开采的风能达到 1 000 GW。我国太阳能资源丰富，全国 2/3 以上地区年日照时数大于 2 000 h，年辐射能量超过 6 000 MJ/m²。所以，风光互补产业具有良好的发展前景。

风光互补发电系统在输出功率上互相补充，光伏列阵与风力机组联合发电组成风光互补发电系统，输出功率为负载提供电能。因为天气条件的不同，两发电系统在供电过程中受到不同的限制，经过组合，就变成比较稳定的风光互补发电系统。

2. 风光互补发电发展现状

1）风力发电发展现状

20 世纪 80 年代，风能利用技术飞速发展，风力发电技术愈来愈完善。由于电网的铺设没有在全国范围内覆盖，所以在一些风能资源丰富的地方，风力发电，带来了很多方便，解决了当地电力短缺的问题。2015 年，在全球范围内风力发电系统的发展发生了转变，新能源的近一年装机总容量已然超出传统能源发电这一年的装机总容量。风电作为清洁的可再生能源，随着发电技术的逐渐完善，在全球的使用量越来越多。

早在 19 世纪末，丹麦就开始使用风能发电。1973 年发生了世界性的石油危机，引起了各国政府对石油资源的缺乏和化石能源发电造成的环境污染等问题的关注，风力发电才得到各国政府重点扶持。此后，欧美等发达国家政府大力支持风力发电的研究与开发，也投入了许多人力和资源。2016 年，美国的风力发电已超过水利发电，风电成为第一新能源，在此期间，美国的风力发电成本降低 66%。在德国，风电在众多能源中变成最便宜的能源，风电技术飞快的发展，更拥有最佳的兼容性、长时间的运行特点并拥有很大的容量。欧洲区域风力发电技术成熟，应用范围广，在 2017 年的风电消费占比达到 11.5%。此外，2017 年全球陆上风电平均成本接近水电，水电的成本优势逐渐被风电替代。风电逐渐成为最经济的绿色电力之一。

20 世纪中期，我国开始对风力发电进行探索研究，但并没有实践应用。到 20 世纪末，我国风力发电才逐渐步入规模化建设的道路。如今，我国的风力发电技术日趋成熟，风电的开发和使用逐年增加。在风电的开发和利用率方面，我国已迅速攀升到世界前列。风电在我国是三大重点发展的新能源中的一个，拥有极大的开发前景，风力发电的广泛应用很大程度上降低了我国对化石能源的使用量，这也间接地改善了人们的生活环境，降低了对大自然的破坏性，又保护了自然环境。在风电技术不断更新的过程中，我国在世界领域上的竞争力也在逐渐增强。因此，在风力发电领域中，我国所具有的发展潜力是非常巨大的，风力发电在以后的发电领域中必然会占据更大的比例，是未来主要的发电方式之一。

"十三五"期间，我国风电产业逐步实行配额制与绿色证书政策，并发布了国家五年风电发展的方向和基本目标，明确了风电发展规模将进入持续稳定的发展模式。截至 2017 年低，我国的风电产业经历了两个快速发展阶段。第一阶段是 2005 年～2010 年，经过两年的调整发展之后，从 2013 年开始，到 2015 年为第二阶段，我国风电产业摆脱了下降趋势。在有效净化的产业环境中，风电产业开始极速发展，从图 3-1 中可以看出，在 2015 年达到新高，由于前期风机抢装造成需求的透支，所以 2016 年和 2017 年装机容量下降，2018 年略有回升。

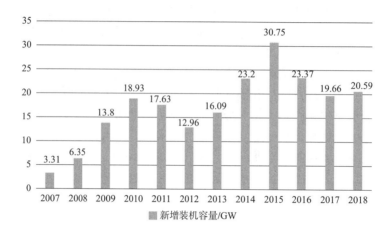

图 3-1　2007 年～2018 年中国新增风电装机容量

在发电方面，从 2008 年开始，我国的风力发电量一直都在稳定快速增加。如图 3-2 所示，到了 2018 年，全国风力发电总量为 3 660 亿 kW·h，接近全国发电总量的 9%。随着风电的市场份额逐渐上升，风电已成为仅次于煤电和水电的中国第三大发电能源。

图 3-2　2008 年～2018 年中国风电发电量

2）光伏发电现状

太阳能蕴藏量大且分布在全球每个地方，是所有能源中发展潜力最大的。20 世纪末到 21 世纪初，全球范围内环境污染问题已变得非常严重，由于大量化石能源的使用，排放出的污染物对空气质量造成极大的破坏，已经严重影响到了人们的日常生活。太阳能发电安全、便捷而且光伏列阵安装简单，已在全球范围内广泛使用，在城市街道、乡村田地中随处可见。如今，光伏产业在我国得到了迅猛增长，其产业规模也在不断壮大，产品的质量逐渐优化，价格逐渐降低，使得具有更好的性价比和更高的使用率。

1839 年，法国科学家贝克雷尔（Becqurel）发现，光照能使半导体材料的不同部位之间产生电位差。这种现象后来称为"光生伏特效应"，简称"光伏效应"。首个单晶硅太阳能电池由美国的恰宾和皮尔松研制成功，太阳能可以转换成电能的技术从此诞生，光伏发电技术也迈出了最为关键的一步。20 世纪 70 年代，我国的科学家为了解决一些其他应用问题，就开始对太阳能光伏发电技术进行探索研究。然而，当时并没有作为重点能源开发。直到 21 世纪，太阳能光伏发电才得到国家政府高度的重视与支持。2007 年底，我国发电机装机容量只有 10 万 kW，与国外发达国家相比，还存在不少差距。太阳能光伏产业在我国起步比较晚，早些年间我国主要制造太阳能电池，重要的出口市场是欧洲和美国。

中国光伏制造产业经历了许多困难，但是目前中国的光伏产业在全球领域中已经占据了很高的地位，其国际竞争力也在逐年增加。因为我国光伏产业的出口市场主要在欧洲，所以在欧洲光伏装机数量不断增加的情况下，我国的光伏制造业快速成型且具有了很大的规模。2007 年，我国光伏设备生产量超过日本，成为全球最大的光伏设备生产国。在此背景下，大量竞争力较弱的企业退出产业。2008 年，全球金融危机爆发，各大光伏产业国家均受到很大影响，各国为了自己的利益不断制裁光伏产业相对弱小的国家，我国在此期间也受到一些发达国家在光伏设备贸易上的制裁，对我国的光伏企业造成了极大的影响，导致许多规模较小的光伏企业退出市场。从 2013 年开始，在我国政府和领头光伏企业的共同努力下，光伏产业迎来转机。我国拥有广泛的人力资源，经过不断的自主创新与引进国外先进技术，研究分析并吸收，再结合我国的创新技术，形成具有我们自己特色的光伏产业技术，逐渐形成我国自主特色的光伏产业技术体系，进一步成为我国具有国际竞争力的战略性新兴产业。如图 3-3 所示，截至 2018 年底，我国太阳能光伏发电新增装机容量已达 44.26 GW。

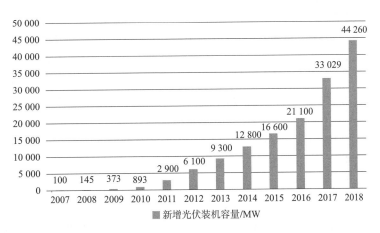

图 3-3　2007—2018 年中国新增光伏发电装机容量

3）风光互补发电研究现状

近年来，由于政策支持力度的加大，以及风光互补系统市场的复苏，中国风光互补系统投资环境大大改善，大量资本进入中国风光互补系统领域，海内外、多主体的联合投资成为风光互补系统投资的主流形式。通过企业投资、广告投入、版权预售、金融贷款、风险投资、政府出资、个人投资、和其他形式的间接赞助等在内的多种形式，使风光互补系统资金的来源更加丰富。

风光互补发电由于综合了风能和光伏发电的优点，弥补了风力发电和光伏发电的不足，现在国内外已经对风光互补发电展开了研究。美国 NREL 实验室和 Colorado State University 联合研制了一种系统仿真软件 hybrid2，只要输入具体的负荷性能、风能特性以及光照强度等数据，便能够对风光互补发电系统进行仿真并得到仿真结果，其功能强大，该软件的缺点是它只能够进行仿真，而不能进行优化设计。国内的一些科研机构也对风光互补发电进行了详细的研究，应用精准的表征组件特性并通过实际的观测获取更加精确的风光资源模型，能够模拟出系统的实时状态。

风光互补发电系统的设计除了在以上方面取得长足进展以外，还通过利用电力电子技术和现代控制技术的发展来推进风光互补发电的发展，进一步提高了其工作效率和可靠性。对各种 DC/DC 变换技术的研究解决获取最大输出功率技术的问题。通过传感设备采集系统的关键参数，将采集的信号传给微处理器，微处理器通过计算，产生输出信号控制电力电子设备使风光互补发电系统工作在要求的状态，使系统能够稳定地自动运行。

3. 风光互补路灯系统的优点

1）经济效益好

由于路灯必须用埋地电缆供电，所以在离电源点超过 3 km 的公路，路灯的供电线路的建设成本很高，随着公里的延伸，还需要设升压系统，所以，在远郊的公路，路灯的供电线路成本高，线路上消耗的电能也多。而风光互补路灯系统利用自然风力和光源，不需要输电线路，不消耗电能，无须架线，无须专人控制和管理，产品使用寿命长达 20 年，安装成本低，维修方便，有明显的经济效益。

2）清洁能源社会影响高

目前，非常需要对民众进行环保和新能源知识的普及教育，风光互补路灯系统符合绿色环保要求，无污染、无辐射，保护生态环境，能最直接地向人们展示风能和太阳能这种清洁的自然能源的应用前景。

3）安全性好

采用风能、太阳能经转换发出的低压直流电给蓄电池充电，是最安全的电源。

4）科技含量高

产品的核心装置是控制器，设置的自控、时控开关装置可根据一天 24 h 内的天空亮度和人们在各种环境中的需要自动控制路灯开启和关闭时间。目前集中监控、远程通信等技术已运用于风光互补发电系统中。

5）造型优美，可作为道路景观

风车在中国传统文化中是带来好运的吉祥物，所以风车是吉祥的信物，是招财和带来好运的象征，造型优美的风光互补路灯沿公路或楼盘主干道上迎风站立，整齐排列，展现一派壮观和生机勃勃的景象，成为道路的一道亮丽的风景线。图 3-4 所示为风光互补路灯效果图。

6）互补性强

风光互补路灯系统的技术优势在于利用了太阳能和风能在时间上和地域上的互补性，互补性使风光互补发电系统在资源上具有最佳的匹配性。风光互补路灯系统还可以根据用户的用电负荷情况和资源案件进行系统容量的合理配置，既可保证系统供电的可靠性，又可降低路灯系统的造价。风光互补路灯系统可依据使用地的环境资源做出最优化的系统设计方案来满足用户的要求。因此，风光互补路灯系统可以说是最合理的独立电源系统。这种合理性既表现在资源配置上，又体现在技术方案和性能价格上，正是这种合理性保证了风光互补路灯系统的可靠性。从而为它的应用奠定了坚实的基础。

图 3-4　风光互补路灯效果图

4. 风光互补发电系统的应用前景

1）无电农村的生活、生产用电

中国农村人口中的 5% 左右目前还未能用上电。在中国无电乡村往往位于风能和太阳能蕴藏量丰富的地区。因此建设如图 3-5 所示的风光互补发电系统解决无电乡村用电问题的潜力很大。采用已达到标准化的风光互补发电系统有利于加速这些地区的经济发展，提高其经济水平。另外，利用风光互补系统开发储量丰富的可再生能源，可以为广大边远地区的农村人口提供最适宜也最便宜的电力服务，促进贫困地区的可持续发展。

图 3-5　居民生活用电示意图

我国已经建成了许多可再生能源的独立运行村落集中供电系统，但是这些系统都只提供照明和生活用电，不能或不运行使用生产性负载，这就使系统的经济性变得较差。可再生能源独立运行村落集中供电系统的出路是经济上的可持续运行，涉及系统的所有权、管理机制、电费标准、生产性负载的管理、电站政府补贴资金来源、数量和分配渠道等。但是这种可持续发展模式，对中国在内的所有发展中国家都有深远意义。

2）半导体室外照明中的应用

世界上室外照明工程的耗电量占全球发电量的12%左右，在全球日趋紧张的能源和环保背景下，半导体室外照明的节能要求日益引起全世界的关注。普遍使用的方式是利用风光互补发电的方式提供电能，利用半导体（LED）灯具进行照明。

基本原理是太阳能和风能以互补形式通过控制器向蓄电池智能化充电，到晚间根据光线强弱程度自动开启和关闭各类 LED 室外灯具。智能化控制器具有无线传感网络通信功能，可以和后台计算机实现通信管理。智能化控制器还具有强大的人工智能功能，对整个照明工程实施先进的计算机管理，重点是照明灯具的运行状况巡检及故障和防盗报警。

室外道路照明工程主要包括：车行道路照明工程（快速道/主干道/次干道/支路）；小区（广义）道路照明工程（小区路灯/庭院灯/草坪灯/地埋灯/壁灯等）。目前已被开发的新能源新光源室外照明工程有：风光互补 LED 智能化路灯、风光互补 LED 小区道路照明工程、风光互补 LED 景观照明工程、风光互补 LED 智能化隧道照明工程、智能化 LED 路灯等。

3）航标上的应用

我国部分地区的航标已经应用了太阳能发电，特别是灯塔桩，但是也存在着一些问题，最突出的就是在连续天气不良状况下太阳能发电不足，易造成电池过放，灯光熄灭，影响了电池的使用性能或损毁。冬季和春季太阳能发电不足的问题尤为严重。

天气不良情况下往往是伴随大风，也就是说，太阳能发电不理想的天气状况往往是风能最丰富的时候，针对这种情况，可以用以风力发电为主，光伏发电为辅的风光互补发电系统代替传统的太阳能发电系统。风光互补发电系统具有环保、无污染、免维护、安装使用方便等特点，符合航标能源应用要求。在太阳能配置满足春夏季能源供应的情况下，以太阳能发电为主；在冬春季或连续天气不良状况、太阳能发电不良情况下，风资源优越的时候，以风力发电为主。由此可见，风光互补发电系统在航标上的应用具备了季节性和气候性的特点。事实证明，其应用可行、效果明显。

4）监控电源中的应用

目前不少新建或改造高速公路陆续进行全程监控系统的实施，实现道路全程实时监控、交通事件自动检测报警、24 h 录像，为道路指挥调度提供有效的决策依据。

传统道路摄像机一般设置在离收费站 2 km 范围以内，供电都是直接从收费站配电房引出，铺设电力电缆到道路摄像机处。全程监控系统道路摄像机设置在整个路段，这就要求供电系统能够在远离配电房的路段上为摄像机成功供电。高速公路道路摄像机通常是 24 h 不间断运行，采用传统的市电电源系统，虽然功率不大，但是因为数量多，线路长，布线成本较高成本。如图 3-6 所示，应用风光互补发电系统为道路监控摄像机提供电源，不仅节能，并且不需要铺设线缆，有着良好的经济效益和社会效益。

5）通信基站中的应用

我国国民生活水平持续提高，手机越来越普及，对于移动信号的覆盖面也要求也越来越广，通信基站的建设从市区、乡村逐步向地处边远的海岛、山区覆盖，目前国内许多海岛、山区等地远离电网，但由于当地旅游、渔业、航海等行业有通信需要，需要建立通信基站。这些边远的通信基站由于受到地理环境的约束无法接入市电。这些基站用电负荷都不会很大；若采用市电供电，架杆铺线代价很大；若采用柴油机供电，存在柴油储运成本高，系统维护困难、可靠性不高的问题。要解决长期稳定可靠供电问题，只能依赖当地的自然资源。如图 3-7 所示，利用风力发电技术和光伏发电技术构成的风光互补电站，为边远通信基站提供电能，从而弥补由于市电无法接入而造成的电力供应不足。

　　图 3-6　风光互补监控应用图

　　图 3-7　风光互补通信基站应用图

　　太阳能和风能作为取之不尽的可再生资源，在海岛相当丰富，此外，太阳能和风能在时间上和地域上都有很强的互补性，海岛风光互补供电系统是可靠性、经济性较好的独立电源系统，适合用于通信基站供电。基站的通信设备大多数需要直流电源供电，而风光互补电站中，光伏太阳能发电发出的是直流电，可以直接或以串联的方式提供满足这些设备要求的直流电源，应用非常方便。

　　6）抽水蓄能电站中的应用

　　国家可再生能源发展"十二五"规划中明确提出：在保护生态基础上有序开发水电，促进人与自然的和谐发展和经济与社会的可持续发展。加快西部地区水电开发步伐，提高水电开发利用率，扩大"西电东送"规模；在以火电为主和风电开发规模大的电网，以及远距离送电的受端电网，合理布局建设抽水蓄能电站。

　　风光互补发电系统的应用向全社会生动展示了风能、太阳能新能源的应用意义，推动了我国节能环保事业的发展，促进了资源节约型和环境友好型社会的建设，具有巨大的经济、社会和环保效益。利用风光互补发电系统建设抽水蓄能电站，是利用风能和太阳能发电，不经蓄电池而直接带动抽水机将水抽向高处，实行抽水蓄能，然后利用储存的水能实现稳定的水力发电供电。这种能源开发方式将传统的水能、风能、太阳能等新能源开发相结合，利用三种能源在时空分布上的差异实现互补开发，适用于电网难以覆盖的边远地区，并有利于能源开发中的生态环境保护。

　　虽然风光互补抽水蓄能电站与水电站相比成本电价略高，但是可以解决有些地区小水电站冬季不能发电的问题，所以采用风光互补抽水蓄能电站的多能源互补开发方式，具有独特的技术经济优势，可作为一些满足条件地区的能源利用方案。

　　5. 风光互补发电系统配置要求

　　光电系统是先利用太阳能电池将太阳能转换成电能，然后通过控制器对蓄电池充电，最后通过逆变器对用电负荷供电的一套系统。该系统的优点是系统供电可靠性高，运行维护成本低，缺点是系统造价高，受光资源条件影响较大。

　　风电系统是先利用小型风力发电机，将风能转换成电能，然后通过控制器对蓄电池充电，最后通过逆变器对用电负荷供电的一套系统。该系统的优点是系统建设方便，只要风资源可以就可建设，系统造价较低，运行维护成本低。缺点是小型风力发电机可靠性低。

另外，风电和光电系统都存在一个共同的缺陷，就是资源的不确定性导致发电与用电负荷的不平衡，风电和光电系统都必须通过蓄电池储能才能稳定供电，但每天的发电量受天气的影响很大，如果设计不到位，会导致系统的蓄电池组长期处于亏电状态，这也是引起蓄电池组使用寿命降低的主要原因。

由于太阳能与风能的互补性强，风光互补发电系统在资源上弥补了风电和光电独立系统在资源上的缺陷。同时，风电和光电系统在蓄电池组和逆变环节是可以通用的，所以风光互补发电系统的造价可以降低，系统成本趋于合理。

风光互补发电系统可以根据用户的用电负荷情况和资源条件进行系统容量的合理配置，既可保证系统供电的可靠性，又可降低发电系统的造价。无论是怎样的环境和怎样的用电要求，风光互补发电系统都可做出最优化的系统设计方案来满足用户的要求。应该说，风光互补发电系统是最合理的独立电源系统。目前，推广风光互补发电系统的最大障碍是小型风力发电机的可靠性问题，以及系统造价的问题。

几十年来，小型风力发电机技术有了很大的发展，产业发展也取得了一定的成就，但从根本上说，可靠性问题一直没有得到解决。长期以来，出于成本上的考虑，先进的液压控制技术没有在小型风力发电机的限速保护上采用，只是根据空气动力学原理，采用简单的机械控制方式对小型风力发电机在大风状态下进行限速保护。机械限速结构的特点是小型风机的机头或某个部件处于动态支撑的状态，这种结构在风洞试验的条件下，可以反映出良好的限速特性，但在自然条件下，由于风速和风向的变化太复杂，而且自然环境恶劣，小型风力发电机的动态支撑部件不可避免地会引进振动和活动部件的损坏，从而使机组损坏。另外，在控制技术上采用的电磁制动保护技术，对关键电子零部件的性能要求较高，如果器件使用不当，必然使得系统可靠性降低。

目前最好的小型风力发电机只保留了三个运动部件：一是风轮驱动发电机主轴旋转，二是尾翼驱动风机的机头偏航，三是为大风限速保护而设的运动部件。前两个运动部件是不可缺少的，这也是风力发电机的基础，实践中这两个运动部件故障率并不高，主要是限速保护机构损坏的情况多。要彻底解决小型风力发电机的可靠性问题必须在限速方式上有最好的解决方法，采用 PWM 技术结合电磁制动技术是当前比较合理的限速方式。

风光互补发电系统由太阳能光电板、小型风力发电机组、系统控制器、蓄电池组和逆变器（交流系统）等几部分组成，发电系统各部分容量的合理配置对保证发电系统的可靠性非常重要。

系统配置应考虑的因素：

（1）用电负荷的特征。发电系统是为满足用户的用电要求而设计的，要为用户提供可靠的电力，就必须认真分析用户的用电负荷特征。主要是了解用户的最大用电负荷和平均日用电量。

最大用电负荷是选择系统逆变器容量的依据，而平均日发电量则是选择风机及光电板容量和蓄电池组容量的依据。

（2）太阳能和风能的资源状况。项目实施地的太阳能和风能的资源状况是系统光电板和风机容量选择的另一个依据，一般根据资源状况来确定光电板和风机的容量系数，在按用户的日用电量确定容量的前提下再考虑容量系数，最后确定光电板和风机的容量。

目前研究影响风光互补发电系统优劣的两个主要因素就是：风光互补功率以及蓄电池容量的选择匹配，控制系统对蓄电池充电、放电的控制保护。

二、风光互补发电系统工作原理

1. 风力发电

风力发电装置有两种运行方式：并网运行和独立运行（又称离网运行）。在独立运行时，由于风能是一种不稳定的能源，如果没有储能装置或其他发电装置配合，风力发电装置难以提供出可靠而稳定的能源。解决上述稳定供电的方式有两个：一是利用蓄电池储能来稳定风力发电机的电能输出，另一个是风力发电机与光伏或柴油发电等互补运行。

独立运行风力发电系统结构组成如图 3-8 所示。主要部件包括：

（1）风力发电机：将风能转化成电能的装置。

（2）蓄电池组：由若干个蓄电池经串联组成的储存电能的装置。

（3）控制器：系统控制装置。主要功能是对蓄电池进行充电控制和过放电保护，同时对系统输入输出功率起着调节与分配作用，以及系统赋予的其他监控功能。

（4）逆变器：将直流电转换为交流电的电力电子设备。

（5）交流负载：以交流电为动力的装置或设备。

（6）直流负载：以直流电为动力的装置或设备。

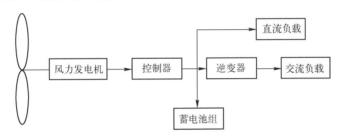

图 3-8　独立运行风力发电系统结构组成

2. 太阳能发电

太阳能发电有两种方式，即光热发电和光伏发电。利用太阳能电池发电是太阳能利用中最有发展前途的一种技术，也是世界上增长速度最快和最稳定的新兴产业之一。光伏发电的研究工作集中在新材料、新工艺、新技术等方面。制作太阳能电池的材料主要有单晶硅、多晶硅、非晶硅以及其他新型化合物半导体材料。许多国家在太阳能电池研制方面都取得了实质性的进展，但由于现有理论的局限，要取得进一步的技术突破，还要走一段摸索的道路。光伏发电的技术关键是应用新原理，研究新材料，继续提高电池的转换效率和降低制造成本。目前，在世界上已建成多个兆瓦级的联网光伏电站，总装机容量约 1 000 MW。我国太阳能电池技术是在借鉴国外技术的基础上发展起来的，并进行了大量的研究和探索，取得了很大进展。

独立运行的光伏发电系统如图 3-9 所示。其主要部件包括：

（1）太阳能电池方阵：在金属支架上用导线连在一起的多个太阳能电池组件的集合体。太阳能电池方阵（简称方阵）产生负载所需要的电压和电流。

（2）蓄电池组：由若干个蓄电池经串联组成的储存电能的装置。

（3）控制器：系统控制装置。主要功能是对蓄电池进行充电控制和过放电保护，同时对系统输入输出功率起着调节与分配作用，以及系统赋予的其他监控功能。

（4）逆变器：将直流电转换为交流电的电力电子设备。

（5）交流负载：以交流电为动力的装置或设备。

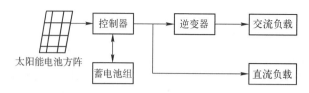

图 3-9　独立运行的光伏发电系统

3. 风光互补发电系统的组成

太阳能和风能是最普遍的自然资源，也是取之不尽的可再生能源。太阳能与风能在时间上和季节上都有很强的互补性，白天太阳光照好、风小，晚上无光照、风较强；夏季太阳光照强度大而风小，冬季太阳光照强度弱而风大。这种互补性使风资源与光资源互补发电系统在资源上具有最佳的匹配性。另外，风力发电和光伏发电系统在蓄电池和逆变器环节上是可通用的。风光互补发电系统可根据用户用电负荷和自然资源条件进行最佳的合理配置，既可保证系统的可靠性，又能降低发电成本，满足用户用电需求。风光互补发电系统原理框图如图 3-10 所示。主要有太阳能电池方阵、风力发电机、控制器、蓄电池组、逆变器、负载等几部分组成。

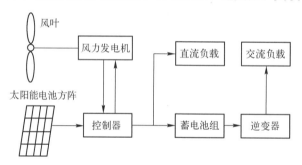

图 3-10　风光互补发电系统原理框图

风光互补发电系统是一种风能和光能转化为电能的装置，工作原理是利用自然风作为动力，风轮吸收风的能量，带动风力发电机旋转，把风能转变为电能，经过控制器的整流、稳压作用，把交流电转换为直流电，向蓄电池组充电并储存电能。同时利用光伏效应将太阳能直接转化为直流电，供负载使用或者储存于蓄电池内备用。风光互补供电系统主要由风力发电机组、太阳能光伏电池组、控制器、蓄电池组、逆变器、交直流负载等几部分组成，该系统是集风能、太阳能及蓄电池充放电等多种能源发电技术及系统智能控制技术为一体的复合可再生能源发电系统。

（1）风力发电部分是利用风力机将风能转换为机械能，通过风力发电机将机械能转换为电能，再通过控制器对蓄电池充电，经过逆变器对负载供电。

（2）光伏发电部分利用太阳能电池板的光伏效应将光能转换为电能，然后对蓄电池充电，通过逆变器将直流电转换为交流电对负载进行供电。

（3）逆变器把蓄电池中的直流电变成标准的 220 V 交流电，保证交流电负载设备的正常使用。同时还具有自动稳压功能，可改善风光互补发电系统的供电质量。

（4）控制部分根据日照强度、风力大小及负载的变化，不断对蓄电池组的工作状态进行切换和调节：一方面把调整后的电能直接送往直流或交流负载，另一方面把多余的电能送往蓄电池组存储。发电量不能满足负载需要时，控制器把蓄电池的电能送往负载，保证了整个系统工作的连续性和稳定性。

（5）蓄电池组部分由多个蓄电池组成，在系统中同时起到能量调节和平衡负载两大作用。它将风力发电系统和光伏发电系统输出的电能转化为化学能储存起来，以备供电不足时使用。

风光互补发电系统根据风力和太阳辐射变化情况，可以在以下三种模式下运行：风力发电机组单独向负载供电；光伏发电系统单独向负载供电；风力发电机组和光伏发电系统联合向负载供电。

三、LED 照明

1. LED 的原理

LED 是发光二极管（Light-Emitting Diode）的简称。这种半导体器件一般是作为指示灯、显示及照明使用，它不但能够高效率地直接将电能转化为光能，而且拥有很长的使用寿命，与传统灯泡相比，具备不易碎，非常省电的特点。

发光二极管是由镓（Ga）与砷（As）、磷（P）的化合物制成的二极管，它是由一个PN结组成的，也具有单向导电性。当给发光二极管加上正向电压后，从 P 区注入 N 区的空穴和由 N 区注入 P 区的电子，在 PN 结附近数微米内分别与 N 区的电子和 P 区的空穴复合，产生自发辐射的荧光。不同的半导体材料中电子和空穴所处的能量状态不同。在一定条件下，电子和空穴复合时释放出的能量多少会不同，释放出的能量越多，则发出的光的波长越短。常用的是发红光、绿光或黄光的二极管。磷砷化镓二极管发红光，磷化镓二极管发绿光，碳化硅二极管发黄光。

1879 年，爱迪生发明了白炽灯，把人类从火焰照明的时代带到了电光源的时代。一个多世纪以来，电光源照明技术得到了跨越式的发展，先后经历了以白炽灯、荧光灯和高压气体放电灯（HID）为代表的三个重要阶段。如今，随着新一代半导体材料的出现和发光二极管 LED 封装技术的突破，以及 LED 功率等级的不断提高，LED 光源正在掀起电光源发展的第四场革命。常见 LED 封装形式如图 3-11 所示。

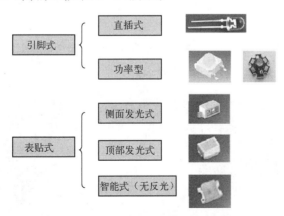

图 3-11 常见 LED 封装形式

LED 光源从根本上改变了光源发光机理，在提升照明质量和效用的同时，还可以改善环境、节约能源，具有很高的经济效益。目前，白光 LED 光源正在各个领域慢慢吞噬传统光源的市场。它的应用领域主要有：局部范围低照度照明、液晶（LCD）显示的背光源、交通照明、室内照明及特殊照明等。

但从目前的情况来看，固体照明的主要应用还是在彩色 LED 照明领域。而作为 LED 业界的最终目标，大功率高亮度白光 LED 在如今的市场上已得到应用，比如 LED 日光灯，风光互补 LED 路灯等，且价格相对高昂。

白色光是一种复合光，一般由二波长光或者三波长光混合而成。目前，LED 实现白光的方法主要有如下几种方式：

（1）通过红、绿、蓝三基色多芯片组合以合成白光。这种方法将 LED 的红、绿、蓝三种芯片组合在一起，通过电流让它们发出红、绿、蓝三种基色光，然后混合成全彩色的可见光。这种方法得到的白光有良好的显色性能、较宽的色温范围，所用的材料和 LED 芯片也能方便获取。其原理如图 3-12 所示。

图 3-12　三基色合成白光示意图

（2）使用蓝光 LED 芯片激发 YAG 黄色荧光粉，由 LED 蓝光和荧光粉发出的黄绿光合成白光。为改善显色特性还可加入适量红、绿荧光粉；在蓝色 LED 芯片上涂敷能被蓝光激发的黄色荧光粉，芯片发出的蓝光与荧光粉发出的黄光互补形成白光。该技术被垄断，而且这种方案的一个原理性的缺点就是该荧光体中 Ce^{3+} 离子的发射光谱不具连续光谱特性，显色性较差，难以满足低色温照明的要求，同时发光效率还不够高，需要通过开发新型的高效荧光粉来改善。其原理如图 3-13 所示。

图 3-13　蓝光激发黄色荧光粉合成白光示意图

（3）采用紫外光 LED（UV LED）激发三基色荧光粉合成白光。该方法是在紫光或紫外光 LED 芯片上涂敷三基色或多种颜色的荧光粉，利用该芯片发射的长波紫外光（370～380 nm）或紫光（380～410 nm）来激发荧光粉而实现白光发射，该方法显色性更好，但同样存在和第二种方法相似的问题，且目前转换效率较高的红色和绿色荧光粉多为硫化物体系，这类荧光粉发光稳定性差、光衰较大，因此开发高效的、低光衰的白光 LED 用荧光粉已成为一项迫在眉睫的工作。其原理如图 3-14 所示。

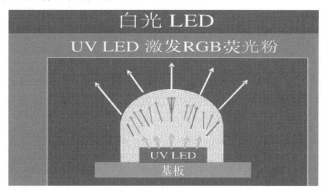

图 3-14 紫外光激发三基色荧光粉合成白光示意图

（4）在蓝色 LED 芯片上涂覆绿色和红色荧光粉，通过芯片发出的蓝光与荧光粉发出的绿光和红光复合得到白光，显色性较好。但是，这种方法所用荧光粉有效转换效率较低，尤其是红色荧光粉的效率需要较大幅度的提高。其原理如图 3-15 所示。

图 3-15 蓝光与绿光和红光合成白光示意图

目前的白光 LED 技术或多或少都存在着一些发展瓶颈，即无论采用哪种白光实现方式，都存在着由于芯片结构、驱动电路、光学优化、封装工艺、半导体材料、荧光粉选择等诸多技术问题的限制，主要表现在亮度不足、均一性差、低演色性以及寿命不长等方面。

技术上的瓶颈同时也正是商业上的机会。目前，国内外大量的研究机构都在积极开展研究工作来解决这些问题，很多新技术得以研究和发展，比如：

（1）倒装芯片技术。在 P 电极上做上厚层的银发射器，由于厚合金材料的 P 型电极具有良好的欧姆接触特性和电流扩展性能，且热导率更大，从而提高了芯片的发光效率和散热能力，解决了传统正装结构 LED 的电流扩展性能、光学性能及散热能力差的问题。加拿大英属哥伦比亚大学和清华大学电子工程系集成光电子学国家重点实验室在这一技术的研究上都取得了一定的成果。

（2）表面粗化技术。将满足全反射的光改变方向，使其不会因全反射而透过界面，从而提高取光效率并降低成本，且并不影响光转换特性。

德国 Osram 公司将磷化铝铟镓（AlInGaP）基芯片的窗口层表面做成具有斜面三角形的纹理结构，光子的反射路线被封闭在这一结构中。采用这一技术可获得 50% 以上的外量子效率。

（3）光子晶体结构。光子晶体具有周期性介质结构，它具有光子禁带和光子局域。可通过光子禁带特性来提高发光效率。这是由于光子禁带可以使一定频率的辐射光被抑制，同时当器件发光频率在光子禁带时，可使更多的光模辐射到空气中。

（4）驱动电路优化。LED 光源的特性也对驱动电源提出了很高的要求，目前低功率的供电系统制约了 LED 的节能特性，高效率、低成本、小体积、强稳定是 LED 光源驱动电路设计的主要方向。

（5）半导体材料工艺。LED 技术发展的主线是晶片半导体材料的更新和加工工艺的不断改进。与大规模集成电路的摩尔定律相似，LED 的光通量遵循着 Haitz 定律，即每 18 ～ 24 个月增加一倍。

（6）封装技术。封装也是不可小觑的技术，若由于封装设计或采用材料不良，就会直接影响其他技术的成效。日本 OMROM 公司研发出一种新的封装技术，将透镜光学和反射光学结构进行组合，采用特有光学结构，使 LED 因广角造成的光损失由此向外输出，提高发光效率。

此外，还有其他一些技术，如光学设计、芯片结构优化、发光面积改善、荧光粉材料等方面都在得到积极的研究和发展。

2. LED 的特点

发光二极管作为一种新颖的半导体光源，其特点为：

（1）节能。LED 能耗较小，随着科学技术的进步，它将成为一种新型的节能照明光源。相关数据显示：2018 年我国业化高功率白光 LED 光效水平达到 180 lm/W，2019 年我国产业化功率型白光 LED 光效超过 200 lm/W，与国际水平持平；室内 LED 灯具光效超过 100 lm/W，室外灯具光效超过 130 lm/W。

（2）环保。现在广泛使用的荧光灯、节能灯、汞灯、金卤灯等电光源中都含有危害人体的汞，而且具有积累性，较难排出。这些光源的生产过程和废弃的灯管都会对环境造成污染，LED 则没有这些问题。LED 的可见发射光不含有红外和紫外线，是一种清洁光源。另外，其节能特性，也间接减少二氧化碳、二氧化硫以及氮氧化物等有害气体排放，起到了保护大自然的作用。

（3）美化生活。发光二极管已能发出各种颜色的光，而且发光效率很高，加上先进的驱动和控制技术，可以得到五光十色、鲜艳灵活的各种效果，正向人性化、智慧化和艺术化方向发展。尤其是照明运用，更得到了空前的发展。

（4）寿命长。LED 的寿命可以长达 5 ～ 10 亿 h，传统光源在这方面无法与之相比。白炽灯为 1 000 h，荧光灯、金卤灯为 10 000 h，高压钠灯为 20 000 h。

（5）启动时间短。LED 的响应时间只有几十纳秒；白炽灯的响应时间为零点几秒。在一些需要快速响应或高速运动的场合，应用 LED 作为光源是很好的选择。

（6）结构牢固。LED 是一种全固态的光源，其结构中不含有玻璃、灯丝等易损坏的部件，所以耐振动、抗冲击、不易损坏。因此，LED 光源可以用于条件苛刻的环境。

（7）可以做成薄型灯具。传统光源都是向周围发射，设计灯具为了提高光线利用率，常常采用反射器收集光线并向需要的方向照射，反射器与光源之间有一定的距离，而反射器又有一定的曲率，因此导致灯具就有相当的厚度。但是发光二极管具有很强的方向性，在大多数情况下不需要使用反射器，这样设计成的灯具厚度较小，就可以做成薄型美观的半导体照明灯具，尤其适合没有太多灯具安装空间的场合。

3. LED 灯具主要参数及关系

1）LED 灯具中重要的参数含义

①光通量：光源单位时间内发出的光的多少。对于一个灯具来说，最简单的解释就是发出光的多少，单位为流明（lm）。流明是光通量的单位。发光强度为 1 坎［德拉］（cd）的点光源，在单位立体角（1 球面度）内发出的光通量为"1 流明"。40 W 的白炽灯 220 V 时，光通量为 340 lm。

②光效：灯具的发光效率，就是单位功率所能发出的光的多少，单位 lm/W。发光效率的单位是 lm/W（流明每瓦），但是实际上流明是视觉亮度，它和瓦没有直接关系。比如波长为 550 nm 左右的一种黄绿色的光，即人眼最敏感的光，683 lm 的辐射能量约为 1 W，即发光效率最大值是 683 lm/W。但是对于其他颜色的光比如红外线，显然发光效率最大是 0，因为人眼看不到。白色的光（按照红绿蓝三个三角形的光计算）最大发光效率约 300 lm/W。所以，发光效率，必须要考虑光源颜色和显色指数。

③光强：发光强度的简称，国际单位是［德拉］简写为 cd，其他单位有烛光、支光。1 cd 即 1 000 mcd 是指单色光源的光，在给定方向上的单位立体角内发出的发光强度。

④照度：照度是最常用的评价路灯效果的指标，是指单位面积上光通量的多少，单位为勒［克斯］（lx）。平均照度：计算面积内，所选所有点照度的平均值。

⑤色温：表示光源光色的尺度，简单说就是光的颜色，色温从低到高分别表现为黄色 – 白色 – 蓝色。通常道路照明用到为黄光（3 000 K 以下），暖白（3 000 ～ 5 500 K），正白（5 500 ～ 6 500 K）等。

⑥照度均匀度：道路照明中，衡量道路照明整体效果的一个参数。均匀度指计算范围内最低照度与平均照度的比值。均匀度越高，说明路面的暗区越少，看起来越舒适。

⑦环境比（SR）：也称作环境照明系数，它是用来评价道路与周边环境亮度状况的一个指标。环境比定义为"相邻两根路灯灯杆之间路边 5 m 宽区域内的平均照度与道路内由路边算起 5 m 宽区域的平均照度的比值"。在通常情况下，SR≥0.5。

驾驶人的视觉状态主要取决于路面的平均亮度，但道路周边环境较亮时，人眼的对比灵敏度将会下降，这就需要提高路面的平均亮度，而在较暗的环境下，由于驾驶人适应了较亮的道路区域，其视觉则难以接受周围黑暗区域中的物体。在此情况下，照明需要兼顾路边的相邻区域，并降低眩光。

2）各参数间的关系及常用的公式

$$光效 = 光通量/实际功率 \tag{3-1}$$

$$照度 = 光强/距离^2 \tag{3-2}$$

$$平均照度 = 光通量/面积 \tag{3-3}$$

4. LED 产业前景

2008 年，财政部、国家发改委联合发布《高效照明产品推广财政补贴资金管理暂行办法》，将重点支持高效照明产品替代在用的白炽灯和其他低效照明产品，主要包括普通照明用自镇流荧光灯、三基色双端直管荧光灯（T8、T5 型）和金属卤化物灯、高压钠灯等电光源产品，以及半导体（LED）照明产品和必要的配套镇流器。国家采取间接补贴方式进行推广，即统一招标确定高效照明产品推广企业及协议供货价格，财政补贴资金补给中标企业，再由中标企业按中标协议供货价格减去财政补贴资金后的价格销售给终端用户。《暂行办法》规定，大宗用户中央财政按中标协议供货价格的 30 % 给予补贴；城乡居民用户中央财政按中标协议供货价格的 50％ 给予补贴。在全球能源短缺、环保要求不断提高的情况下，已结束的 2008 年北京奥运会和 2010 年上海世博会都不约而同地以绿色节能为主题，这给中国 LED 照明产业的发展起到了巨大的推进作用。

据官方统计，北京奥运会总共包括 36 个比赛场馆，其照明产品需求就达 5 亿元左右，这还不包括奥运村、奥运花园等其他公共照明设施市场。LED 使用效果如图 3-16 所示。

图 3-16　LED 使用效果图

5. LED 与传统灯效率对比

光源发展主要经历了白炽灯→直管型荧光灯→高效电子节能灯→ LED 等几个阶段，当然其中也包括了路灯专用的高压钠灯。各种光源的效率和寿命如表 3-1 所示。

表 3-1　灯具效率寿命对照表

使用光源	LED	荧光灯	普通灯泡	高压钠灯
光源光效/（lm/W）	90	80	20	100
电源效率/%	90	85	100	90
有效光照效率/%	90	60	60	60
灯具（取光）效率/%	90	60	60	60
寿命/h	50 000	2 000	2 000	10 000

6. LED 路灯设计

LED 路灯的整体效率由四个效率决定：功率 LED 的发光效率、二次光学设计达到的光线利用率、良好散热以保证 LED 发光效率的保持率、驱动电路的效率。

功率 LED 的发光效率是固定的，要选用发光效率高，且散热小的 LED 路灯。目前，市售商品好的已有 100 lm/W，而热阻则有 3 ～ 11 K/W 不等。值得注意的是，市售商品的发光效率数据都是瞬态测量得到的，制成灯具后其结温上升会引发发光效率下降，能保持多少发光效率与本身热阻和灯具热学设计的散热效果有关。因此，就 LED 技术而言，关键技术就是光学设计、散热设计和驱动电路设计。

1）光学设计

一般功率 LED 都带有透镜，所以灯具的光学设计又称二次光学设计。对每个 LED 单元来说，二次光学设计可根据路灯要求采用反射面反射、棱镜折射和反射折射相结合的原理进行配光。现在有的是利用 LED 路灯时多光源特点对安装面角度调节进行简单的调整，有的专门设计功率 LED 棱镜，还有的设计成棱镜面板进行配光。总的来说，LED 路灯的二次配光较传统光源如高压钠灯或金卤灯路灯配光容易，配光后达到的效果也比较好，不但没有圆斑中心亮度特别亮的缺点，均匀度也可以从标准要求的 0.4 提高到 0.6 ～ 0.7，还可以减少圆斑外围光的无谓损失。

2）散热设计

LED 器件的发光效率和寿命与其工作时的结温有密切的关系。对给定的功率 LED 来说，结温的上升带来的是效率的下降和寿命的缩短，而不同热学设计的器件情况又是不同的。LED 路灯的散热设计总思路是要热通道中的路程尽可能短，热阻又尽可能小，要使热尽可能地导出，然后散出去，以使器件的结温上升值尽可能小，只有这样才能维持较高的发光效率和较长的寿命。

通常认为，外壳温度可代表结温是很不科学的。就是 LED 器件，不同结构热阻不一样，结温也不相同，何况是灯具。灯具的外壳到器件之间还存在其他导热体和焊接材料，它们的热阻直接影响到灯具的导热、散热能力，会加大器件结温和外壳之间的温差。作为工艺上参数，可在 LED 灯具的 LED 器件旁或者背面定几个测试点，测试比较这些测试点的温度。在外界环境温度固定的条件下，这些数据有一定参考价值。

3）LED 路灯的驱动电源

由于 LED 的伏安特性在到达一定阈值后，电流会随电压的上升而急剧增加。LED 是电流控制器件，所以应该用恒流电源驱动。

驱动电源目前主要有两种：一种是单级的直流恒流驱动，比较简单，效率可接近 90%。另一种是标准的 AC/DC 开关电源和 DC/DC 恒流驱动电路串联驱动。如果选用质量较好的元器件，就可以做出效率达 90% 以上的恒流驱动电源。

在制成 LED 路灯后，应按照国家半导体照明工程研发及产业联盟制定的《整体式 LED 路灯的测量方法》，进行基本电性能和电流谐波测量、电磁兼容实验、光通量和光效测量、光强分布和光束角测量、颜色的测量、光通量温度特性曲线测量、最高允许环境温度实验和寿命、发光维持特性实验。

四、风光互补路灯系统的设计

（一）风光互补路灯系统运行方式

风光互补路灯目前主要有直流系统、220 V 交流系统及市电补充等三种方式。

1. 风光互补路灯直流系统方式

如图 3-17 所示，风力发电机和太阳能电池组件通过智能控制器给蓄电池充电，然后由智能控制器根据预先设定的方式智能控制直流路灯开启、关闭，这类系统直流电源一般为 12 V 或 24 V 系统，以 24 V 系统居多。

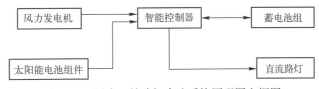

图 3-17　风光互补路灯直流系统原理图方框图

2. 风光互补路灯 220 V 交流系统原理框图

如图 3-18 所示，风力发电机和太阳能电池组件通过控制/逆变器给蓄电池充电，然后由控制/逆变器将 24 V 直流电逆变成 220 V 交流电，再由路灯控制器根据预先设定的方式控制 220 V 交流路灯开启。

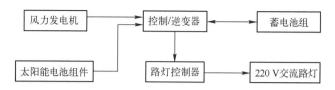

图 3-18　风光互补路灯 220 V 交流系统原理框图

3. 市电补充方式

当风力发电机和太阳能电池组件正常发电，所发电量能够满足系统要求时，市电220 V 交流电是不接通的；当风力发电机和太阳能电池组件不能有效工作，所发电量不能满足系统要求时，这时由控制/逆变器判断，市电 220 V 通过自动切换电路，给路灯控制器提供 220 V 电源，由市电为路灯提供电力。原理框图如图 3-19 所示。

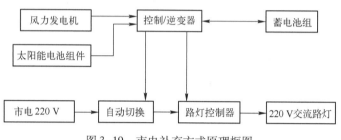

图 3-19　市电补充方式原理框图

（二）风光互补路灯系统设计原则

1. 风光互补路灯系统的组成

如图 3-20 所示，风光互补路灯系统主要由风力发电机、太阳能电池组件、智能控制器（或控制/逆变器）、蓄电池组、灯具灯源、灯杆、电柜箱等组成。蓄电池组和控制器为了避免环境温度的影响，一般要深埋于地下，有时为了检修方便，控制器可安装于灯杆下端。

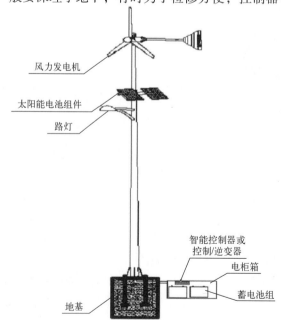

图 3-20　风光互补路灯系统的组成示意图

在进行风光互补路灯设计的过程中，各项设计包括后续的安装都要符合国家相关标准。工程技术人员要加强标准的学习，企业管理也要加强标准的宣传与贯彻。在项目设计时一般要参照如下标准：

《风力发电机组　第 1 部分：通用技术条件》GB/T 19960.1—2005；

《小型垂直轴风力发电机组》GB/T 29494—2013；

《风光互补发电系统　第 1 部分：技术条件》GB/T 19115.1—2018；

《风力发电机组　塔架》GB/T 19072—2010；

《离网型风力发电机组用控制器　第 1 部分：技术条件》JB/T 6939.1—2004；

《电工电子产品环境试验　第 2 部分：试验方法试验 A：低温》GB/T 2423—2008；

《城市道路照明设计标准》（CJJ 45—2015）。

2. 设备选型及说明

1）风力发电机的选择

（1）风资源的考核。一个地方是否适合建设风光互补发电系统，往往要看当地的风力资源情况，一般情况下，要建设风光互补发电系统，当地年平均风速至少不低于 3 m/s，否则建设风光互补发电系统意义不大。如表 3-2 所示，列出了北京地区各月平均风速及年平均风速，事实上只有延庆、佛爷顶、古北口可以建风光互补发电系统，其他地方由于年平均风速都小于 3 m/s，受风资源限制，建设风光互补发电系统意义不大。

表 3-2　北京地区各月平均风速及年平均风速　　　　　单位：m/s

月 站	1	2	3	4	5	6	7	8	9	10	11	12	年	最大风速
气象台	2.9	2.9	3.1	3.4	2.9	2.4	1.8	1.5	1.8	2.1	2.5	2.7	2.5	28.3
海　淀	3.1	3.0	2.9	3.5	3.1	2.4	1.9	1.6	2.0	2.1	2.5	2.6	2.6	21.0
朝　阳	3.4	3.2	3.3	3.6	3.1	2.5	2.0	1.7	2.1	2.3	2.6	3.0	2.7	18.0
石景山	2.7	2.8	2.7	3.4	2.8	2.4	2.1	1.6	2.0	1.9	2.1	2.2	2.4	23.0
通　州	3.4	3.2	3.3	3.6	3.1	2.6	2.0	1.7	2.1	2.3	2.8	3.0	2.8	22.0
门头沟	3.1	3.0	3.2	3.6	3.0	2.3	1.6	1.3	1.7	2.2	2.6	3.0	2.6	23.0
斋　堂	1.8	2.0	2.1	2.8	2.6	1.9	1.4	1.4	1.4	1.5	1.6	1.5	1.8	14.0
丰　台	2.9	3.0	3.2	3.5	2.9	2.4	1.9	1.7	1.9	2.1	2.5	2.8	2.6	20.3
大　兴	2.7	2.9	3.1	3.5	3.2	2.6	1.9	1.6	1.9	2.1	2.5	2.7	2.6	25.5
房　山	2.2	2.6	2.9	3.4	3.0	2.4	1.9	1.5	1.8	2.0	2.2	2.2	2.3	22.7
霞云岭	1.6	1.9	2.2	2.5	2.4	2.1	1.5	1.3	1.4	1.7	1.8	1.6	1.8	17.0
延　庆	4.0	3.4	3.4	3.8	3.6	2.8	2.1	1.7	2.0	2.5	3.2	3.8	3.0	18.0
佛爷顶	8.1	7.9	5.7	6.9	5.3	4.4	3.6	4.0	4.6	5.2	6.2	6.6	5.7	40.0
马道梁	2.7	2.3	2.3	3.0	2.7	2.2	1.7	1.5	1.6	1.8	2.1	2.0	2.2	16.7
汤河口	2.0	2.6	3.0	3.5	3.3	2.5	2.1	1.7	1.9	2.2	1.9	1.8	2.4	18.0

续表

月 站	1	2	3	4	5	6	7	8	9	10	11	12	年	最大风速
密云	2.9	2.8	3.0	3.3	3.0	2.5	1.7	1.5	1.9	2.1	2.4	2.6	2.5	19.0
古北口	3.0	3.1	3.4	3.9	3.8	3.2	2.5	2.3	2.6	2.8	2.7	2.8	3.0	20.3
怀柔	2.3	2.3	2.5	2.8	2.4	2.1	2.6	1.3	1.6	1.7	2.1	2.2	2.1	17.0
昌平	3.8	3.3	3.1	3.0	2.6	2.1	1.6	1.3	1.6	2.1	2.7	3.6	2.6	23.0
顺义	3.2	3.0	3.1	3.5	3.1	2.5	2.0	1.7	2.0	2.3	2.6	3.0	2.7	16.7
平谷	2.8	2.7	2.8	3.1	2.6	2.3	1.7	1.3	1.7	2.0	2.3	2.6	2.3	21.3

（2）风力发电机功率确定。由当地的年平均风速，最低月平均风速，无有效风速期时间的长短，年度总用电电量，月平均最低用电电量以及与太阳能发电量的分配比例，来确定风力发电机的功率。如图 3-21 所示，是一个额定功率为 400 W 的风力发电机，风机输出功率的大小，由风速决定，而且随着风速的不断变化处于不断变化中。

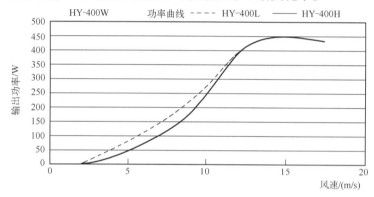

图 3-21　HY-400 W 风力发电机功率曲线图

在选择风力发电机时，要了解风力发电机参数，根据风力发电机参数选择合适的风力发电机，完成系统设计。例如，如图 3-22 所示的某公司生产的 300 W 风力发电机，其产品参数如表 3-3 所示，在选择风力发电机的时候，要重点关注启动风速、额定风速、输出电压、风能利用率等。

图 3-22　300 W 风力发电机实物图

表 3-3　300 W 风力发电机参数

启动风速 Starting Wind Speed/(m/s)	2.5
切入风速 Cut - in Wind Speed/(m/s)	3.0
额定风速 Rated Wind Speed/(m/s)	11
安全风速 Safe Wind Speed/(m/s)	50
额定直流输出 Rated DC Output/V	12/(24/36/48)
额定交流输出 Rated AC Output	380 V/220 V/110 V（可选） 50 Hz/55 Hz/60 Hz
过风保护方式 Over - speed Protection	电磁制动 Electro - magnetic Torque Control
发电机形式 Engine	无刷稀土永磁同步电机 Brushless NdFeB Permanent - magnet Engine
使用轴承 Bearing	机械滚动轴承 Mechanical Bearing
传动方式 Transmission Mode	直接驱动 Direct Drive
每分转数 RPM	900
风能利用率 Cp/%	0.4

2）太阳能电池组件的选择

太阳能电池组的功率由系统日平均最低耗电电量、当地峰值日照小时数和系统损失因子，结合风力发电机发电量等因素来确定。在一般正常状态下，系统的太阳能电池组件的最小功率，应能保证提供出系统日平均最低用电量，并且要有足够余量，并兼顾蓄电池充电需要。

3）灯源选择

路灯光源的选择原则是选择适合环境要求、光效高、寿命长的光源。常用的光源类型有：三基色节能灯、高压钠灯、低压钠灯、无极灯、LED、陶瓷金卤灯等，具体特性如表 3-4 所示。

表 3-4　常见直流输入光源特征一览表

光源种类	光效/(lm/W)	显色指数/Ra	色温/K	平均寿命/h	特　　点
三基色节能灯	60	80～90	2 700～6 400	5 000	光效高、光色好、成本低、应用广泛
高压钠灯	100～120	40	2 000～2 400	24 000	光效高、寿命长、透雾性强，更加适合道路照明
低压钠灯	150 以上	30	1 800	28 000	光效特高、寿命长、透雾性好，显色性差
无极灯	55～70	85	2 700～6 500	40 000	寿命长、无频闪、显色性好
LED	60～80	80	6 500（白色）	30 000	寿命长、无紫外红外辐射、低电压工作、可辐射多种光色、可调功率
陶瓷金卤灯	80～110	90	3 000～4 000	12 000	寿命长、光效高、显色性好

路灯系统灯源的选择应根据使用环境选择合适的灯源类型，例如 LED 灯适用于室外光照强度要求不高时使用，既有装饰性又节能。而低压钠灯特别适合于雾气较重的地区使用。

无极灯产生高质量白光，白光被证明在视觉效果上有优势。一些城市为了减少事故选择使用白光（即使它价格高），而不使用高压钠灯的黄光。在天黑后人们经常集中的区域，将光源改成白光后，该区域更受人们欢迎，因此白光在市区街灯显色性选择上更佳。

4）蓄电池的选择

（1）应当优先选用储能用铅酸蓄电池和其他适合风光互补发电使用的新型蓄电池；

（2）蓄电池组的串联电压必须与风力发电机组的输出电压相匹配，同时也必须与太阳能电池组件输出电压相一致；

（3）蓄电池的容量是由日最低耗电量，设定的连续阴天的天数，最长无风期的天数和蓄电池的技术性能，如自放电率、充放电效率和放电深度等因素共同确定的。

5）灯杆配置及说明

灯杆配置主要是指灯杆的强度及高度设计，以及灯杆上太阳能电池组件、风力发电机、灯源的安装高度的确定。灯杆的强度设计符合《城市道路照明工程施工及验收规程》、《小型垂直轴风力发电机组》里对灯杆、风力发电机塔架的要求，并且灯杆的固有频率与风力发电机的自振频率相差很大，可以抗 12 级台风。灯杆的高度应根据安装地点的地理环境来决定，保证风力发电机的使用不受影响。太阳能电池组件的安装一般以不与风力发电机组的风叶相干涉为准，同时要注意保证太阳能电池组件不被灯杆遮挡。灯源的安装高度根据设计要求的照度确定。

路灯常用的是钢质锥形灯杆，其特点是美观、坚固、耐用，且便于做成各种造型，加工工艺简单、机械强度高。常用锥形灯杆的截面形状有圆形、六边形、八边形等，锥度多为 1 : 90，1 : 100，壁厚根据灯杆的受力情况一般选在 3 ～ 5 mm。

由于路灯工作的环境是室外，为了防止灯杆生锈腐蚀而降低结构强度，必须对灯杆进行防腐蚀处理。防腐蚀的方法主要是针对锈蚀原因采取预防措施。防腐蚀要避免或减缓潮湿、高温、氧化、氯化物等因素的影响。常用的方法如下：

热镀锌：将经过预处理的制件浸入熔融的锌液中，在其表面形成锌和锌铁合金镀层的工艺过程和方法，锌层厚度为 65 ～ 90 μm。镀锌件的锌层应均匀、光滑、无毛刺、滴瘤和多余结块，锌层应与钢杆结合牢固，锌层不剥离、不凸起。

喷塑处理：热镀锌后再进行喷塑处理，喷塑粉末应选用室外专用粉末，涂层不得有剥落、龟裂现象。喷塑处理可以进一步提高钢杆的防腐性能，且大大提高灯杆的美观装饰性，颜色也可以有多种选择。

此外，由于灯杆内安装有控制器等电气部件（有的蓄电池也安装在灯杆内），设计灯杆除了要满足强度和造型方面的要求外，还必须注意灯杆防水性能和防盗性能，防止雨水进入灯杆内造成电气故障；维护用的小门避免采用常规的工具就能打开（如内六角螺栓、钳子等），防止人为进行破坏或盗窃。

6）路灯控制器主要要求

（1）模式设定功能。光控时控模式设定功能，光控、时控，或开灯照度设定后，也可以在光控基础上选择时控。开灯照度设置 10 lm，相当于目前长江中下游地区夏天晚 7 : 30 左右，关灯照度默认为在开灯照度基础上再加 10 lm。

（2）欠电压保护功能。蓄电池电压低于欠电压保护值时，控制器关闭负载，停止供电，如果继续放电，易造成蓄电池因为过放而损坏。对于 24 V 电池，欠电压保护值国家标准为 21.6 V（此保护功能不可以关闭）。

（3）卸载功能。在风能所发出的电能超过蓄电池充电和负载供电需要时，控制器必须将能量通过卸荷释放掉。在正常卸载情况下，需确保蓄电池电压始终稳定在浮充电压点，而只是将多余的电能释放到卸荷上。从而保证了最佳的蓄电池充电特性，使得发电机所发电能得到充分利用，并确保了蓄电池的使用寿命。

（4）控制器对蓄电池的温度补偿。蓄电池有负温度特性，在常温下（25 ℃），每增加 1 ℃，12 V 蓄电池电压降低 0.014 ～ 0.018 V，要求控制器具有温度补偿功能，既保证蓄电池在恒压环境工作，延长其使用寿命，又保证其不会受夏日高温环境影响而导致使用时经常欠电压断电。

（5）负载启动瞬间大电流保护。低压钠灯、无极灯等负载启动时瞬间电流将达到正常电流的 3 ～ 5 倍，通过相关保护设置，延长控制器及相关组件使用寿命。

（6）LED 恒流源功能。LED 灯在使用环境中如果电流不稳或电流过大，很容易造成 LED 灯损坏或严重光衰，要求 LED 灯控制器为恒流输出。

（7）其他保护功能。要求控制器具备负载的短路保护、负载过电流保护、蓄电池极性反接保护、低压节能保护、防水保护、雷电保护、过风速和过电压制动等保护功能。

（三）对环境和资源的要求

（1）风光互补路灯系统推荐使用资源条件。当地年平均风速大于 3.5 m/s，同时年度太阳能辐射总量不小于 500 MJ/m² 是风光互补路灯系统推荐使用地区。

（2）风光互补路灯系统在下列条件下应能连续、可靠地工作：

①室外温度：−25 ～ +45 ℃；

②室内温度：0 ～ +40 ℃；

③空气相对湿度：不大于 90 %（25 ±5 ℃）；

④海拔不超过 1 000 m。

（3）风光互补路灯系统在以下环境中运行时，应由生产厂家和用户共同商定技术要求和使用条件：

①室外温度范围超出 −25 ～ +45 ℃的地区；

②室内温度范围超出 0 ～ +40 ℃的用户；

③海拔超过 1 000 m 的地区；

④盐雾或沙尘严重地区。

（四）系统配置与计算

对于风光互补系统，合适的配置不仅能够可以使整个系统更加稳定，而且能够降低成本。风光互补路灯照明系统配置的计算与负载功率、系统每天工作的时间、当地峰值日照时数、持续工作天数、当地平均风速、风机每天工作时间等因素有关。

在进行系统所需光伏电池组件功率及风力发电机功率的确定时，一般要求光伏阵列日均发电量与风力发电机的日均发电量的和至少要大于负载的耗电量，同时要兼顾负载使用多余电量对蓄电池的充电时间，也就是说光伏阵列日均发电量和风力发电机的日均发电量供系统负载使用。多余电量越多，蓄电池充满电的时间就越短，反之亦然，这就要考虑持续正常充电的天数，具体关系如式（3-4）所示。

$$\text{持续正常充电天数} \times \left(\frac{\text{光伏板功率}}{\text{光伏板电压}} \times \text{峰值日照时数} + \frac{\text{风机日供功率}}{\text{风机工作电压}} - \frac{\text{负载自耦功率}}{\text{负载工作电压}} \right)$$
$$= \text{蓄电池容量} \times \text{放电深度} \tag{3-4}$$

从式（3-4）看出，光伏阵列的功率容量和风力发电机功率容量的大小配置，还取决于系统配置蓄电池的容量大小，而蓄电池的容量配置则取决于系统设计时考虑的当地无风无太阳情况下连续的天数，即储能的自主天数，同时与蓄电池放电深度有关。有时为了保证必要余量，还要考虑回路损耗。对于在阳光资源比较好的地区，可以使太阳能多发电，同样在风资源较好的地区，可以适当加大风力发电机的功率，多使用风力发电，但同时对灯杆强度与地基牢固性的要求也提高了，具体系统配置要综合考虑，既要考虑系统工作的稳定，又要兼顾成本。

在具体进行系统配置时，会涉及一些具体内容的计算：

（1）峰值日照时数的计算。对于峰值日照时数的计算，可按式（3-5）简便计算。

$$\text{峰值日照时数} = A/(3.6 \times 365) \tag{3-5}$$

式中，A 为倾斜面的上年辐照总量，单位为 MJ/m^2，具体数值可通过查找当地气象资料计算得到，条件允许的情况下可以直接查到。

例如：某地的方阵面上的年辐照总量为 6 207 MJ/m^2，则年峰值日照时数为：

$$6207 \div 3.6 \div 365\ h = 4.72\ h$$

（2）系统电压的确定：

①LED 光源的直流输入电压，可以作为系统电压，一般为 12 V 或 24 V，在太阳能组件电压为 36 V 时，蓄电池电压要求不低于组件电压的 2/3，所以蓄电池、控制器和光源的电压都要选择在 24 V。同样，如果组件的电压是 18 V，蓄电池、控制器和光源电压不低于组件的 2/3 的电压，即 12 V。按此要求选择风力发电机，使其输出电压等级符合系统要求。

②选择交流负载时，系统的直流电压在条件允许的情况下，尽量提高系统电压，以减少线损。

③系统直流输入电压选择还要兼顾控制器、逆变器等电气元件的选型。

（3）太阳能电池板的容量计算。对于风光互补路灯系统，太阳能电池板配置计算公式如下：

$$P = (\text{光源功率} \times \text{光源工作时间} \div \text{峰值日照时数}) \times \text{功率分配系数} \tag{3-6}$$

式中，P 为电池组件的功率，单位为 W；光源工作时间单位为 h；峰值日照时数单位为 h。

例如：光源功率为 50 W，每天工作 10 h，当地的年日照时数为 3 h，功率分配系数 0.6（即太阳能发电承担系统总功率的 60 %），则需要的太阳能电池板功率：

$$p = (50\ W \times 10\ h \div 3\ h) \times 0.6 = 100\ W$$

在选择太阳能组件的时候还要考虑到连续阴雨天蓄电池的电量存储，所以一般都要比每天光源的功率消耗要大一些，以应对连续阴雨天的电量供应。

（4）蓄电池容量计算。首先根据当地的阴雨天情况，以及平均无风天数确定选用的蓄电池类型和蓄电池的存储天数，一般北方选择的存储天数在 3 至 5 天，西部少雨地区可以选用 2 天左右，南方的多雨地区存储天数可以适当增加。容量计算公式如下：

$$\text{蓄电池容量} = \text{负载功率} \times \text{日工作时间} \times \text{存储天数} \div \text{放电深度} \div \text{系统电压} \div \text{回路损耗} \tag{3-7}$$

式中，蓄电池容量单位为 $A \cdot h$；负载功率单位为 W；日工作时间单位为 h；放电深度一般取 0.7 左右；回路损耗一般取 0.95 左右；系统电压单位为 V。

例如：光源功率为 50 W，每天工作 10 h，蓄电池存储天数为 4 天，放电深度取 0.8，回路损耗取 0.95，则需要的蓄电池容量为 $50 \times 10 \times 4 \div 0.8 \div 24 \div 0.95$ A·h = 109.6 A·h。

然后根据系统电压和容量的要求选配蓄电池。

（5）平均照度计算。在对道路进行照明设计时，对照度、亮度及均匀度的计算是必不可少的，一般情况下可以采用道路照明设计软件或照明计算表进行计算，也可以根据灯具的配光曲线进行简单的计算。道路的平均照度计算公式如下：

$$E = \frac{F \times U \times K \times N}{W \times S} \qquad (3-8)$$

式中，E 为平均照度，lm/m^2；F 为光源的总光通量，lm；U 为利用系数（由灯具利用系数曲线查出）；K 为维护系数；W 为道路宽度，m；S 为路灯安装间距，m；N 为与排列方式有关的数值，当路灯一侧排列或交错排列时 $N = 1$，相对矩形排列时 $N = 2$。

项目实施

一、列出基本数据

当地环境：年平均风速为 5.7 m/s（见表 3-2）；

峰值日照时数：5 h（查相关资料）。

工作电压：DC 24 V。

负载功率：主灯 80 W，辅灯 20 W。

工作时间：连续工作 10 h。

道路长度：2 000 m。

储能天数：4 天。

蓄电池放电深度：70%。

二、系统方案设计

1. 项目评估

1）负载评估

主灯 80 W，辅灯 20 W，功率共计 100 W，路灯每天工作 10 h，负载每天用电量：

$$W_1 = 100 \text{ W} \times 10 \text{ h} = 1 000 \text{ W·h} = 1 \text{ 度}$$

2）天气评估

查资料可知，北京佛爷顶地区的年平均风速 5.7 m/s，属于风能资源可利用区，日峰值日照时间 5 h，属于光资源比较丰富地区，初步可以确定风光互补路灯系统以风力发电机为辅，光伏发电为主，太阳能发电与风力发电的分配比例关系为 6:4，即太阳能发电承担负载功率消耗的 60%，风力发电承担 40%。

3）地理环境评估

根据现场勘查情况，风光互补路灯安装位置位于道路两旁绿化带附近，而风光互补路灯的安装要求在安装位置无树荫、楼宇等遮挡，如有遮挡，将大大降低风机和太阳能光伏组件的发电效率。因此为保证风机和太阳能光伏组件的发电效率，故灯杆高设计为12 m，主灯高度为9 m，辅灯高度为7 m，太阳能电池组件安装高度为9 m，风力发电机安装于灯杆顶端。

2. 系统组成

如图 3-23 所示为风光互补 LED 路灯效果图，采用双灯结构，分别给主路和辅路照明，蓄电池埋于地下，风光互补控制器安装于灯杆下端便于检修。

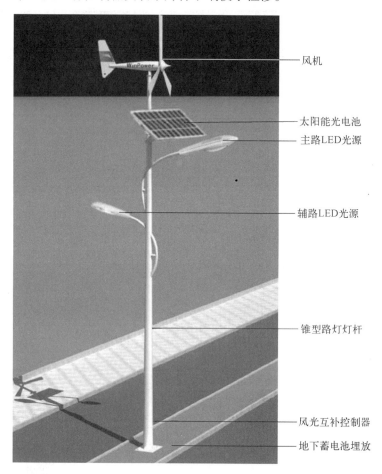

图 3-23 风光互补 LED 路灯效果图

三、设备选型

1. 灯具的选择

主灯采用截光型 LED 灯具，灯具支架长 1.5 m，实际照明有效宽度为 8.5 m，主灯具距地面直线距离为 9 m，各路灯间距为 25 m，路一侧所需路灯总数为 2 000/25 = 80。主灯功率 80 W，辅灯功率 20 W，LED 灯，24 V 系统，其平均亮度、平均照度和照度平均度均高于国家标准要求。

选择的主灯型号为 LED24V80W，辅灯型号为 LED24V20W。主灯参数如表 3-5 所示。

表 3-5 主灯参数

序　号	项　　目	参　　数
1	输入电压	DC 24 V
2	总谐波失真	≤9 %
3	功率因数	>0.98
4	电源效率	>94 %
5	LED 数量	2 PCS
6	LED 功耗	76 W
7	系统总功耗	80 W
8	LED 发光效率	70 lm/W
9	LED 灯具初始光通量	5 800 lm
10	灯具效率	>91 %
11	照度均匀度	>0.6
12	平均照度	34.7 lx
13	光斑面积	28×11.7 m 近似蝙蝠翼光斑
14	显色指数	Ra>75
15	配光曲线	对称式/近似蝙蝠翼光斑
16	配光方式	LED+反光罩二次配光
17	LED 节点温升	≤80 ℃
18	工作环境温度	−40 ～ +55 ℃
19	储存环境温度	−25 ～ +65 ℃（25 ℃最佳）
20	防护等级	IP65
21	净重	11.3 kg
22	光源使用寿命	50 000 h
23	电源线	0.75 mm^2 三芯线

无论主灯还是辅灯都具有如下特点：

（1）散热器与灯壳一体化设计，LED 直接与外壳紧密相接，通过外壳散热翼与空气对流散热，充分保证 LED 路灯 50 000 h 的使用寿命。

（2）灯壳采用铝合金压铸成型，可以有效地散热和防水、防尘。灯具表面进行耐紫外线抗腐蚀处理，整体灯具达到 IP65 标准。

（3）采用单体椭圆反射腔配合球状弧面来设计，针对性地将 LED 发出的光控制在需要范围内，提高了灯具出光效果的均匀性和光能的利用率，更能凸显 LED 路灯节能的优点。与传统的钠灯相比，可节电 60 % 以上。

（4）无不良眩光、无频闪。消除了普通路灯不良眩光所引起的刺眼、视觉疲劳与视线干扰，提高驾驶人驾驶的安全性。

（5）启动无延时，通电即达正常亮度，无须等待，消除了传统路灯长时间的启动过程。

（6）绿色环保无污染，不含铅、汞等污染元素，对环境没有任何污染。

2. 风机的选型

系统负载总功率 100 W，分配给风力发电机发电量为负载消耗功率的 40 %，即为 40 W，以每日系统工作 10 h 计，需消耗电量 0.4 kW·h（即 0.4 度）。选择上海致远绿色能源股份有限公司的一台型号为 FD2 - 0.3/8，额定功率为 300 W 的风力发电机，其输出功率曲线如图 3-24 所示，该型号的风力发电机参数如表 3-6 所示。

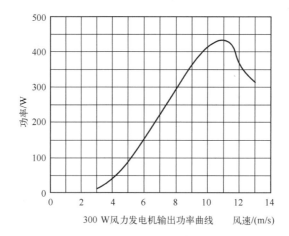

图 3-24 风力发电机输出功率曲线图

表 3-6 FD2 - 0.3/8 风力发电机参数

叶片数/片	3
启动风速/(m/s)	3
额定风速/(m/s)	8
工作风速范围/(m/s)	3～25
额定输出电压/V	DC 28
抗大风能力/(m/s)	50
额定功率/W	300
最大输出功率/W	450
保护方式	电磁制动
发电机形式	永磁低速三相交流发电机
整机质量/kg	30

根据风力发电机功率曲线（图 3-24），在 5.7 m/s 风速下，发电机输出功率约为 120 W。风力发电机平均每天发电量为

$$W_{发电机} = P_{发电机} H_{发电机} = 120\,\text{W} \times 10\,\text{h} = 1\,200\,\text{W} \cdot \text{h} = 1.2\,\text{度}$$

系统分配给风力发电机的发电量为 0.4 度，而实际可以发电 1.2 度，因此选择该风力发电机可以满足设计要求，多余电量可以储存到蓄电池里，以应对需要时使用。

3. 光伏组件

对于较小型光伏发电系统电池组件选型遵循以下原则：

（1）在兼顾易于搬运及安装条件下，选择大尺寸、高效的电池组件；

（2）选择易于接线的电池组件；

（3）组件的各个组成部分都要符合抗强紫外线要求，符合国家标准《橡胶和塑料软管 静态下耐紫外线性能测定》GB/T 18950—2003 关于橡胶和塑料管静态紫外线性能测定的相关要求。

当地峰值日照时数 5 h，光源功率 100 W，工作时间 10 h，功率分配系数 60 %，可以得到光伏组件的功率。即

$$
\begin{aligned}
P &= （光源功率 \times 光源工作时间/峰值日照时数）\times 功率分配系数 \\
&= （100 \times 10/5）\times 60\%\ \text{W} \\
&= 120\ \text{W}
\end{aligned}
$$

　　在选择太阳能组件的时候还要考虑到连续阴雨天蓄电池的电量存储，所以一般都要比每天光源的功率消耗要大一些，以应对连续阴雨天的电量供应。为了保证一定的余量，选择欧贝黎新能源科技股份有限公司生产的型号为 EOPLLY 125M/72（185 W-200 W）的太阳能电池组件，具体参数见图 3-25 所示。

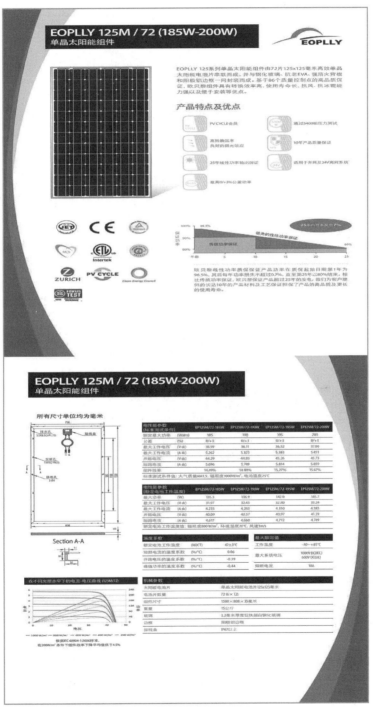

图 3-25　EOPLLY 125M/72 系列太阳能电池组件规格图表

由于北京的纬度为 39.8°，根据《太阳光伏电源系统安装工程设计规范》（CECS：8496），确定太阳能电池组件的最佳倾角为 43.8°，方位角按一般要求取为 0°，即正南方向安装。

4. 蓄电池

蓄电池起到稳压并储存能量的重要作用，在无风且阴雨天气时，蓄电池输出能量，保证设备工作正常。

蓄电池容量的计算可以根据用电负荷和蓄电池供电支持的天数来确定，可按式（3-9）进行计算。

$$C = \frac{S \times Q_I}{d \times \eta_{out}} \times K \tag{3-9}$$

式中，C 为蓄电池容量，$A \cdot h$；S 为蓄电池供电支持的天数；Q_I 为负载平均每天用电安时数，$A \cdot h$；d 为蓄电池放电深度；η_{out} 为从蓄电池到负荷的效率（一般取 $0.85 \sim 0.95$）；K 为蓄电池放电容量修正系数（一般取 1.2）。

根据本系统要求，蓄电池供电支持的天数 S 取 4，负载平均每天用电量 Q_I 为 100 W × 10 h/24 V，蓄电池放电深度 d 取 70%，效率（包括各种损耗）η_{out} 取 0.9，则由式（3-9）可得蓄电池容量为 317.5 A·h。为保证一定设计余量，选用扬州富能照明科技有限公司生产的电压为 12 V、容量为 200 A·h 的蓄电池四个，先并联再串联使用，电池如图 3-26 所示。该类电池专为太阳能风能发电储能设计，适应了太阳能风能发电系统每天循环充放电和长时间深循环放电的工作要求。

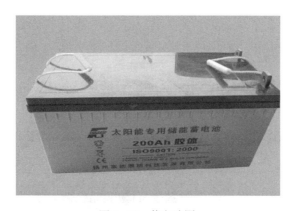

图 3-26　蓄电池图

蓄电池采用地表下安装方式。由于蓄电池在低温或高温环境下工作都会影响其工作性能，尤其是在低温下，其工作容量将会下降很多，这是蓄电池特性所决定的。在地表下 1 ~ 1.5 m 处，其环境温度变化不大，起到一定的"恒温"作用，使其在冬季温度比地表以上高，在夏季炎热时又比地表上温度低，有利于蓄电池性能的发挥，图 3-27 所示为蓄电池采用地表下安装方式时所用的箱体，蓄电池安装于箱体内，箱体再埋于地下。

5. 控制器

控制器选用安徽精能绿色能源有限公司的型号为 JW2430 的控制器，其外形图如图 3-28 所示，控制器接线图如图 3-29 所示。该控制器选用大尺寸 LCD 显示，用户使用时所有参数直观可见，人性化的按键操作功能，一切参数均可按用户要求自行调整，方便客户在各种环境中使用，采用 MPPT 风机充电方式，充电效率比普通 PWM 方式更有优越性，具体参数如表 3-7 所示。

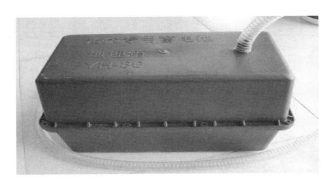

图 3-27　蓄电池地埋箱图

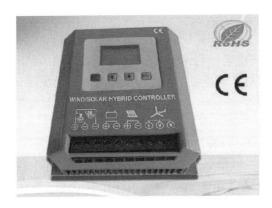

图 3-28　控制器外形图

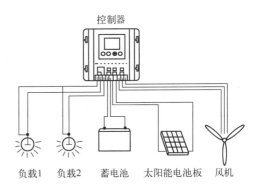

图 3-29　控制器接线图

表 3-7　控制器参数表

型　号		JW1230	JW2430	JW2450	JW2460	JW2480
系统额定电压/V		12	24	24	24	24
光伏组件功率/W		200	200	250	300	400
风力发电机功率/W		300	300	500	600	800
充电	充电/A	30	20	23	37.5	50
	均充保护	$14.4 \times (1 \pm 1\%)$ V	$28.8 \times (1 \pm 1\%)$ V			
	浮充	$13.8 \times (1 \pm 1\%)$ V	$27.6 \times (1 \pm 1\%)$ V			
	均充恢复	$13.2 \times (1 \pm 1\%)$ V	$26.4 \times (1 \pm 1\%)$ V			
	温度补偿/(mV/℃)	-24	-48			
过放	断开（直流）	$10.8 \times (1 \pm 1\%)$ V	$21.8 \times (1 \pm 1\%)$ V			
	恢复（直流）	$12.3 \times (1 \pm 1\%)$ V	$24.6 \times (1 \pm 1\%)$ V			
过压	切断（直流）	$16 \times (1 \pm 1\%)$ V	$32 \times (1 \pm 1\%)$ V			
	恢复（直流）	$15 \times (1 \pm 1\%)$ V	$30 \times (1 \pm 1\%)$ V			
空载电流（直流）		$\leqslant 0.1$ A	$\leqslant 0.1$ A			
电压降落（直流）		$\leqslant 0.5$ V				
控制方式		最大功率点跟踪 - MPPT（充电效率比 PWM 普通型高出 30 %）				
升压充电		柔性独立升压电路				
显示方式		液晶				

显示参数	电压、充电电流，蓄电池电量
保护类型	防雷保护，太阳能电池防反充保护，蓄电池开路保护、蓄电池接反保护、过风速和过电压软自动制动保护
散热方式	散热器
环境温度/℃	-25～+55
使用海拔	≤5 500 m（2 000 m 以上需要降低功率使用）
环境湿度	0～90%，不结露
质量/kg	2.20
外形尺寸（长×宽×高）	164 mm×181 mm×100 mm

6. 风光互补路灯灯杆选型要求及说明

本系统应用于公路及人行道照明，光灯杆高度设计为 12 m，采用一杆双灯的款式；灯杆管壁厚度≥4 mm（未镀锌前），须选用优质钢材，而且必须热镀锌喷塑处理，寿命达到 10 年以上，杆体锥型、样式和外观颜色符合结构要求。

由于风光互补路灯有其特殊性，风机安装在灯杆顶部，太阳能电池组件安装在离地一定高度，其等效垂直面会承载风压，这就对灯杆的整体构成一定的水平剪切力，灯杆必须满足抗 10 级强风荷载的强度要求。

在路灯灯杆选型中，除考虑强度因素外，还着重考虑抗腐蚀性，外观的美观、新颖等，还需结合当地的自然环境，综合选择。

其他有关要求须符合 CJJ 45—2006《城市道路照明设计标准》及 CJJ 89—2012《城市道路照明工程施工及验收规程》中有关规定。

7. 系统详细配置

系统详细配置如表 3-8 所示。

表 3-8　系统详细配置

设 备 名 称	规 格 型 号	数 量
风力发电机	FD2-0.3/8	1
光伏组件	EOPLLY 125M/72-185W	1
控制器	JW2430	1
蓄电池	12 V，200 A·h	4
蓄电池地埋箱	—	1
灯杆	12 m（双灯）	1
光伏组件支架	—	1
光源	LED24V80W	1
光源	LED24V20W	1
附件	配套的导线、电缆、安装工具等	若干

8. 系统效果图

路灯系统安装后，效果图如图 3-30 所示。

图 3-30　路灯系统安装后效果图

 ## 水平测试题

简述题

1. 发展风能与太阳能应用有何意义？

2. 风光互补发电比单独风力发电或光伏发电有何优点？

3. 风光互补路灯系统由哪几部分组成，各部分有何作用？

4. LED 灯有何特点？

5. 路灯控制器主要要求有哪些？

6. 负载功率为 100 W，每天工作 10 h，蓄电池蓄能天数为 4 天，放电深度取 0.7，回路损耗取 0.9，则该发电系统需要的蓄电池容量为多少？

7. 某风光互补发电系统，负载功率为 50 W，每天工作 10 h，当地的年日照时数为 3.0，太阳能发电承担系统总功率的 60%，则需要的太阳能板功率是多少？

项目四 基于 PLC 的风光互补发电系统设计

 学习目标

通过完成基于 PLC 的风光互补发电系统设计，达到如下目标：

- 熟练掌握风光互补发电的原理。
- 掌握风光互补发电系统的组成。
- 初步掌握风光互补发电系统的控制方法。

 项目描述

在边远山区和畜牧区等地区，由于受地理环境的影响，电力的输送非常困难，且运行成本很高，采用常规的发电方法很难实现对用户的供电。这些地区大部分深居内陆，常规的架设电网由于路途遥远，使得电力在传输过程中损耗很大，这一系列的情况造成了山区及畜牧区电网的线路维护费用变得更加昂贵，线路运行成本很高。这种现象，使得用户生活水平相对落后，用户用电量也很少或是没有。而在这些地区，太阳能和风能资源却很丰富，在时间和空间的范围内具有很好的互补性，具备实行风光互补小型发电系统的优势。可以说，在边远山区和畜牧区等地区，风光互补发电系统是最合适的供电系统。因此，研制出成本低、效率高、性能好、可靠性高的小型离网型风光互补发电系统可以满足远离电网的边远山区的独立供电的需求。

本系统总的设计要求能实现光伏发电系统及风力发电系统的正常工作。可以实现光伏发电系统的自动及手动逐日控制，使光伏发电系统能最大限度地利用太阳能资源，对风力机实现基本的保护控制，对系统中的蓄电池组实现过充电、过放电保护；同时，系统可以根据负载状况，根据预设的控制策略，实现光伏发电系统和风力发电系统的合理工作。

（1）分析光伏发电系统、风力发电系统组成及工作原理，深入了解蓄电池的充放电基本原理和运行特性，详细介绍其在风光互补发电系统中所起的作用。

（2）深入分析光伏发电逐日系统的分类、结构组成、工作原理及使用效果；深入分析风力发电偏航系统的组成及工作原理。对光伏发电系统和风力发电系统的控制进行研究分析，选用合适的控制方法。

（3）据试验得知，同等环境条件下，相同功率的电池组件采用自动跟踪安装比采用固定安装的光伏发电系统的发电量提高 25% 以上。因此，设计和实现一种基于 PLC 的智能逐日跟踪系统，可以为发电系统最大效率地利用太阳能奠定良好的基础。

（4）采用两台西门子 S7-200 224CPU 作为系统的控制核心，分别实现对光伏发电系统及风力发电系统的控制，包括初步的硬件电路设计和软件设计。

（5）进行风光互补发电系统的实际应用配置，分析其合理性。

 相关知识

一、风光互补系统组成

在能源日渐紧缺、气候急剧变化、环境日益恶化的全球背景下，可再生资源的合理利用受到了各国高度关注。在当前可利用的可再生资源当中，太阳能和风能是当今世界应用最广泛的两种能源。风能、太阳能都是取之不尽、用之不竭的清洁能源，但它们又都是不稳定、不连续的能源，光伏发电易受阴雨天气的影响，而且在晚上的时候，光伏发电几乎处在停止状态。而风力发电的输出功率随着风速的变化，不能稳定地输出。因此这使得风力发电或光伏发电系统单独用于无电网的地区独立运行时，需要配备相当大的储能设备，其中多采用蓄电池组。同时，由于单独的风力发电或光伏发电系统的不稳定性，常使蓄电池组工作在非常苛刻的条件下，蓄电池未能充满时就放电，甚至长期处于过放电或是过充电状态。这种非理想的工作环境使得蓄电池的工作寿命大大缩短，而目前蓄电池的价格又非常昂贵，使得风力发电系统或者光伏发电系统的蓄电池使用成本甚至高于单独购买 PV 组件和风力发电机的成本。

由于风能与太阳能在时间上和空间上的互补性，即冬春时风大而太阳能辐射相对较小；夏秋时太阳辐射强而风小，白天太阳能辐射强风小，晚上太阳能辐射弱而风大。从而为风光互补发电的这种形式提供了原始依据。

概括来说，风光互补系统具有如下几个特点：

（1）风能和太阳能的相互结合，使得系统的供电稳定性在增强，输出功率会比单一的发电输出功率大，可靠性好。

（2）对应于当地的风能和太阳能的资源情况，了解当地的环境气候状况，可以大大节省风力发电机和光伏电池的容量，获得很好的性价比。

（3）风力发电和光伏发电系统结合之后，可以节省蓄电池的容量，使用风光互补发电系统可以合理地使用蓄电池，延长蓄电池的使用寿命，降低发电系统的使用成本。

1. 风光互补电站工作原理

离网型独立运行风光互补电站主要由风力发电机组、光伏电池阵列、耗能负载、整流器、控制器、蓄电池、逆变器、交流负载和直流负载等组成。独立运行风光互补电站原理图如图 4-1 所示。系统由三个环节构成，分别是能量产生环节、能量存储转化环节与能量消耗环节。

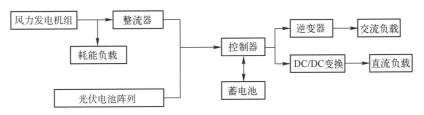

图 4-1 独立运行风光互补电站原理图

能量产生环节由风力发电和光伏发电两部分组成，分别将风能、太阳能转化成为日常生活可用的电力能源，供用户使用。三相整流器除了把输入的三相交流电能整流为可对蓄电池充电的直流电能之外，另外一个重要的功能是在外界风速过小或者基本没风的时候，风力发电机的输出功率也较小，由于三相整流桥的二极管导通方向只能是由风力发电机的输出端到蓄电池，所以防止了蓄电池对风力发电机的反向供电。耗能负载的主要作用：当风速很高，但此时风速仍然未达到过速保护的状态时，系统此时仍然需要向负载供电或是向蓄电池充电，发电系统的输出功率超出了用户负载和蓄电池充电所需的功率，为了减少过高电流对开关管及其电路造成的破坏，控制器此时可以开启卸荷电路，使一部分多余的功率在卸荷电路中消耗掉，从而减少过高风速带来的高电流对控制器的冲击。

能量的存储环节主要由蓄电池组来完成，以消除由于天气气候原因而引起的能量供应和需求的不平衡，在整个系统中起调节能量和平衡负载的作用。铅酸蓄电池和镍镉蓄电池是目前光伏发电系统中最常用的两种储能单元。蓄电池常用安·时（A·h）来表示其额定容量，它表明在规定的时间内蓄电池一次放出的最大电能。蓄电池的使用寿命由循环次数决定或者由正极板的腐蚀情况确定。当蓄电池的容量下降到额定容量的某一个百分比（如80%）时，可以认为该蓄电池已经基本接近其使用寿命。蓄电池容量逐渐下降的最常见原因是充放电过程及蓄电池极板隔栅腐蚀所引起的活性物质的逐渐丢失。从蓄电池运行角度看，以下这些因素都对蓄电池的寿命有着很大影响：（1）经常性深度放电，这容易造成正极板活性物质的脱落；（2）温度过高会加速极板的腐蚀；（3）经常性过度充电也会加速极板的腐蚀；（4）经常性充电不足（欠充）会导致硫化和电解液分层现象，从而使容量下降。作为储能蓄电池重要参数之一的蓄电池电压取决于电池种类、充电状态、放电速率、温度和电解液浓度等因素的影响。

能量消耗就是各种用电负载，可以分为直流负载和交流负载两种类型的用电。直流负载可由蓄电池直接引入，也可以通过一个升压或降压电路（DC/DC）来提供用户需要的直流电压；交流负载接入电路时需要用到逆变器。逆变器将风光互补电站的直流输出电能转变成交流电能，供交流负载使用。逆变器的输入为蓄电池的放电输出，可以认为输入电压具有恒压源的特性，故电站中的逆变器主要为电压型逆变器。由于输入的蓄电池电压随充、放电状态改变而变动较大，这就要求逆变器能在较大的直流电压变化范围内正常工作，而且要保证输出电压的稳定。

2. 光伏发电基本原理

光伏阵列负责将太阳光辐射转换成电能。光伏阵列由一系列的太阳能电池经过串、并联后组成。太阳能电池是光伏发电的最基本单元，其基本种类有单晶硅太阳能电池、多晶硅太阳能电池和非晶硅太阳能电池，光电转换效率为12%左右。单晶硅太阳能电池的转换效率最高，但成本也最高；多晶硅太阳能电池价格便宜，光电转换率也较高，是最常用的材料；非晶硅太阳能电池光电转换效率比多晶硅差，但制造工艺简单，加工容易。

太阳能电池由半导体晶片构成，多数具有一个大面积的PN结，所以PN结的光生伏特效应是太阳能电池的理论基础。所谓光生伏特效应就是半导体吸收光能后在PN结上产生电动势的现象。当太阳光照射到太阳能电池上时，产生光生电子-空穴对。在电池的内建电场作用下，光生电子和空穴被分离，太阳能电池的两端出现异号电荷的积累，即产生"光生电压"，若在内建电场的两侧引出电极并接上负载，则在负载中就有"光生电流"流过，从而获得功率输出。这样，太阳光能就直接变成了可付诸使用的电能。

3. 风力发电机组的基本原理

风力发电机组主要是利用风轮的转动来带动发电机发电的，它是将风能转化为电能的一种机械装置。将风能转化为电能是利用风能的一种最基本的方法。其发电原理是：风能具有一定的动能，通过时风轮转动将风能转化为机械能，然后带动发电机发电，再通过不可控三相整流器等设备从而得到稳定的直流电，一部分风供给蓄电池充电，另一部分通过逆变器输出交流电，供给交流负载。

从能量的转换角度来看，风力发电机组主要由风力机、传动机构和发电机三大部分组成，风力机的主要功能是把风能转化为机械能，发电机的主要功能是把机械能转化为电能。

目前使用程度较高的水平轴风力发电机系统，其结构上通常包含发电机、风轮、变速器、偏航系统、控制柜、塔架等组成部分，如图 4-2 所示。

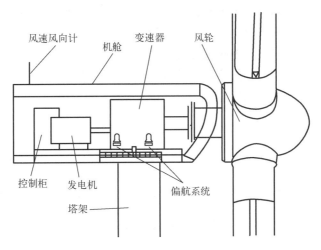

图 4-2　水平轴风机结构图

二、光伏发电逐日系统介绍

（一）逐日控制系统简介

虽然现在太阳能的应用比较普遍，但是利用率普遍都不高。首先由于到达地球表面的太阳辐射的总量尽管很大，但是能流密度很低。夏季在天气较为晴朗的情况下，正午时太阳辐射的辐照度最大，在垂直于太阳光方向 1 m² 面积上接收到的太阳能平均有 1 kW 左右；而在冬季大致只有一半，阴天一般只有 1/5 左右，这样的能流密度是很低的。其次由于受到昼夜、季节、地理纬度和海拔等自然条件的限制以及晴、阴、云、雨等随机因素的影响，到达某一地面的太阳辐照度既是间断的又是极不稳定的，这给太阳能的大规模应用增加了难度。

据试验测定，提高光伏发电系统的发电效率的一种重要途径是设计光伏组件的自动跟踪，通过控制太阳能光伏组件随太阳的位置变化调整偏转角度，使太阳光线尽量垂直入射到太阳能电池板上，从而最大限度地接收太阳辐射能量。同等环境条件下，相同功率的电池组件采用自动跟踪安装比采用固定安装的光伏发电系统的发电量提高 25 % 以上。

（二）逐日系统分类

目前常用的逐日系统主要包括：压差式、控放式、光电式、视日运动轨迹式及 CCD（Charge – Coupled Device，电荷耦合元件）图像跟踪方式等。

1. 压差式逐日系统

这种逐日系统结构简单，是纯机械控制，不需要控制器控制和外部的电路等设备，所以此种逐日系统的跟踪精度很低，而且只能用于单轴跟踪。原理是当入射光源发生偏斜时，使容器两端的受光面积不同，从而产生压力差，在压力差的作用下使逐日系统重新对准太阳。

2. 控放式逐日系统

这种逐日系统的成本低，也是纯机械装置，不需要控制器部分和外部电路电源等。控制精度低，只能用于单轴跟踪。原理是在逐日系统的一端放偏重，作为逐日系统向西转动的动力，利用控放式逐日系统慢慢释放次动力，就会使逐日系统慢慢地向西转动。

3. 光电式逐日系统

光电式逐日系统主要是利用安放在不同位置的光电传感器，接收到太阳发出的光线，当太阳光发生偏斜时，不同的传感器产生的电压（电流）就会发生变化，根据产生的微弱信号差值，经过放大电路等电子电路的处理，由伺服机构调整电动机的角度使逐日系统也转过相应的角度，根据变化实时地调整跟踪装置的方向来跟踪太阳的方位。这种跟踪方法的跟踪精度较高，在电路搭建和控制器等方面比较容易实现，但是价格相对较高，而且由于使用了传感器，对外界光线的变化比较敏感。光电式逐日系统框图如图 4-3 所示。

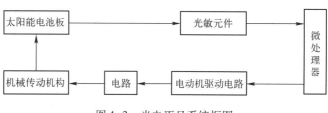

图 4-3　光电逐日系统框图

4. 视日运动轨迹式逐日系统

控制原理：根据当地的时间、纬度等数据，计算出太阳在天空中不同时刻的高度角和方位角，从而可以确定电动机的转动方向和转速，使逐日系统能根据实时的太阳角度变化而变化。这种逐日系统的原理简单，但由于时钟累计误差的不断积累和天文角度的近似计算，控制精度并不高，控制系统复杂，但是不会受外界天气的影响。

视日运动轨迹式逐日系统分为两种，单轴式和双轴式逐日系统。

1）单轴式逐日系统

单轴式逐日系统根据跟踪轴放置方式是否水平分为水平单轴式逐日系统和斜单轴式逐日系统。由于单轴式逐日系统结构简单，易于实现，安装成本及维护成本与固定支架基本一致，所以在工程中应用较为广泛。图 4-4 所示为典型的单轴式逐日系统的结构示意图，图中，逐日控制系统采用 PLC、MCU 等控制核心，通过根据天文算法计算的太阳位置角度与传感器检测到的组件角度的比较值，产生逐日控制信号，驱动电动机带动逐日机构绕太阳进行俯仰运动。

2）双轴式逐日系统

双轴式逐日系统是指逐日装置通过相互垂直的两个方向同时跟踪太阳方位，因此又称全跟踪，是目前接受太阳辐射最多的逐日系统类型，双轴式逐日系统的发电量比固定倾角安装方式的高 30% ～ 40%。双轴式逐日系统的形式有很多种，按机械结构可分为 T 形双轴、V形双轴、盘式双轴等；按逐日系统的坐标系分为地平坐标逐日系统及赤道坐标逐日系统。

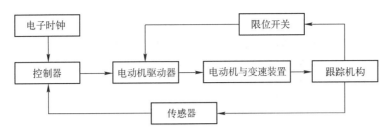

图 4-4 典型单轴式逐日系统结构图

基于地平坐标系设计的地平坐标逐日系统是以地平面为参照系，以太阳的高度角与方位角为跟踪参数的逐日系统，双轴跟踪指的是高度角与方位角全跟踪。跟踪时，跟踪机构带动逐日系统垂直轴根据太阳方位角运行规律进行偏转，带动逐日系统的水平轴依照太阳高度角运行规律进行俯仰运动，使太阳能组件跟踪太阳的方位与高度，达到太阳垂直入射电池板的目的。地平坐标系双轴逐日系统的稳定性较高，电池板支承装置的设计简单，而且对于提高太阳利用率效果明显。但其利用成本较高，在工程中需要根据太阳能电池组件的类型来决定是否使用双轴逐日系统。

对于赤道坐标逐日系统来说，使用比较多的是时角坐标系，该坐标系一轴指向北天极，一轴与赤道平行。赤道坐标逐日系统最常见的是极轴式全跟踪，跟踪参数为太阳时角与赤纬角。极轴式全跟踪是指跟踪机构在一般情况下光伏电池组件绕极轴视日运动轨迹跟踪太阳时角，跟踪机构定期带动赤纬轴做俯仰运动以跟踪太阳赤纬角。这种方式实现比较简单，但是支撑装置设计较为困难，所以目前工程项目中不常用。

图 4-5 所示为典型的双轴逐日系统的结构示意图，控制器通过运算分别产生水平与垂直两个方向的运动控制信号，驱动电动推杆与回转机构分别控制电池组件跟踪太阳的高度与方位。

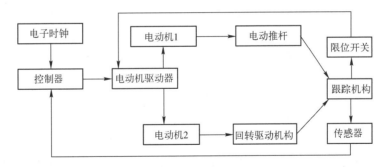

图 4-5 典型的双轴逐日系统的结构图

5. CCD 图像逐日系统

它是利用太阳光在成像机构的接收屏上投影为光斑，并通过接收屏下方的图像传感器采集接收屏图像并进行光电转换、放大、A/D 转换等处理，最后输出数字图像信号。图像处理与控制电路对图像传感器输出的接收屏的数字图像信号处理，得到太阳光斑在接收屏上的位置坐标，由此判断成像机构所在平面此刻是否与太阳光线垂直，若不垂直，系统发出控制命令，控制执行机构根据这些参数调整成像机构角度，实现成像机构对太阳高度角和方位角的跟踪。

根据表 4-1 中美国亚利桑那州凤凰城（33.43°N，112.02°W）WBAN 气象站［No.23183，

海拔：339 m，气压：974 mbar（1 mbar = 100 Pa）] 1961—1990 年间实测数据绘制的各种光伏阵列安装方式每月接收的平均太阳辐射量对比曲线如图 4-6 所示。

表 4-1　不同跟踪方式光伏发电系统所收集到的太阳辐射量

月份	1	2	3	4	5	6	7	8	9	10	11	12	平均
水平面	3.2	4.3	5.5	7.1	8	8.4	7.6	7.1	6.1	4.9	3.6	3	5.7
固定倾纬度角	5.1	6	6.7	7.4	7.5	7.3	6.9	7.1	7	6.5	5.6	4.9	6.5
单轴水平跟踪	4.7	6.2	7.8	9.9	11	11.4	10	9.6	8.6	7.1	6.3	4.4	8
单轴倾纬度跟踪	6.2	7.5	8.7	10.3	10.7	10.8	9.6	9.6	9.3	8.4	6.8	5.8	8.6
双轴全跟踪	6.6	7.7	8.7	10.4	1.2	11.6	10.1	9.8	9.3	8.5	7.1	6.3	8.9

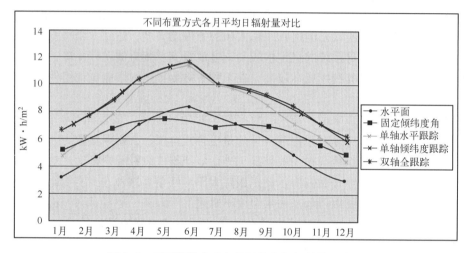

图 4-6　不同跟踪方式各月平均太阳辐射收益对比

根据不同布置方式接收的太阳辐射量计算，固定倾角安装比水平面固定安装提高 14%，单轴水平跟踪同比提高 40%；双轴高精度跟踪同比提高 56%，双轴跟踪系统的发电量比固定倾角安装方式的高 30% ～ 40%。可以看出，采用合适的跟踪系统对提高光伏组件发电效率的作用是相当可观的。

（三）逐日系统机械结构

常用的逐日系统设计为两个自由度，即一个水平方向转动自由度和一个竖直方向转动自由度，由两个步进或直流电动机来分别驱动，以实现调整太阳能电池板的姿态使其板面接近于与太阳光线垂直的方向，达到最大限度接收太阳能量的目的。

图 4-7 所示为逐日系统的机械结构总体外观图。

1. 水平旋转自由度方向结构

水平旋转自由度方向主要由一台电动机、一个电动机法兰、一个轴承和一个竖直自由度支撑法兰组成。

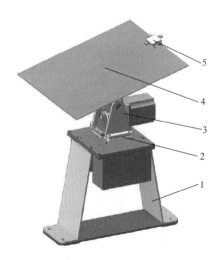

图 4-7　逐日系统的机械
结构总体外观图

1—底座支架；2—水平旋转自由度方向机构；
3—竖直旋转自由度方向机构；4—电池板
支撑机构；5—传感器装置部分

2. 竖直旋转自由度方向结构

竖直旋转自由度方向主要由一台电动机、一组
蜗轮蜗杆、一个蜗轮轴、一个蜗杆支承座、一个电动机支承座、两个蜗轮支承座以及三个轴
承等组成。

（四）逐日系统机械结构的工作原理

常用的逐日系统机械结构有两个自由度，均由电动机驱动。其中水平旋转自由度直接由
1 台步进或直流电动机驱动实现水平面内的旋转运动；而竖直旋转自由度是由一台步进或直
流电动机驱动蜗轮、蜗杆实现的。电动机带动蜗杆旋转，蜗杆驱动蜗轮，从而使与蜗轮安装
在同一轴上的电池板支撑架转动，进而带动电池板实现其在竖直平面内的转动。

首先由控制系统软件计算太阳的位置，将其转化为相应的电动机驱动信号，使太阳能接
收板转到该位置。然后根据传感器装置采集到的信号，进一步由步进电动机对太阳能接收板
进行微调，如图 4-8 所示。

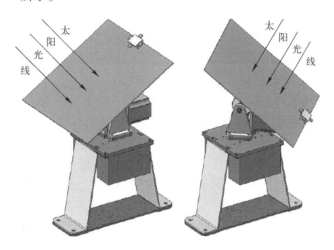

图 4-8　逐日系统工作过程

三、风力发电偏航系统介绍

1. 偏航系统简介

风无时无处不在，是大自然的产物。风向和风速变化无常，想要充分利用风能，提高风
能利用率，必须随时了解风向和风速，因此在风力发电机组上设立了对风装置以跟踪风向的
变化，确保风轮基本上始终处于迎风状况。风力发电机的偏航系统也称为对风装置，它具有
两个作用：一是在可用风速范围内自动准确对风，在非可用风速范围下能够 90°侧风；二是
在连续跟踪风向可能造成电缆缠绕的情况下的自动解缆。

根据空气动力学中的贝兹理论，风力发电机能够从风中捕获并输出的功率 P 的表达
式为

$$P = \frac{1}{2}\rho C_p D v^3 \tag{4-1}$$

式中，P 为风轮吸收的功率；ρ 为空气密度；D 为风轮扫掠的面积；C_p 为风力机的功率系
数；v 为风速。

偏航误差角 $\theta = |\theta_w - \theta_r|$，其中 θ_w 为风向角度，θ_r 为风机机舱角度。当偏航误差为 θ

时，风力发电机所获得的风能是风轮正对时（$\theta = 0°$）的 $\cos^3\theta$ 倍。

因此，当偏航误差为 θ 时，损失的功率占比为

$$K = 100(1 - \cos^3\theta)\% \qquad (4-2)$$

随着偏航角的增大，风力发电机损失功率的占比增加，为了提高风力发电机的输出功率，要尽量使 θ 最小，$\theta = 0°$ 时风力发电机的输出功率最大。由于风向的随机性，θ 值也在不断地改变，因而偏航系统的主要作用就是追踪风向变化，调整机舱位置，尽量使 θ 值最小，输出功率最大。

偏航系统的存在使风力发电机能够运转平稳可靠，高效地利用风能，节约大量能源，进一步降低发电成本并且有效地保护风力发电机。因此，偏航控制系统是风力发电机组电控系统的重要组成部分。

2. 偏航装置分类

水平轴风力发电机一般都需要偏航装置也叫调向装置，以确保风轮能够追踪风向。根据风轮与风向的位置，可以分为上风向式和下风向式。下风向偏航风轮背对风向，风通过塔架后吹到风轮上，风轮能自然地对准风向，一般不需要偏航装置，但塔架干扰了流过叶片的气流而形成所谓塔影效应，使性能有所降低。上风向偏航风轮直接对着风向，必须使用偏航装置。目前风机一般都为上风向式，常用的有以下几种。

（1）尾舵调向。尾舵调向的风力发电机结构如图 4-9 所示，尾舵调向主要用于小型风力发电机，它的优点是能自然地对准风向，不需要特殊的控制；缺点是结构笨重，调向频繁。

（2）侧风轮调向。侧风轮调向装置采用一个或两个小风轮安装在机舱的侧面。如图 4-10 所示，其旋转轴与风轮主轴垂直。如果主风轮没有对准风向，则侧风轮会被风吹动，产生偏向力，通过蜗轮蜗杆机构使机舱绕转向轴旋转，直到风向与侧风轮轴垂直时为止。侧风轮调向装置既可用于上风向式的风力机，也可用于下风向式的风力机。与尾舵调向装置相比，侧风轮调向装置的优点是转动更加平稳柔和。

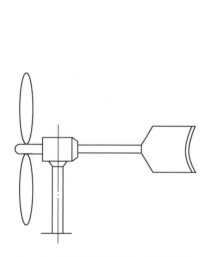

图 4-9　尾舵调向的风力发电机结构

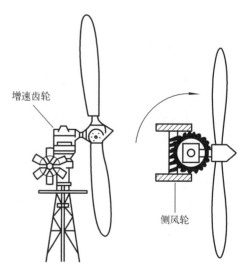

图 4-10　侧风轮调向

（3）伺服电动机调向系统。伺服电动机调向系统使用电动机驱动转向装置，根据风向的变化调整风轮位置，主要用于大、中型风力发电机组。

3. 偏航控制系统结构组成

常用偏航系统包括偏航驱动电动机、齿轮组合、控制系统装置与测风装置等，结构如图 4-11 所示。在塔架上有偏航齿轮，齿轮内侧是偏航轴承，机舱底盘通过偏航轴承与塔架连接，机舱可在塔架上旋转。在机舱底盘上安装有偏航驱动电动机，通过减速箱连接小齿轮并与偏航齿轮啮合，偏航驱动电动机旋转时即可推动机舱底盘在塔架上旋转。偏航驱动电动机一般有 2～4 台。

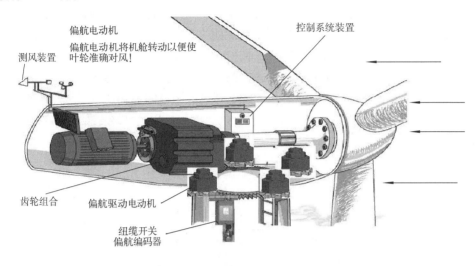

图 4-11　偏航系统实体图

偏航制动器：主要功能是尽量减免偏向的阵风、振荡风对齿轮造成的冲击损伤，确保偏航稳定，当出现故障或意外的时候也会立即制动。风机如何转动，是根据传感器传送的信号进行的，当偏航电动机转动的时候，液压制动系统在此种情况下处于释放状态，而偏航制动钳还会有一定的抱紧量，来确保偏航的速度恒定，保护风机。当偏航电动机停止转动时，液压制动系统处于制动状态，将风机固定在相应的位置上。

偏航制动钳、制动盘：偏航制动器的制动盘与制动钳等相关驱动装置都在偏航轴承下面，制动钳一般至少两个，都为常闭式。它固定在风机机座上。制动盘和塔筒相连，当风机需要制动时，制动钳就抱紧它的内缘。

偏航轴承：偏航轴承是风力机及时追踪风向变化的保证。偏航轴承的轴承内圈和风力机组的机舱连接，而外圈则与塔体用螺栓连接。采用"零游隙"设计的四点接触球轴承，沟道进行特别设计及加工，要承受大的轴向载荷和力矩载荷。还进行了有针对性的热处理措施，加强齿面强度，来确保轴承具有良好的耐磨性和耐冲击性。因为风机是在荒凉地区，天气情况恶劣，因此轴承良好的密封性也是风机使用寿命的保障。

润滑系统、偏航编码器：任何设备都需要保养维护，偏航轴承也不例外，在使用过程中需要不断地补充润滑油，特别是轴承滚道和轴承内齿这两部分。润滑系统主要由一个主油箱、两个分配器、两个润滑小齿轮、润滑管若干、各式接头若干等组成。偏航编码器由一个尼龙小齿轮与偏航驱动齿箱齿轮啮合，可以计算出偏航圈数。调整偏航齿隙用塞尺测偏航驱动器齿与偏航轴承标准齿啮合后未接触到一面的相应齿隙，并在驱动器端面与机架对应位置上做标记。测量时在驱动器端面上记录相应位置的齿隙值，不能达到相应要求，转动驱动器，调整驱动器的定位孔位置，再次测量，最终调整啮合齿间隙在适合范围内为止。

偏航的驱动机构:几乎所有水平轴的风力机都会强迫偏航。即使用一个带有电动机及齿轮箱的机构来保持风力机对着风偏转。1.5MW风力机上的偏航机构上可以看到环绕内圈的偏航轴承,当系统接到偏航指令时,偏航电动机开始运转,通过偏航驱动减速齿轮箱减速之后驱动偏航轴承以实现偏航。

解缆:电缆用来将电流从风力机运载到塔下。但是当风电机偶然沿一个方向偏转太长时间时,电缆将越来越扭曲。此时风力机上安装有一个偏航制动器,当风机同一个方向转动一定的圈数之后,计数器给系统一个指令,系统控制风机往回转动,偏航制动主机室的转动按照指令的方向,偏航电动机转动,液压制动系统处于释放状态;当偏航电动机停止转动时,液压制动系统处于制动状态,将主机室固定在相应的位置上,实现解缆。

风向传感器:作为风向测量和信号传递的关键元件——风向传感器,在整个系统中的地位非常重要,其在机舱上的放置位置,也会影响到风向测量的准确性。通常,风向标和风速计在机舱上的安装比例如图4-12所示,在设计机舱的尺寸时,测风装置的安装位置是预先设计好的。

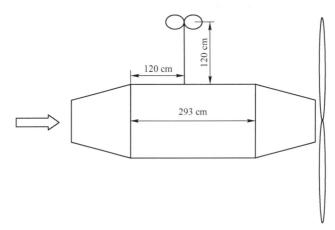

图4-12 风向标和风速计在机舱上的安装比例

4. 偏航系统工作原理

偏航系统的一般工作原理:风向标作为感应元件将风向的变化用电信号传递到偏航电动机控制回路的处理器里,经过比较后处理器给偏航电动机发出顺时针或逆时针的偏航命令,为了减少偏航时的陀螺力矩,电动机转速将通过同联轴器连接的减速器减速后,将偏航力矩作用在回转体大齿轮上,带动风轮偏航对风。当对风结束后,风向标失去电信号,电动机停止转动,偏航过程结束。

偏航控制系统框图如图4-13所示。

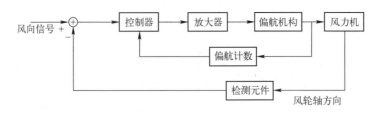

图4-13 偏航控制系统框图

5. 偏航控制系统的控制过程

偏航系统主要的动作有：风向标控制的自动偏航、风向标控制的 90°偏航、人工偏航、自动解缆、阻尼制动控制。其控制流程图如图 4-14 所示。

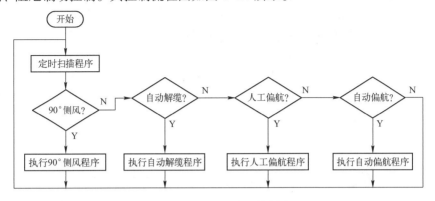

图 4-14　偏航控制系统的控制流程图

1）自动偏航

自动偏航是指风力发电机根据风向与机舱的夹角 θ，自动调整机舱位置，确保风轮能够准确对风，以实现风能的最大获取。为了防止过频的执行偏航动作，保证风力发电机的寿命，偏航系统需要有一个合适的偏航误差容许角 β。当超出误差范围时，系统控制器发出自动偏航指令，使机舱准确对风。对于运行中的风机，平均风向不可能突变，所以风机绝大部分时间都在进行锐角偏航，但对于由停机状态开始运行的风力发电机，也有可能进行钝角偏航。其控制流程图如图 4-15 所示。

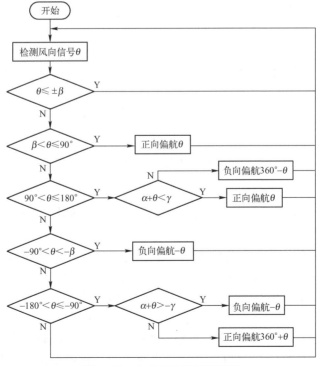

图 4-15　自动偏航控制流程图

2）90°侧风

90°侧风是在外界环境对风力发电机组有较大影响的情况下（例如出现特大强风），为了保证风力发电机组的安全所实施的措施，所以在90°侧风时，应当使机舱走最短路径，且屏蔽自动偏航指令；在侧风结束后应当抱紧偏航闸，同时当风向变化时，继续追踪风向的变化，确保风力发电机组的安全。其控制流程图如图4-16所示。

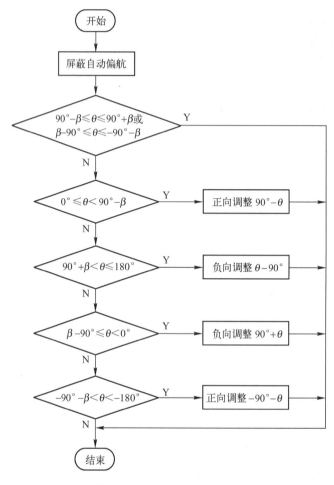

图4-16 90°侧风控制流程图

3）人工偏航

人工偏航是指在自动偏航失败、人工解缆或者是在需要维修时，通过人工指令来进行的风力发电机偏航措施。

人工偏航控制过程如下：首先检测人工偏航起停信号。若此时有人工偏航信号，再检测此时系统是否正在进行偏航操作。若此时系统无偏航操作，封锁自动偏航操作；若系统此时正在进行偏航，清除自动偏航控制标志，然后读取人工偏航方向信号，判断与上次人工偏航方向是否一致。若一致，松偏航闸，控制偏航电动机运转，执行人工偏航；若不一致，停止偏航电动机工作，保持偏航闸为松闸状态，向相反方向进行运转并记录转向，直到检测到相应的人工偏航停止信号出现，停止偏航电动机工作，抱闸，清除人工偏航标志。其控制流程图如图4-17所示。

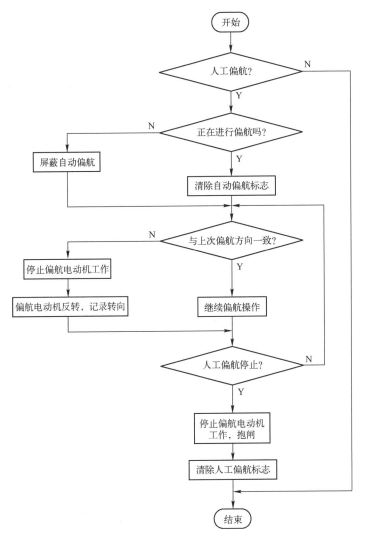

图 4-17 人工偏航控制流程图

4）自动解缆

自然界中的风是一种不稳定的资源，它的速度与风向是不定的。由于风向的不确定性，风力发电机就需要经常偏航对风，而且偏航的方向也是不确定的，由此引起的后果是电缆会随风力发电机的转动而扭转。如果风力发电机多次向同一方向转动，就会造成电缆缠绕，绞死，甚至绞断，因此必须设法解缆。不同的风力发电机需要解缆时的缠绕圈数都有其规定。当达到其规定的解缆圈数时，系统应自动解缆，此时启动偏航电动机向相反方向转动缠绕圈数解缆，将机舱返回电缆无缠绕位置。若因故障，自动解缆未起作用，风力发电机也规定了一个极值圈数，在纽缆达到极值圈数左右时，纽缆开关动作，报纽缆故障，停机等待人工解缆。在自动解缆过程中，必须屏蔽自动偏航动作。自动解缆包括计算机控制的凸轮自动解缆和纽缆开关控制的安全链动作计算机报警两部分，以保证风力发电机组安全。凸轮控制的自动解缆过程如下：根据角度传感器所记录的偏转角度情况，确定顺时针解缆还是逆时针解缆。首先松偏航闸，封锁传感器故障的报告，当需要解缆且记录数字为负时，控制偏转电动机正转；当需要解缆且记录数字为正时，控制偏转电动机反转。在此过程中同时检测偏航中心电动机工作，系统处于待机状态，向中心控制器发出自动解缆完成信号。纽缆开关控制的安全链保护；若凸轮控制的自动解缆未能执行，则纽缆情况可能会更加严重，当纽缆达到极值圈数时，纽缆开关将动作，此开关动作将会触发安全链动作，向中心控制器发出紧急停机信号和不可自复故障信号，等待进行人工解缆操作。其控制流程图如图4-18所示。

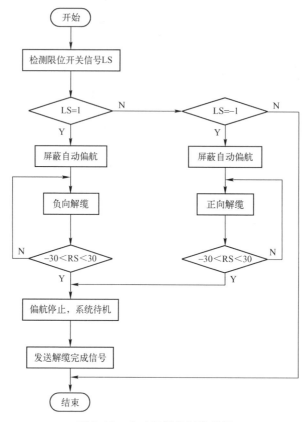

图4-18　自动解缆控制流程图

5）阻尼制动

为了保证制动过程的稳定性，风力发电机的偏航系统中的阻尼制动装置都是成对对称分布的，至少由两组四个制动盘组成。

阻尼制动的工作过程：当风力发电机收到偏航指令时，制动机构动作。根据风速、风向及偏航系统调向的速度，来确定阻尼力矩的大小。阻尼力矩大小的调节是通过调节比例阀的开度的大小，从而调节液压流量的大小和液压力的大小。液压力的大小的改变同时也改变了制动力矩的大小，制动力矩的大小的变化也就反映了阻尼力矩的大小的变化。

四、S7-200 配置及功能

（一）S7-200 简介

S7-200 系列 PLC（Programmable Logic Controller）是 SIEMENS 公司推出的一种小型 PLC。S7-200 PLC 包含了一个单独的 S7-200 CPU 和各种可选择的扩展模块，可以十分方便地组成不同规模的控制器。其控制规模可以从几点上到几百点。S7-200 PLC 可以方便地组成 PLC-PLC 网络和微机-PLC 网络，从而完成规模更大的工程。

S7-200 的编程软件 STEP 7-Micro/WIN32 可以方便地在 Windows 环境下对 PLC 编程、调

试、监控，使得 PLC 的编程更加方便、快捷。可以说，S7-200 可以完美地满足各种小规模控制系统的要求。

1. CPU 224 技术特性

目前 S7-200 系列 PLC 主要有 CPU 221、CPU 222、CPU 224 和 CPU 226 四种。档次最低的是 CPU 221，其数字量输入点数有 6 点，数字量输出点数有 4 点，是控制规模最小的 PLC。档次最高的应属 CPU 226，CPU 226 集成了 24 点输入/16 点输出，共有 40 个数字量 I/O。可连接 7 个扩展模块，最大扩展至 248 点数字量 I/O 点或 35 路模拟量 I/O。

S7-200 系列 PLC 四种 CPU 的外部结构大体相同，如图 4-19 所示。

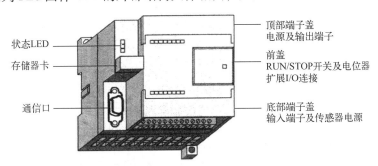

图 4-19　S7-200 系列 PLC 的外部结构

状态指示灯 LED 显示 CPU 所处的工作状态。存储卡接口可以嵌入存储卡。通信口可以连接 RS-485 总线的通信电缆。顶部端子盖下边为输出端子和 PLC 供电电源端子。输出端子的运行状态可以由顶部端子盖下方一排指示灯显示，ON 状态对应的指示灯亮。底部端子盖下边为输入端子和传感器电源端子。输入端子的运行状态可以由底部端子盖上方一排指示灯显示，ON 状态对应的指示灯亮。

前盖下面有运行、停止开关和接口模块插座。将开关拨向停止位置时，可编程序控制器处于停止状态，此时可以对其编写程序；将开关拨向运行位置时，可编程序控制器处于运行状态，此时不能对其编写程序；将开关拨向监控状态，可以运行程序，同时还可以监视程序运行的状态。接口插座用于连接扩展模块实现 I/O 扩展。

CPU 224 本机集成了 14 点输入/10 点输出，共有 24 个数字量 I/O。它可连接 7 个扩展模块，最大扩展至 168 点数字量 I/O 点或 35 路模拟量 I/O 点。CPU 224 有 13 KB 程序和数据存储空间，6 个独立的 30 kHz 高速计数器，2 路独立的 20 kHz 高速脉冲输出，具有 PID 控制器。CPU 224 配有 1 个 RS-485 通信/编程口，具有 PPI 通信、MPI 通信和自由方式通信能力，是具有较强控制能力的小型控制器。

2. CPU 224 的接线

（1）DC 输入 DC 输出：

DC 输入端由 1M、0.0…0.7 为第 1 组，2M、1.0…1.5 为第 2 组，1M、2M 分别为各组的公共端。

DC 24 V 的负极接公共端 1 M 或 2 M。输入开关的一端接到 DC 24 V 的正极，输入开关的另一端连接到 CPU 224 各输入端。

DC 输出端由 1M、1L＋、0.0…0.4 为第 1 组，2M、2L＋、0.5…1.1 为第 2 组组成。1L＋、2L＋分别为公共端。

第1组 DC 24 V 的负极接 1M 端，正极接 1L＋端。输出负载的一端接到 1M 端，输出负载的另一端接到 CPU 224 各输出端。第2组的接线与第1组相似。

（2）DC 输入继电器输出：

DC 输入端与 CPU 224 的 DC 输入 DC 输出相同。

继电器输出端由3组构成，其中 N（－）、1L、0.0…0.3 为第1组，N（－）、2L、0.4…0.6 为第2组，N（－）、3L、0.7…1.1 为第3组。各组的公共端为 1L、2L 和 3L。

第1组负载电源的一端 N 接负载的 N（－）端，电源的另外一端 L（＋）接继电器输出端的 1L 端。负载的另一端分别接到 CPU 224 各个继电器输出端子。第2组、第3组的接线与第1组相似。

CPU 224 的接线图如图 4-20 所示。

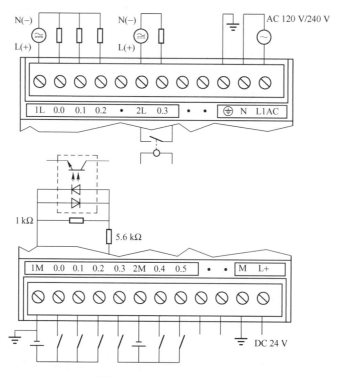

图 4-20　CPU 224 的接线图

（二）S7-200 的指令系统

PLC 在运行时需要处理的数据一般都根据数据的类型不同、数据的功能不同而把数据分成几类。这些不同类型的数据被存放在不同的存储空间，从而形成不同的数据区。S7-200 的数据区可以分为数字量输入和输出映像区、模拟量输入和输出映像区、变量存储器区、顺序控制继电器区、位存储器区、特殊存储器区、定时器存储器区、计数器存储器区、局部存储器区、高速计数器区和累加器区。

1. 数字量输入和输出映像区

1）数字量输入映像区（I 区）

数字量输入映像区是 S7-200 CPU 为输入端信号状态开辟的一个存储区，用 I 表示。在每次扫描周期的开始，CPU 对输入点进行采样，并将采样值存于输入映像区寄存器中。该区的数据可以是位（1 位 ＝1 bit）、字节（B，1 B ＝8 bit）、字（16 bit）或者双字（32 bit）。其表示形式如下：

（1）用位表示：　　I0.0、I0.1、…、I0.7

I1.0、I1.1、…、I1.7

⋮

I15.0、I15.1、…、I15.7

共 128 点。

输入映像区每个位地址包括存储器标识符、字节地址及位号三部分。存储器标识符为 I，字节地址为整数部分，位号为小数部分。比如 I1.0 表明这个输入点是第 1 字节的第 0 位。

（2）用字节（B）表示：　IB0、IB1、…、IB15

共 16 B。

输入映像区每个字节地址包括存储器字节标识符、字节地址两部分。字节标识符为 IB，字节地址为整数部分。比如 IB1 表明这个输入字节是第 1 字节，共 8 位，其中第 0 位是最低位，第 7 位是最高位。

（3）用字表示：　　IW0、IW2、…、IW14

共 8 个字。

输入映像区每个字地址包括存储器字标识符、字地址两部分。字标识符为 IW，字地址为整数部分。1 个字含 2 B，1 个字中的 2 B 的地址必须连续，且低位字节在 1 个字中应该是高 8 位，高位字节在 1 个字中应该是低 8 位。比如，IW0 中的 IB0 应该是高 8 位，IB1 应该是低 8 位。

（4）用双字表示：ID0、ID4、…、ID12

共 4 个双字。

输入映像区每个双字地址包括存储器双字标识符、双字地址两部分。双字标识符为 ID，双字地址为整数部分。一个双字含 4 B，4 B 的地址必须连续。最低位字节在 1 个双字中应该是最高 8 位。比如，ID0 中的 IB0 应该是最高 8 位，IB1 应该是高 8 位，IB2 应该是低 8 位，IB3 应该是最低 8 位。

2）数字量输出映像区（Q 区）

数字量输出映像区是 S7-200 CPU 为输出端信号状态开辟的一个存储区，用 Q 表示。在扫描周期的结尾，CPU 将输出映像寄存器的数值复制到物理输出点上。该区的数据可以是位（1 位 = 1 bit）、字节（B，1 B = 8 bit）、字（16 bit）或者双字（32 bit）。其表示形式如下：

（1）用位表示：Q0.0、Q0.1、…、Q0.7

Q1.0、Q1.1、…、Q1.7

⋮

Q15.0、Q15.1、…、Q15.7

共 128 点。

输出映像区每个位地址包括存储器标识符、字节地址及位号三部分。存储器标识符为 Q，字节地址为整数部分，位号为小数部分。比如 Q0.1 表明这个输出点是第 0 字节的第 1 位。

（2）用字节（B）表示：QB0、QB1、…、QB15

共 16 B。

输出映像区每字节地址包括存储器字节标识符、字节地址两部分。字节标识符为 QB，字节地址为整数部分。比如 QB1 表明这个输出字节是第 1 字节，共 8 位，其中第 0 位是最低位，第 7 位是最高位。

（3）用字表示：QW0、QW2、…、QW14

共 8 个字。

输出映像区每个字地址包括存储器字标识符、字地址两部分。字标识符为 QW，字地址为整数部分。1 个字含 2 B，1 个字中的 2 B 的地址必须连续，且低位字节在 1 个字中应该是高 8 位，高位字节在 1 个字中应该是低 8 位。比如，QW0 中的 QB0 应该是高 8 位，QB1 应该是低 8 位。

（4）用双字表示：QD0、QD4、…、QD12

共 4 个双字。

输出映像区每个双字地址包括存储器双字标识符、双字地址两部分。双字标识符为 QD，双字地址为整数部分。1 个双字含 4 B，4 B 的地址必须连续。最低位字节在 1 个双字中应该是最高 8 位。比如，QD0 中的 QB0 应该是最高 8 位，QB1 应该是高 8 位，QB2 应该是低 8 位，QB3 应该是最低 8 位。

应当指出，实际没有使用的输入端和输出端的映像区的存储单元可以作为中间继电器用。

2. 模拟量输入和输出映像区

1）模拟量输入映像区（AI 区）

模拟量输入映像区是 S7-200 CPU 为模拟量输入端信号开辟的一个存储区。S7-200 将测得的模拟值（如温度、压力）转换成 1 个字长的（16 bit）的数字量，模拟量输入用区域标识符（AI）、数据长度（W）及字节的起始地址表示。该区的数据为字（16 bit）。其表示形式如下：

AIW0、AIW2、…、AIW30

共 16 个字，总共允许有 16 路模拟量输入。

应当指出，模拟量输入值为只读数据。

2）模拟量输出映像区（AQ 区）

模拟量输出映像区是 S7-200 CPU 为模拟量输出端信号开辟的一个存储区。S7-200 把 1 个字长（16 bit）数字值按比例转换为电流或电压。模拟量输出用区域标识符（AQ）、数据长度（W）及起始字节地址表示。该区的数据为字（16 bit）。其表示形式如下：

AQW0、AQW2、…、AQW30

共 16 个字，总共允许有 16 路模拟量输出。

3. 变量存储器区（V 区）

PLC 执行程序过程中，会存在一些控制过程的中间结果，这些中间数据也需要用存储器来保存。变量存储器就是根据这个实际的要求设计的。变量存储器区是 S7-200 CPU 为保存中间变量数据而建立的一个存储区，用 V 表示。该区的数据可以是位（1 bit）、字节（B，1 B = 8 bit）、字（16 bit）或者双字（32 bit）。其表示形式如下：

（1）用位表示：V0.0、V0.1、…、V0.7

V1.0、V1.1、…、V1.7

⋮

V5119.0、V5119.1、…、V5119.7

共 40 969 点。

CPU221、CPU222 变量存储器只有 2 048 B，其变量存储区只能到 V2047.7 位。

变量存储器区每个位地址包括存储器标识符、字节地址及位号三部分。存储器标识符为 V，字节地址为整数部分，位号为小数部分。比如 V1.1 表明这是变量存储器区第 1 字节的第 1 位。

（2）用字节（B）表示：VB0、VB1、…、VB5119

共 5 120 B。

变量存储器区每个字节地址的表示应该包括存储器字节标识符、字节地址两部分。字节标识符为 VB，字节地址为整数部分。比如 VB1 表明这个变量存储器字节是第 1 字节，共 8 位，其中第 0 位是最低位，第 7 位是最高位。

（3）用字表示：VW0、VW2、…、VW5118

共 2 560 个字。

变量存储器区每个字地址的表示应该包括存储器字标识符、字地址两部分。字标识符为 VW，字地址为整数部分。1 个字含 2 B，1 个字中的 2 B 的地址必须连续，且低位字节在 1 个字中应该是高 8 位，高位字节在 1 个字中应该是低 8 位。比如，VW0 中的 VB0 应该是高 8 位，VB1 应该是低 8 位。

（4）用双字表示：VD0、VD4、…、VD5116

共 1 280 个双字。

变量存储器区每个双字地址的表示应该包括存储器双字标识符、双字地址两部分。双字标识符为 VD，双字地址为整数部分。1 个双字含 4 B，4 B 的地址必须连续。最低位字节在 1 个双字中应该是最高 8 位。比如，VD0 中的 VB0 应该是最高 8 位，VB1 应该是高 8 位，VB2 应该是低 8 位，VB3 应该是最低 8 位。

应当指出，变量存储器区的数据可以是输入，也可以是输出。

4. 位存储器区（M 区）

PLC 执行程序过程中，可能会用到一些标志位，这些标志位也需要用存储器来寄存。位存储器就是根据这个要求设计的。位存储器区是 S7-200 CPU 为保存标志位数据而建立的一个存储区，用 M 表示。该区虽然称为位存储器，但是其中的数据不仅可以是位，也可以是字节（B，1 B = 8 bit）、字（16 bit）或者双字（32 bit）。其表示形式如下：

（1）用位表示：M0.0、M0.1、…、M0.7

M1.0、M1.1、…、M1.7

⋮

M31.0、M31.1、…、M31.7

共 256 点。

位存储器区每个位地址的表示应该包括存储器标识符、字节地址及位号三部分。存储器标识符为 M，字节地址为整数部分，位号为小数部分。比如 M1.1 表明位存储器区第 1 字节的第 1 位。

（2）用字节（B）表示：MB0、MB1、…、MB31

共 32 B。

位存储器区每个字节地址的表示应该包括存储器字节标识符、字节地址两部分。字节标识符为 MB，字节地址为整数部分。比如 MB1 表明位存储器第 1 字节，共 8 位，其中第 0 位是最低位，第 7 位是最高位。

（3）用字表示：MW0、MW2、…、MW30

共 16 个字。

位存储器区每个字地址的表示应该包括存储器字标识符、字地址两部分。字标识符为 MW，字地址为整数部分。1 个字含 2 B，1 个字中的 2 B 的地址必须连续，且低位字节在 1 个字中应该是高 8 位，高位字节在 1 个字中应该是低 8 位。比如，MW0 中的 MB0 应该是高 8 位，MB1 应该是低 8 位。

（4）用双字表示：MD0、MD4、…、MD28

共 8 个双字。

位存储器区每个双字地址的表示应该包括存储器双字标识符、双字地址两部分。双字标识符为 MD，双字地址为整数部分。1 个双字含 4 B，4 B 的地址必须连续。最低位字节在 1 个双字中应该是最高 8 位。比如，MD0 中的 MB0 应该是最高 8 位，MB1 应该是高 8 位，MB2 应该是低 8 位，MB3 应该是最低 8 位。

5. 顺序控制继电器区（S 区）

PLC 执行程序过程中，可能会用到顺序控制。顺序控制继电器就是根据顺序控制的特点和要求设计的。顺序控制继电器区是 S7-200 CPU 为顺序控制继电器的数据而建立的一个存储区，用 S 表示。在顺序控制过程中用于组织步进过程的控制。顺序控制继电器区的数据可以是位，也可以是字节（B，1 B = 8 bit）、字（16 bit）或者双字（32 bit）。其表示形式如下：

（1）用位表示：S0.0、S0.1、…、SM0.7

S1.0、S1.1、…、S1.7

⋮

S31.0、S31.1、…、S31.7

共 256 点。

顺序控制继电器区每个位地址的表示应该包括存储器标识符、字节地址及位号三部分。存储器标识符为 S，字节地址为整数部分，位号为小数部分。比如 S0.1 表明位存储器区第 0 个字节的第 1 位。

（2）用字节表示：SB0、SB1、…、SB31

共 32 B。

顺序控制继电器区每字节地址的表示应该包括存储器字节标识符、字节地址两部分。字节标识符为 SB，字节地址为整数部分。比如 SB1 表明位存储器第 1 字节，共 8 位，其中第 0 位是最低位，第 7 位是最高位。

（3）用字表示：SW0、SW2、…、SW30

共 16 个字。

顺序控制继电器区每个字地址的表示应该包括存储器字标识符、字地址两部分。字标识符为 SW，字地址为整数部分。1 个字含 2 B，1 个字中的 2 B 的地址必须连续，且低位字节在 1 个字中应该是高 8 位，高位字节在 1 个字中应该是低 8 位。比如，SW0 中的 SB0 应该是高 8 位，SB1 应该是低 8 位。

（4）用双字表示：SD0、SD4、…、SD28

共 8 个双字。

顺序控制继电器区每个双字地址的表示应该包括存储器双字标识符、双字地址两部分。双字标识符为 SD，双字地址为整数部分。1 个双字含 4 B，4 B 的地址必须连续。最低位字节在一个双字中应该是最高 8 位。比如，SD0 中的 SB0 应该是最高 8 位，SB1 应该是高 8 位，SB2 应该是低 8 位，SB3 应该是最低 8 位。

6. 局部存储器区（L 区）

S7-200 PLC 有 64 B 的局部存储器，其中 60 个可以用作暂时存储器或者给子程序传递参数。如果用梯形图或功能块图编程，STEP 7-Micro/WIN 32 保留这些局部存储器的最后 4 B。如果用语句表编程，可以寻址所有的 64 B，但是不要使用局部存储器的最后 4 B。

局部存储器和变量存储器很相似，主要区别是变量存储器是全局有效的，而局部存储器是局部有效的。全局是指同一个存储器可以被任何程序存取（例如，主程序、子程序或中断程序）。局部是指存储器区和特定的程序相关联。S7-200 PLC 可以给主程序分配 64 个局部存储器，给每一级子程序嵌套分配 64 B 局部存储器，给中断程序分配 64 个字节局部存储器。

子程序或中断子程序不能访问分配给主程序的局部存储器。子程序不能访问分配给主程序、中断程序或其他子程序的局部存储器。同样，中断程序也不能访问给主程序或子程序的局部存储器。

S7-200 PLC 根据需要分配局部存储器。也就是说，当主程序执行时，分配给子程序或中断程序的局部存储器是不存在的。当出现中断或调用一个子程序时，需要分配局部存储器。新的局部存储器在分配时可以重新使用分配给不同子程序或中断程序的相向局部存储器。

局部存储器在分配时 PLC 不进行初始化，初值可能是任意的。当在子程序调用中传递参数时，在被调用子程序的局部存储器中，由 CPU 代替被传递的参数的值。局部存储器在参数传递过程中不接收值，在分配时不被初始化，也没有任何值。可以把局部存储器作为间接寻址的指针，但是不能作为间接寻址的存储器区。

局部存储器区是 S7-200 CPU 为局部变量数据建立的一个存储区，用 L 表示。该区的数据可以是位、字节（8 bit）、字（16 bit）或者双字（32 bit）。其表示形式如下：

（1）用位表示：L0.0、L0.1、…、L0.7

L1.0、L1.1、…、L1.7

⋮

L63.0、L63.1、…、L63.7

共 512 点。

局部存储器区每个位地址的表示应该包括存储器标识符、字节地址及位号三部分。存储器标识符为 L，字节地址为整数部分，位号为小数部分。比如 L1.1 表明这个输入点是第 1 个字节的第 1 位。

（2）用字节表示：LB0、LB1、…、LB63

共 64 B。

局部存储器区每个字节地址的表示应该包括存储器字节标识符、字节地址两部分。字节标识符为 LB，字节地址为整数部分。比如 LB1 表明这个局部存储器字节是第 1 个字节，共 8 位，其中第 0 位是最低位，第 7 位是最高位。

（3）用字表示：LW0、LW2、…、LW62

共 32 个字。

局部存储器区每个字地址的表示应该包括存储器字标识符、字地址两部分。字标识符为LW，字地址为整数部分。1个字含2 B，1个字中的2 B的地址必须连续，且低位字节在1个字中应该是高8位，高位字节在1个字中应该是低8位。比如，LW0中的LB0应该是高8位，LB1应该是低8位。

（4）用双字表示：LD0、LD4、…、LD60

共16个双字。

局部存储器区每个双字地址的表示应该包括存储器双字标识符、双字地址两部分。双字标识符为LD，双字地址为整数部分。1个双字含4 B，4 B的地址必须连续。最低位字节在1个双字中应该是最高8位。比如，LD0中的LB0应该是最高8位，LB1应该是高8位，LB2应该是低8位，LB3应该是最低8位。

7. 定时器存储器区（T区）

PLC在工作中少不了计时，定时器就是实现PLC具有计时功能的计时设备。S7-200定时器的精度（时基或时基增量）分为1 ms，10 ms、100 ms三种。

（1）S7-200定时器有三种类型：

接通延时定时器的功能是定时器计时到的时候，定时器常开触点由OFF转为ON。

断开延时定时器的功能是定时器计时到的时候，定时器常开触点由ON转为OFF。

有记忆接通延时定时器的功能是定时器累积计时到的时候，定时器常开触点由OFF转为ON。

（2）定时器有三种相关变量：

定时器的时间设定值（PT），定时器的设定时间等于PT值乘时基增量。

定时器的当前时间值（SV），定时器的计时时间等于SV值乘时基增量。

定时器的输出状态（0或者1）。

（3）定时器的编号：

T0、T1、…、T255。

S7-200有256个定时器。

定时器存储器区每个定时器地址的表示应该包括存储器标识符、定时器号两部分。存储器标识符为T，定时器号为整数。比如T1表明定时器1。

实际上T1既可以表示定时器1的输出状态（0或者1），也可以表示定时器1的当前计时值。这就是定时器的数据具有两种数据结构的原因所在。

8. 计数器存储器区（C区）

PLC在工作中有时不仅需要计时，还可能需要计数功能。计数器就是PLC具有计数功能的计数设备。

（1）S7-200计数器有三种类型：

增计数器的功能是每收到一个计数脉冲，计数器的计数值加1；当计数值等于或大于设定值时，计数器由OFF转变为ON状态。

减计数器的功能是每收到一个计数脉冲，计数器的计数值减1；当计数值等于0时，计数器由OFF转变为ON状态。

增减计数器的功能是可以增计数也可以减计数。当增计数时，每收到一个计数脉冲，计数器的计数值加1。当计数值等于或大于设定值时，计数器由OFF转变为ON状态。当减计数时，每收到一个计数脉冲，计数器的计数值减1。当计数值小于设定值时，计数器由ON

转变为 OFF 状态。

（2）计数器有三种相关变量：

计数器的设定值（PV）。

计数器的当前值（SV）。

计数器的输出状态（0 或者 1）。

（3）计数器的编号：

C0、C1、…、C255。

S7-200 有 256 个计数器。

计数器存储器区每个计数器地址的表示应该包括存储器标识符、计数器号两部分。存储器标识符为 C，计数器号为整数。比如 C1 表明计数器 1。

实际上 C1 既可以表示计数器 1 的输出状态（0 或者 1），也可以表示计数器 1 的当前计数值。这就是说计数器的数据和定时器一样具有两种数据结构。

9. 高速计数器区（HSC 区）

高速计数器用来累计比 CPU 扫描速率更快的事件。S7-200 各个高速计数器不仅计数频率高达 30 kHz，而且有 12 种工作模式。

S7-200 各个高速计数器有 32 位带符号整数计数器的当前值。若要存取高速计数器的值，则必须给出高速计数器的地址，即高速计数器的编号。

高速计数器的编号 HSC0、HSC1、HSC2、HSC3、HSC4、HSC5。

S7-200 有 6 个高速计数器。其中，CPU221 和 CPU222 仅有 4 个高速计数器（HSC0、HSC3、HSC4、HSC5）。

高速计数器区每个高速计数器地址的表示应该包括存储器标识符、计数器号两部分。存储器标识符为 HSC，计数器号为整数。比如 HSC1 表明高速计数器 1。

10. 特殊存储器区（SM 区）

特殊存储器是 S7-200 PLC 为 CPU 和用户程序之间传递信息的媒介。它们可以反映 CPU 在运行中的各种状态信息，用户可以根据这些信息来判断机器工作状态，从而确定用户程序该做什么，不该做什么。这些特殊信息也需要用存储器来寄存。特殊存储器就是根据这个要求设计的。

1）特殊存储器区

S7-200 CPU 的特殊存储器区用 SM 表示。特殊存储器区的数据有些是可读可写的，有些是只读的。特殊存储器区的数据可以是位，也可以是字节（B，1 B = 8 bit）、字（16 bit）或者双字（32 bit）。其表示形式如下：

（1）用位表示：SM0.0、SM0.1、…、SM0.7

SM1.0、SM1.1、…、SM1.7

$\vdots$

SM29.0、SM29.1、…、SM29.7

$\vdots$

SM179.0、SM179.1、…、SM194.7

特殊存储器区每个位地址的表示应该包括存储器标识符、字节地址及位号三部分。存储器标识符为 SM，字节地址为整数部分，位号为小数部分。比如 SM0.1 表明特殊存储器第 0 字节的第 1 位。

（2）用字节表示：SMB0、SMB1、…、SMB29、…、SMB194

特殊存储器区每个字节地址的表示应该包括存储器字节标识符、字节地址两部分。字节标识符为 SMB，字节地址为整数部分。比如 SMB1 表明位存储器第 1 字节，共 8 位，其中第 0 位是最低位，第 7 位是最高位。

（3）用字表示：SMW0、SMW2、…、SMW28、…、SMW194

特殊存储器区每个字地址的表示应该包括存储器字标识符、字地址两部分。字标识符为 SMW，字地址为整数部分。1 个字含 2 B，1 个字中的 2 B 的地址必须连续，且低位字节在 1 个字中应该是高 8 位，高位字节在 1 个字中应该是低 8 位。比如，SMW0 中的 SMB0 应该是高 8 位，SMB1 应该是低 8 位。

（4）用双字表示：SMD0、SMD4、…、SMD24、…、SMD192

位存储器区每个双字地址的表示应该包括存储器双字标识符、双字地址两部分。双字标识符为 SMD，双字地址为整数部分。1 个双字含 4 B，4 B 的地址必须连续。最低位字节在 1 个双字中应该是最高 8 位。比如，SMD0 中的 SMB0 应该是最高 8 位，SMB1 应该是高 8 位，SMB2 应该是低 8 位，SMB3 应该是最低 8 位。

应当指出 S7-200 PLC 的特殊存储器区头 30 B 为只读区。

2）常用的特殊继电器及其功能

（1）SMB0 字节（系统状态位）：

SM0.0　　PLC 运行时这一位始终为 1，是常开继电器。

SM0.1　　PLC 首次扫描时为一个扫描周期。用途之一是调用初始化使用。

SM0.3　　开机进入 RUN 方式将 ON 一个扫描周期。

SM0.4　　该位提供了一个周期为 1 min，占空比为 0.5 的时钟。

SM0.5　　该位提供了一个周期为 1 s，占空比为 0.5 的时钟。

（2）SMB1 字节（系统状态位）：

SM1.0　　当执行某些命令时，其结果为 0 时，该位置 1。

SM1.1　　当执行某些命令时，其结果溢出或出现非法数值时，该位置 1。

SM1.2　　当执行数学运算时，其结果为负数时，该位置 1。

SM1.6　　当把一个非 BCD 数转换为二进制数时，该位置 1。

SM1.7　　当 ASCII 不能转换成有效的十六进制数时，该位置 1。

（3）SMB2 字节（自由口接收字符）：

SMB2　　为自由口通信方式下，从 PLC 端口 0 或端口 1 接收到的每一个字符。

（4）SMB3 字节（自由口奇偶校验）：

SM3.0　　为端口 0 或端口 1 的奇偶校验出错时，该位置 1。

（5）SMB4 字节（队列溢出）：

SM4.0　　当通信中断队列溢出时，该位置 1。

SM4.1　　当输入中断队列溢出时，该位置 1。

SM4.2　　当定时中断队列溢出时，该位置 1。

SM4.3　　在运行时刻，发现编程问题时，该位置 1。

SM4.4　　当全局中断允许时，该位置 1。

SM4.5　　当（口 0）发送空闲时，该位置 1。

SM4.6　　当（口 1）发送空闲时，该位置 1。

（6）SMB5 字节（I/O 状态）：

SM5.0　有 I/O 错误时，该位置 1。

SM5.1　当 I/O 总线上接了过多的数字量 I/O 点时，该位置 1。

SM5.2　当 I/O 总线上接了过多的模拟量 I/O 点时，该位置 1。

SM5.7　当 DP 标准总线出现错误时，该位置 1。

（7）SMB6 字节（CPU 识别寄存器）：

SM6.7 ～ 6.4 = 0000 为 CPU212/CPU222

SM6.7 ～ 6.4 = 0010 为 CPU214/CPU224

SM6.7 ～ 6.4 = 0110 为 CPU221

SM6.7 ～ 6.4 = 1000 为 CPU215

SM6.7 ～ 6.4 = 1001 为 CPU216/CPU226

（8）SMB8 到 SMB21 字节（I/O 模块识别和错误寄存器）：

SMB8　模块 0 识别寄存器

SMB9　模块 0 错误寄存器

SMB10　模块 1 识别寄存器

SMB11　模块 1 错误寄存器

SMB12　模块 2 识别寄存器

SMB13　模块 2 错误寄存器

SMB14　模块 3 识别寄存器

SMB15　模块 3 错误寄存器

SMB16　模块 4 识别寄存器

SMB17　模块 4 错误寄存器

SMB18　模块 5 识别寄存器

SMB19　模块 5 错误寄存器

SMB20　模块 6 识别寄存器

SMB21　模块 6 错误寄存器

（9）SMW22 到 SMW26 字节（扫描时间）：

SMW22　上次扫描时间

SMW24　进入 RUN 方式后，所记录的最短扫描时间

SMW26　进入 RUN 方式后，所记录的最长扫描时间

（10）SMB28 和 SMB29 字节（模拟电位器）：

SMB28　存储模拟电位器 0 的输入值

SMB29　存储模拟电位器 1 的输入值

（11）SMB30 和 SMB130 字节（自由口控制寄存器）：

SMB30　控制自由口 0 的通信方式

SMB130　控制自由口 1 的通信方式

（12）SMB34 和 SMB35 字节（定时中断时间间隔寄存器）：

SMB34　定义定时中断 0 的时间间隔（5 ~ 255 ms，以 1 ms 为增量）

SMB35　定义定时中断 1 的时间间隔（5 ~ 255 ms，以 1 ms 为增量）

（13）SMB36 到 SMB65 字节（高速计数器 HSC0、HSC1 和 HSC2 寄存器）：

SMB36	HSC0 当前状态寄存器
SMB37	HSC0 控制寄存器
SMD38	HSC0 新的当前值
SMD42	HSC0 新的预置值
SMB46	HSC1 当前状态寄存器
SMB47	HSC1 控制寄存器
SMD48	HSC1 新的当前值
SMD52	HSC1 新的预置值
SMB56	HSC2 当前状态寄存器
SMB57	HSC2 控制寄存器
SMD58	HSC2 新的当前值
SMD62	HSC2 新的预置值

（14）SMB66 到 SMB85 字节（监控脉冲输出 PTO 和脉宽调制 PWM 功能）。

（15）SMB86 到 SMB94，SMB186 到 SMB179 字节（接收信息控制）。

SMB86 到 SMB94 为通信口 0 的接收信息控制。

SMB186 到 SMB179 为通信口 1 的接收信息控制。

接收信息状态寄存器 SMB86 和 SMB186。

接收信息控制寄存器 SMB87 和 SMB187。

（16）SMB98 和 SMB99 字节（有关扩展总线的错误号）。

（17）SMB131 到 SMB165 字节（高速计数器 HSC3、HSC4 和 HSC5 寄存器）。

（18）SMB166 到 SMB179 字节（PTO0、PTO1 包络步的数量、包络表的地址和 V 存储器中表的地址）。

 项目实施

1. 风光互补控制系统硬件系统总体设计

本书所涉及的离网型独立式风光互补发电系统，控制部分主要完成的功能包括：光伏发电系统的逐日控制，光伏发电系统的充电控制，风力发电系统的耗能负载控制及蓄电池充、放电控制。在实际的设计中，考虑系统工作的可靠性及使用、维护的便利性，控制系统的主控制器采用两台西门子公司的 PLC 来实现。其控制框图如图 4-21 所示。

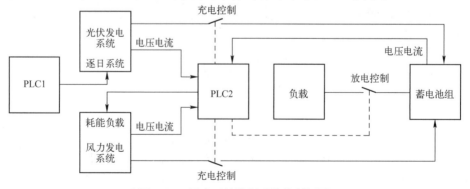

图 4-21　风光互补控制系统控制框图

PLC1 主要实现光伏发电系统的逐日控制，利用四象限光线传感器实现对太阳光信号的采集，通过信号调理电路对该信号进行处理，为整个系统的动作提供太阳方位信号，该信号经 PLC1 判别、处理，控制水平方向及俯仰方向电动机动作，实现光伏组件自动逐日的功能。

PLC2 主要实现对光伏发电系统充电控制，风力发电机充电及耗能负载控制，蓄电池组的充、放电控制。通过 A/D 模块检测光伏组件输出电压及电流，风力发电机输出电压及电流，蓄电池组端电压及放电电流。通过实时检测蓄电池电压，完成对蓄电池的充放电控制，防止蓄电池过充电及过放电。对风力发电机来说，当输出电流大于设定值时，将耗能负载加入风机电路，实现对风力发电机的保护控制。

2. 光伏控制系统硬件设计

光伏控制系统的硬件部分主要包括三部分：信号采集和处理、PLC 控制系统、直流电动机控制部分。其中，太阳位置的检测通过四象限探测器完成。四象限探测器作为信号采集的工具，具有高灵敏度、响应速度快、可靠性高等特点，在定位控制系统中受到广泛的认可；PLC 作为整个硬件系统的控制核心，其内置功能强大、外形紧凑小巧，同时具有很强的抗干扰能力；直流电动机作为控制系统的执行机构具有控制简单、成本较低的特点。

为了提高系统的使用灵活性及环境的适应性，满足用户多元化的使用需求，本系统在实现自动逐日的同时，设置了手动控制方式。具体实现：系统设置自动/手动转换开关，当选择手动控制时，通过控制按钮可以控制光伏组件的逐日控制；当选择自动控制时，PLC 根据光线传感器检测的太阳位置信息，控制东西偏转电动机和南北偏转电动机按设定逐日程序运行，实现自动逐日运行。同时，为了实现对系统的保护，设置了多个行程开关，实现对极限位置的保护。系统硬件部分结构图如图 4-22 所示。

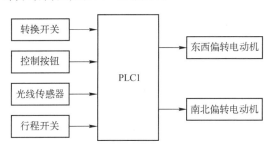

图 4-22　光伏发电控制系统硬件部分结构图

1）光线传感器简介

光线传感器是由两个组件即投光器及受光器所组成，利用投光器将光线由透镜将之聚焦，经传输而至受光器的透镜，再至接收感应器，感应器将接收到的光线信号转变成电信号，此电信号更可进一步作各种不同的开关及控制动作，其基本原理即对投光器受光器间的光线做遮蔽动作所获得的信号加以运用以完成各种自动化控制。实际使用中，光线传感器安装在光伏电池方阵中央，用于获取不同位置的太阳的光照强度。光线传感器通过光线传感器盒，将东、南、西、北方向的太阳的光强信号转换成开关量信号传输给光伏供电系统的 PLC，由 PLC 进行相应的控制。

光线传感器的工作原理图如图 4-23 所示。$IC1_a$ 和 $IC1_b$ 是电压比较器，电阻 R_3 和 R_4 给 $IC1_a$ 和 $IC1_b$ 电压比较器提供反相端固定电平，R_{G1}、R_{P1} 和 R_1 为 $IC1_a$ 电压比较器提供同相端电平，R_{G2}、R_{P2} 和 R_2 为 $IC1_b$ 电压比较器提供同相端电平。

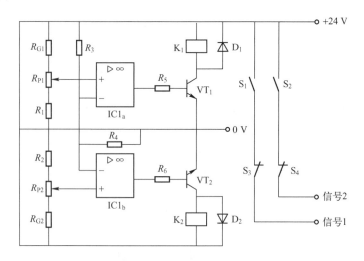

图 4-23　光线传感器的工作原理图

光敏电阻 R_{G1} 在无光照或暗光的情况下，其电阻值较大，R_{G1}、R_{P1} 和 R_1 组成的分压电路提供给 $IC1_a$ 电压比较器同相端的电平低于 $IC1_a$ 电压比较器反相端的固定电平，$IC1_a$ 电压比较器输出低电平，晶体管 VT_1 截止，继电器 K_1 不导通，S_1 常开触点和常闭触点保持常态，信号 1 端无电平输出。同样，光敏电阻 R_{G2} 在无光照或暗光的情况下，其电阻值较大，R_{G2}、R_{P2} 和 R_2 组成的分压电路提供给 $IC1_b$ 电压比较同相端的电平低于 $IC1_b$ 电压比较器反相端的固定电平，晶体管 VT_2 截止，继电器不导通，S_2 常开触点和常闭触点保持常态，信号 2 端无电平输出。

将光敏电阻 R_{G1} 和光敏电阻 R_{G2} 安装在透光的深色有机玻璃罩中，光敏电阻 R_{G1} 和光敏电阻 R_{G2} 在罩中用不透光的隔板分开。当太阳光斜照在光敏电阻 R_{G1} 一侧，光敏电阻 R_{G1} 受光照射，其阻值变小；光敏电阻 R_{G2} 没有受到光的照射，其阻值不变。R_{G1}、R_{P1} 和 R_1 组成的分压电路提供给 $IC1_a$ 电压比较器同相输入端的电平高于其反相输入端的固定电平，$IC1_a$ 电压比较器输出高电平，晶体管 VT_1 导通，继电器 K_1 线圈得电导通，常开触点闭合，常闭触点断开，信号 1 端输出高电平，该信号可提供给光伏组件逐日系统控制器，控制器可依据该信号控制水平方向和俯仰方向的运动机构中相应的工作电动机旋转，使光伏电池方阵向光敏电阻 R_{G1} 一侧偏转。同样的道理，当太阳光在 R_{G2} 一侧，信号 2 端输出高电平，控制器可依据该信号控制水平方向和俯仰方向的运动机构中相应的工作电动机旋转，使光伏电池方阵向光敏电阻 R_{G2} 一侧偏转。

光伏电池方阵在偏转过程中，当太阳光在光敏电阻 R_{G1} 和光敏电阻 R_{G2} 上方，$IC1_a$ 电压比较器和 $IC1_b$ 电压比较器均输出高电平，晶体管 VT_1 和 VT_2 导通，继电器 K_1 和 K_2 的线圈得电导通，常开触点均闭合，常闭触点均断开，信号 1 端和信号 2 端无电平输出，水平方向和俯仰方向运动机构中的相应的工作电动机停止工作，光伏电池方阵也停止偏转。

实际的光线传感器在透光的深色有机玻璃罩中安装了四个光敏电阻，用十字型不透光的隔板分别隔开，这四个光敏电阻所处的位置分别定义为东、西、北、南。东、西光敏电阻和北、南光敏电阻分别组成如图所示的电路，因此有四路信号提供给逐日系统控制器。当光线传感器接受不同位置的光照时，控制器会控制水平方向和俯仰方向运动机构中的工作电动机旋转，直到光伏电池方阵对着光源为止。

2）光伏供电系统主电路

系统中 PLC1 对光伏供电系统的控制，主要是实现光伏组件的逐日功能。实际设计中，通过两台直流电动机实现逐日控制。两台电动机分别为光伏组件东西偏转电动机和光伏组件南北偏转电动机。其实现主电路如图 4-24 所示。若继电器 KA₁ 得电，KA₂ 失电，则东西偏转电动机实现带动光伏组件向东偏移，若 KA₁ 失电，KA₂ 得电，则东西偏转电动机实现带动光伏组件向西运行；若继电器 KA₁ 得电，KA₂ 失电，则东西偏转电动机实现带动光伏组件向东偏移；若 KA₁ 失电，KA₂ 得电，则东西偏转电动机实现带动光伏组件向西运行。

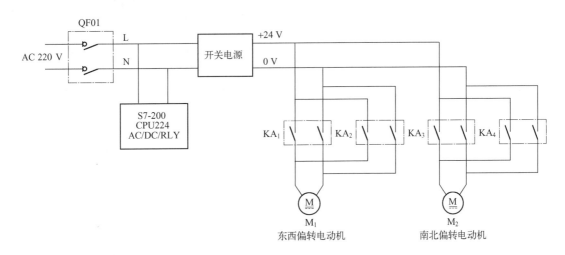

图 4-24　光伏供电系统主电路

3）光伏供电系统控制电路

系统中，光伏发电系统主要通过 PLC1 实现逐日控制，利用四象限光线传感器实现对太阳光信号的采集，通过信号调理电路对该信号进行处理，为整个系统的动作提供太阳方位信号，该信号经 PLC1 判别、处理，控制水平方向及俯仰方向电动机动作，实现光伏组件逐日的功能。

PLC 是该光伏发电系统的核心部件，该控制系统的 PLC 选用西门子公司的 S7-200 系列，S7-200 具有紧凑的结构、灵活的配置和强大的指令集，用户程序包括位逻辑、计数器、定时器、复杂的数学运算以及与其他智能模块通信等指令内容，从而使 S7-200 能够监视输入状态，改变输出状态以达到控制的目的。

在实际的使用中，考虑该逐日装置的使用灵活性，设置了两种工作模式，手动模式和自动模式。自动模式下，光伏组件根据四象限光线传感器输出信号，经 PLC 处理后，控制光伏组件东西偏转电动机和南北偏转电动机实现逐日功能。在手动模式下，通过操作四个按钮实现逐日功能。四个按钮分别为向东按钮，向西按钮，向南按钮，向北按钮。根据具体的输入/输出需求，系统中采用 S7-200 系列的 CPU224 PLC。系统 IO 分配表如表 4-2 所示。

其 PLC 控制系统接线图如图 4-25 所示。

表 4-2　S7-200 CPU224 输入/输出地址表

名　称	器件代号	地　址　号	功　能　说　明
输入	SA₁	I0.0	选择手动自动挡
	SB₁	I0.1	急停按钮
	SB₂	I0.2	向东按钮
	SB₃	I0.3	向西按钮
	SB₄	I0.4	向南按钮
	SB₅	I0.5	向北按钮
	SQ₁	I0.6	光伏组件向东限位开关
	SQ₂	I0.7	光伏组件向西限位开关
	SQ₃	I1.0	光伏组件向南限位开关
	SQ₄	I1.1	光伏组件向北限位开关
	SL₁	I1.2	光线传感器（光伏组件）向东信号
	SL₂	I1.3	光线传感器（光伏组件）向西信号
	SL₃	I1.4	光线传感器（光伏组件）向南信号
	SL₄	I1.5	光线传感器（光伏组件）向北信号
输出	KA₁	Q0.0	光伏组件向东偏移
	KA₂	Q0.1	光伏组件向西偏移
	KA₃	Q0.2	光伏组件向南偏移
	KA₄	Q0.3	光伏组件向北偏移

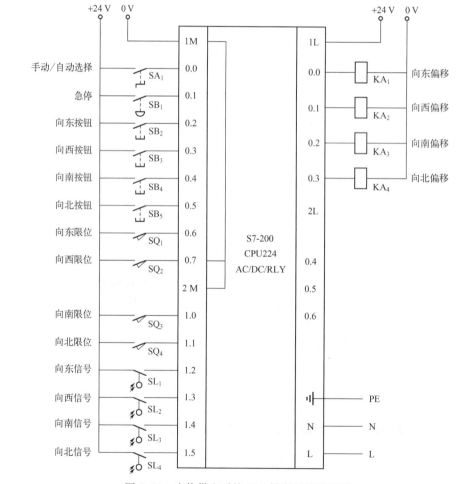

图 4-25　光伏供电系统 PLC 控制系统接线图

3. 风力发电系统及蓄电池充放电控制硬件系统设计

1）总体框架设计

风力发电系统及蓄电池充放电控制框图如图 4-26 所示。PLC2 通过模拟量输入模块检测光伏发电系统输出电压、电流，风力发电系统输出电压、电流，蓄电池组端电压及蓄电池组输出电流。PLC2 根据检测的结果，控制光伏发电系统充电继电器、风力发电系统充电继电器、蓄电池放电继电器及耗能负载控制继电器的工作状态，从而使系统工作在正常的安全状态。

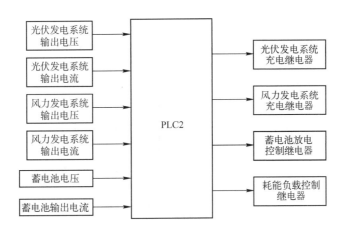

图 4-26　风力发电系统及蓄电池充放电控制框图

风机控制部分的工作原理如图 4-27 所示。风力发电机 U、V、W 三相通过不可控三相整流输出，经 DC/DC 变换电路，经继电器 KA$_6$ 常开触点接入蓄电池。在正常的充电情况下触发风力发电系统充电继电器 KA$_6$ 导通，给直流母线上的蓄电池组充电。当蓄电池组的端电压大于设定充电电压状态时，断开 KA$_6$，以免蓄电池组过充；当风速大于额定风速时，风机端电压将会变得过高，如果风机输出的直流电压大于设定的参考电压值 V_{ref} 时，检测到这个信号后，PLC 将发出输出信号控制耗能负载控制继电器 KA$_8$ 导通而 KA$_6$ 关断，风机产生的电能将通过 KA$_8$ 导通消耗在卸荷电阻 R_1，从而使得直流母线的电压不会太高，实现对蓄电池组的保护及对风力发电机的失速保护。

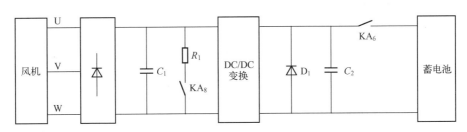

图 4-27　风机控制部分的工作原理

光伏控制部分的工作原理如图 4-28 所示。在正常的充电情况下触发光伏发电系统充电继电器 KA$_5$ 导通，给直流母线上的蓄电池组充电。当蓄电池组的端电压大于设定充电电压状态时，断开 KA$_5$，以免蓄电池组过充。

蓄电池过充、过放电的保护控制。充放电控制是直流控制系统中最主要的部分，也是风光互补电站中不可缺少的部分。它的主要功能和作用是让蓄电池在允许的限制范围内按照系统设计者规定的模式工作，特别是要防止过度充电和深度放电。本设计选用的蓄电池电压是 24 V，过充电是指蓄电池单格电压超过某一水平，一般为 2.35 ～ 2.40 V/单格，此时蓄电池无法使产生的氧气充分再结合。取过充电压 2.35 V/单格，24 V 蓄电池的过充保护电压为 2.35 V×12=28.2 V。过充电的警告点设为 28 V，当蓄电池的电压达到 28 V 以上时，切断光伏阵列和风力发电机的充电回路，使蓄电池免遭过充电损害的影响。蓄电池放电终止电压设置在 1.80 ～ 1.85 V/单格。蓄电池放电终止电压通常设置为 1.80 V/单格，其过放电的终止电压为 1.80 V×12=21.6 V，低压警告点一般设为 22 V，当放电电压低于 22 V 时，过放电保护电路起作用，切断负载，使蓄电池停止放电，从而防止过放电现象的发生。

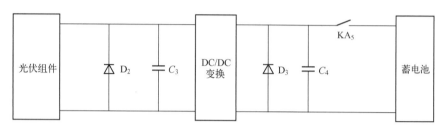

图 4-28　光伏控制部分的工作原理

2）检测电路

①电压检测，图 4-29 为电压检测电路，其中，ISO100 是光耦隔离放大器。电路功能是将输入的直流电压经由电阻 R_{in} 转换为电流信号，通过 ISO100 隔离转换成 0 ～ 5 V 之间变化的直流电压，送到 PLC 的 A/D 转换模块进行处理。

②电流检测，电流信号的采集使用霍尔电流传感器 CSM050CG，该电流传感器的一次电流的测量范围 I 为 0 ～ ±75 A，一次侧额定输入电流 I_{PN} 为 50 A，二次侧额定输出电流 I_{SN} 为 50 mA。由于霍尔电流传感器采样到的变化迅速的直流信号不能直接进行 A/D 转换，因此需要将信号调理电路对信号保持放大。本系统中将霍尔电流传感器输出的小电流信号转换为电压信号，在经过放大滤波后送入模拟模块 EM231，图 4-30 中的 R_M 为霍尔器件所允许的负载电阻，主要作用是将霍尔传感器二次电流信号转换成电压信号。

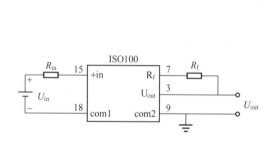

图 4-29　电压检测电路图

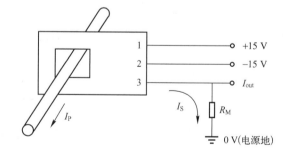

图 4-30　电流采样电路

3）模拟量输入模块 EM231

系统中，采用西门子的模拟量输入模块 EM231，作为电压、电流信号的处理模块。

EM231 具有四路模拟量输入，输入信号可以是电压也可以是电流，其输入与 PLC 具有隔离。输入信号的范围可以由 SW₁、SW₂ 和 SW₃ 设定。具体技术指标如表 4-3 所示。

表 4-3　模拟量输入模块 EM231 具体技术指标

型　号	EM231 模拟量输入模块
总体特性	外形尺寸：71.2 mm×80 mm×62 mm； 功耗：3 W
输入特性	本机输入：4 路模拟量输入； 电源电压：标准 DC 24 V/4 mA； 输入类型：0～10 V、0～5 V、±5 V、±2.5 V、0～20 mA； 分辨率：12 bit； 转换速度：250 μs； 隔离：有
耗电	从 DC 5 V（I/O 总线）耗电 10 mA
开关设置	SW₁　　SW₂　　SW₃　　输入类型 ON　　OFF　　ON　　0～10 V ON　　ON　　OFF　　0～5 V 或 0～20 mA OFF　　OFF　　ON　　±5 V OFF　　ON　　OFF　　±2.5 V
接线端子	M 为 DC 24 V 电源负极端，L+ 为电源正极端。 RA、A+、A-；RB、B+、B-；RC、C+、C-；RD、D+、D- 分别为第 1～4 路模拟量输入端。 电压输入时，"+"为电压正端，"-"为电压负端。 电流输入时，需将 R 与"+"短接后作为电流的进入端，"-"为电流流出端

4）风力发电系统及蓄电池充放电 PLC 控制电路

控制电路如图 4-31 所示。系统输入部分包括手动制动按钮和手动结束制动按钮，用于紧急情况下的手动操作。模拟量输出部分包括：光伏系统输出电压、光伏系统输出电流、风力发电系统输出电压、风力发电系统输出电流及蓄电池端电压、蓄电池输出电流。

4. 光伏控制系统软件设计

为了体现程序的可读性、实用性，该系统的软件设计主要以西门子 STEP 7-Micro/WIN 为开发环境，采用模块化结构设计思路，对系统中的 I/O 按照一定的逻辑关系进行设计。程序设计框图如图 4-32 所示。

程序主要包括初始化部分、定时中断程序模块和逐日控制程序模块。初始化部分主要对光伏组件进行初始设置；定时中断程序主要实现对太阳位置信息的采集；逐日控制程序模块主要根据太阳位置信息，控制东西和南北偏转电动机实现逐日控制。

逐日控制流程图如图 4-33 所示。

5. 风力发电系统及蓄电池充放电控制软件设计

PLC2 主要实现对风机的失速保护及对蓄电池的充放电控制功能。在系统运行过程中，当风速大于额定风速时，风力发电系统输出的电压大于设定工作电压，此时接入耗能负载，从而实现对风力机的失速保护。当蓄电池组的端电压小于设定充电电压时，通过 PLC 模拟量输入模块检测光伏发电系统和风力发电系统的输出电压，若符合工作条件则接通充电继电器，实现对蓄电池组的充电控制；当蓄电池组的端电压大于设定充电电压时，断开充电继电器，以免蓄电池组过充。

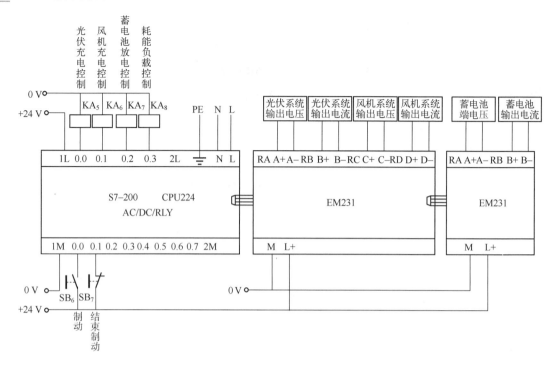

图 4-31　风力发电系统及蓄电池充放电控制电路

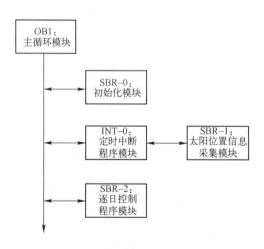

图 4-32　逐日程序设计框图

　　程序主要包括初始化部分、定时中断程序模块和充放电控制程序模块。初始化部分主要对系统进行初始设置；定时中断程序主要实现对光伏发电系统的输出电压、电流，风力发电系统的电压、电流及蓄电池的端电压进行采集；蓄电池充放电控制程序模块主要根据模拟量模块检测的系统工作状态，根据控制策略，实现蓄电池的充放电控制。其控制程序设计框图如图 4-34 所示。

　　其主程序流程图，如图 4-35 所示。

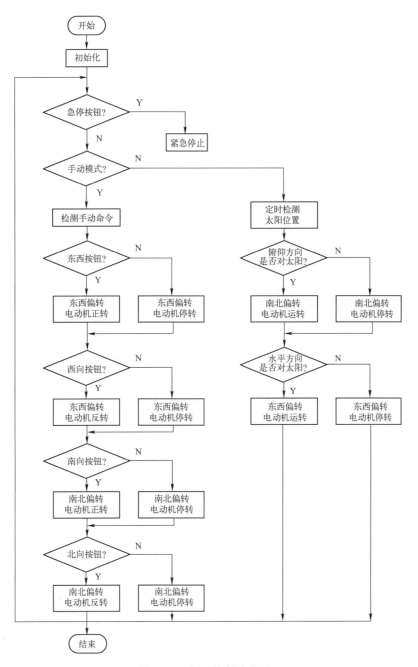

图 4-33 逐日控制流程图

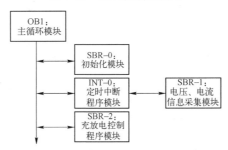

图 4-34 风力发电系统及蓄电池充放电控制程序设计框图

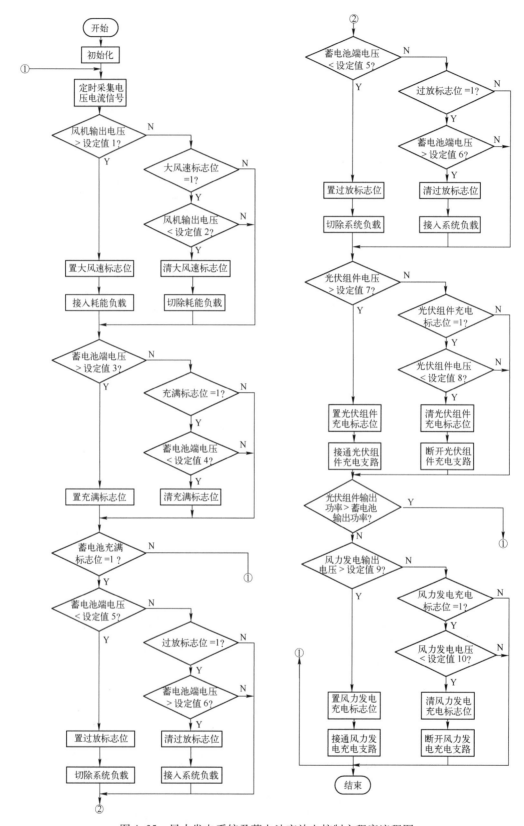

图 4-35　风力发电系统及蓄电池充放电控制主程序流程图

水平测试题

一、填空题

1. 风/光互补电站系统由三个环节构成，分别是_____、_____与能量消耗环节。

2. 蓄电池常用安·时（A·h）来表示其额定容量，它表明_____。

3. 目前使用程度较高的水平轴风力发电机系统，其结构上通常包含_____、_____、_____、_____、_____、塔架等组成部分。

4. 目前常用的逐日装置主要包括：_____、_____、_____、_____及 CCD 图像跟踪方式等。

5. 常用偏航系统包括_____、_____、_____与测风装置等。

6. 偏航系统主要的动作有：_____、_____、_____、_____、_____。

7. S7-200 系列 PLC，CPU221，其数字量输入点数有 6 点，数字量输出点数有_____点。

8. 定时器存储器区每个定时器地址的表示应该包括_____、_____两部分。存储器标识符为 T，定时器号为整数。

9. 从能量的转换角度来看，风力发电机组主要由_____、_____和_____三大部分组成。

10. 离网型独立运行风/光互补电站主要由_____、_____、_____、_____、_____、_____、_____等组成。

二、简述题

1. 简述风光互补系统具有的特点。

2. 风力发电系统中三相整流器的作用是什么？

3. 风力发电系统中耗能负载的主要作用是什么？

4. 目前常用的逐日装置主要有哪些种类？各有什么特点？

5. 简述风力发电风机偏航系统的作用。

6. 在项目四中，使用了模拟量输入模块 EM231，简述其在系统中的作用。

7. 请简述项目四中光伏控制系统软件设计过程。

三、综合题

1. 简述光伏双轴跟踪系统的工作原理。

2. 简述上风向式和下风向式偏航装置的各自特点。

3. 请阐述风机偏航系统的工作原理。

4. 简述风力发电机自动解缆的工作过程。

5. 请画出项目四所提到的风光互补控制系统的控制框图。

项目❺　风光互补发电系统安装与维护

学习目标

通过完成风光互补发电系统的项目施工与维护，达到如下目标：

- 熟练掌握风光互补的施工要求。
- 掌握风光互补发电系统维护要点。
- 初步掌握风光互补发电系统项目施工与维护基本技能。

项目描述

结合项目三所设计的风光互补发电系统，进行项目的施工与维护，具体包括：

- 风力发电机组地基施工与风力机安装。
- 光伏方阵的地基施工与组件安装。
- 蓄电池的安装与测试。
- 控制器、逆变器的安装。
- 风力发电系统的日常检测维护。
- 光伏系统的日常检测维护。
- 蓄电池日常检测维护。
- 控制器与逆变器的日常维护。
- 防雷接地系统的检测维护。

相关知识

一、风力发电机选址要求

1. 选址作用

由于风力机年功率输出量主要受安装位置的平均风速影响，换言之，平均风速对安装设备的经济性起决定作用。所以，要预测安装地的风速，而不去依靠扩大面积或延长时间去测定风况，既消耗时间又浪费金钱。所以，选址对风力机使用的效率起着关键性的作用。

风力机的选址主要有两个含义：一是为已确定的风能开发利用地区选择合适的风力机或为风力机的设计提供所需的设计参数，使风力机在当地风况条件下技术性能、经济性能最佳；二是为已定型的风力机寻找适宜的安装地点，使其出力最大，充分发挥其最大效益。选择特性较好的风场，不仅能增加风力机出力，还可以简化风力机结构设备和某些设计，降低费用，提高风力机的使用寿命以及获取其他方面的良好效益。

2. 选址的必要性

风速的分布有很强的地形依赖性，不同的地形可以在很大程度上加速或阻碍空气的流动。由于障碍物和地形变化影响地面粗糙度，风速的平均扰动及风廓线对风的结构都有很大的影响，但这种影响有可能是好作用（如山谷风的加速），也有可能是坏作用（尾流，通过障碍物很大的风扰动）。因此，在宏观的大风区内可能存在着风速相对平静的小风区，而在宏观的小风区内也很可能存在着风速较大的理想风场。所以，在风力机选址时要充分考虑这些因素。

3. 选址的原则

1）风力机安装地点的选择

（1）风能资源丰富。反映风能资源状况的指标主要有年平均风速、年均风能密度和年均有效风能密度、年有效风速小时数等。所谓风能质量好的地区是：

- 年平均风速较高；
- 风功率密度大；
- 风频分布好；
- 可利用小时数高。

上述诸指标越大，则说明该地风能资源越丰富。在风资源的区划中将风能资源的分布划分为最佳区、较佳区、可利用区和贫乏区。风力机的安装场地应尽量选择风能资源丰富或比较丰富的地点。

（2）风向基本稳定。风力机场地应尽可能选在盛行风向、次盛行风向比较稳定，季节变化比较小的地区。所谓盛行主风向是指出现频率最多的风向。风向比较稳定不仅可以增大风能利用率，还可以提高风轮的寿命。

（3）风速的变化小。风力机的安装位置应尽量选择风速变化小，有效风速持续时间长的地方。这会对蓄能装置和备用动力的要求放松一些，容易获得独立而经济的能源。

（4）风力机高度范围内风垂直切变小。风力机选址时要考虑因地面粗糙度引起的不同风速廓线，当风垂直切变大时，会加快设备的损坏，对风力机的运行十分不利。

（5）湍流强度小。由于风是随机的，加之场地表面粗糙的地面和附近障碍物的影响，由此会产生无规则的湍流。湍流是在风速急剧变化的同时风向也变动的情况下发生的，不仅会影响风力机的出力，还会使风力机产生振动和受载不均，降低风力机的使用寿命。

（6）自然灾害少。自然灾害包括：风暴、雷电、沙尘暴、覆冰、盐雾等。这些对风力机不利的天气都应考虑到。选址是避免上述天气的多发地区，或采取相应的保护措施，否则会影响风力机的工作寿命。

在尽量满足上述条件下，还应注意选择的地点应尽可能到达方便，安装和维护便利；防止动物的损害，避开鸟类等动物经常出现的地方，也会减少对自然环境的影响。

2）风力机安装高度的选择

风是随时随地可以产生的，它的方向不定，大小不同，特别强调相对于地面水平方向运动，风速随高度的增加而变化。地面上风速较低的原因是由于地表植物、建筑物以及其他障碍物的摩擦所造成的。实验得出，在离地面 20 m 处的风速为 2 m/s，而在离地 300 m 处的风速则变成 7～8 m/s。风速沿高度的相对增加量因地而异，大致上可以用下式表示：

$$v/v_0 = (H/H_0)^n$$

式中，v 为高度为 H（m）时的风速，m/s；v_0 为高度为 H_0（m）时的风速，m/s。

一般取 H_0 为 10 m，修正指数 n 与地面的平整程度（粗糙度）、大气的稳定度等因素有关，其值为 1/2 ～ 1/8，在开阔、平坦、稳定度正常的地区为 1/7。中国气象部门通过在全国各地测风塔或电视塔测量各种高度下得出 n 的平均值为 0.16 ～ 0.20，一般情况下可用此值估算出各种高度下的风速。为了从自然界获取最大的风能，应尽量利用高空中的风能，一般至少要比周围的植物及障碍物高 8 ～ 10 m。

4. 风力机的选址方法

根据风力机选址技术标准粗略地定址，然后分析地形特点，充分利用有利的地形来确定风力机的安装位置。

1）平坦地形的选址

平坦地形的选址比较简单，只需考虑地表粗糙度和上下游障碍物两个问题。地表粗糙度发生变化时，风轮安装高度应依该地风速廓线形状而定，不然会出现因安装高度不够而使风轮出力甚微或因盲目加大安装高度而其出力无明显加大等问题。此外，风轮安装高度不能位于风速廓线的突变区，否则风轮旋转时将因受力不均而影响其使用寿命。障碍物对其下游的气流形成扰动区，称之为尾流。尾流中风速降低，湍流增强。在此情况下选址的一般原则是风轮安装足够高，尽量避开主要障碍物的扰动气流，使风轮出力尽可能大，湍流影响尽量小。

2）复杂地形的选址

复杂地形通常可分为两大类：隆升地形，如山脊；低凹地形，如山谷。

（1）山脊选址的一般原则：

- 山脊应尽可能处于垂直于主风向的位置，而且山前不要有什么山形变化。
- 山尖不要很平坦，且上升坡度到山尖应是尽可能连续。
- 山脊风速的提高要高于圆球形山。
- 陡峻的山上风速的提高与平地相比随高度变化会很快下降。
- 最佳坡度为 1:3 到 1:4 之间。
- 山的附近地形情况对山上气流结构有影响。
- 斜度高于 1:4 的山坡应避免。
- 在山尖处随高度风速的变化与平地比较加速作用不是很高且随高度的增加会很快消失。

（2）山谷选址的一般原则：

- 选择山谷轴线与盛行风向一致，宽度沿盛行风向减小的山谷。
- 山谷轴线与盛行风向平行，且沿山区向下延伸较长，具有 5°～ 15°坡度角的缓冲山谷。
- 选择山谷中出现收缩的部分，这种地形具有喉管作用，使气流加速。
- 选择靠近山谷入口的部分，这里可能会出现山谷风。
- 风力机塔架应足够高，使风轮位置接近最强风的高度。
- 避免选择太短或太狭的山谷，这种地形可能会出现强的风切变或湍流。

二、光伏系统的安装要求

太阳能光伏发电系统要求专门的技能和知识，安装人员应该预先了解安装过程中可能会发生伤害的风险，包括电击等。单个组件在阳光直射下可产生 30 V 以上的直流电压，接触 30 V 或更高的电压是很危险的。不要在有负载的情况下断开连接线。

太阳能电池组件一般安装于地面、屋顶、车辆或船只等户外环境。合理设计支撑结构是系统设计者或安装者的责任。在安装过程中应使用以下所推荐的安装孔，不要拆解组件，不要移动任何铭牌或黏附的部件，不要在组件的上表面刷油漆或其他黏合剂，不要用镜子或透镜聚焦阳光照射到组件上，不要将组件背面直接暴露在太阳光下。组件安装时，应遵守所在地方、地区和国家的相关法规，必要时应先获得相关执业许可证。

1. 安装太阳能光伏系统的安全防范

阳光照射组件正面时，太阳能电池组件产生电能且直流电压可能超过 30 V。如果组件串联，总电压等于单个组件电压总和；如果组件并联，总电流等于单个组件电流总和。

在运输和安装组件时，使儿童远离组件。在安装过程中，用不透明材料完全覆盖组件以防止电流产生。安装或维修光伏系统时，不要穿戴金属戒指、表带、耳环、鼻环、唇环或其他的金属配饰。

遵守适用于所有安装部件的安全规则，如电线和电缆、连接器、充电控制器、逆变器、蓄电池等。只使用与太阳能电力系统相匹配的设备、连接器、导线和支架。在特定系统中，尽可能使用相同类型的组件。

在标准测试条件下（$100\,\mathrm{mW/cm^2}$ 的辐照度，AM 1.5 光谱，以及 25 ℃ 的环境温度），组件的电性能参数如 I_{sc}、U_{oc} 和 P_{max} 与标称值有 ±10% 的偏差。在普通室外条件下，组件产生的电流和电压与参数表中列出的有所不同。参数表是在标准测试条件下测得的，所以在确定光伏发电系统中其他部件的额定电压、导线容量、熔丝容量、控制器容量等和组件功率输出有关联的参数时，参照标在组件上的短路电流和开路电压的值，并按 125% 的值设计和安装。

2. 机械安装

1）选择位置

选择合适的位置安装组件。在北半球，组件最好朝南；而在南半球最好朝北。要了解最佳的安装倾斜角的详细信息，请参考标准太阳能光伏安装指南或咨询可靠的太阳能系统安装公司。组件应安装在阳光可以充分照射的位置并确保在任何时间内不被遮挡。不要把组件放置在易产生或聚集可燃气体的地方。

2）选择合适的支架

必须遵守支架所附的说明书指导和安全守则。不要在组件玻璃的表面钻孔，否则保修失效。不要在组件的边框上钻附加的安装孔，否则保修失效。标准安装时，使用边框上内侧的四个对称的安装孔将组件固定在支架上。支架结构必须由耐用、防锈蚀、抗紫外线的材料制成。

3）地面安装

选择合适的光伏系统安装高度，防止冬天下雪时组件的下部长时间被积雪覆盖。此外，还要确保组件的最低部分足够高，以免被植物或树遮挡或被风吹来的沙石损坏。

4）屋顶安装

组件安装在屋顶或建筑物上时，要确保它被安全地固定并且不会因为强风或大雪而破坏。组件背面要确保通风顺畅以便组件的冷却（组件和安装表面的最小间隔为 10 cm）。在屋顶安装组件时，要保证屋顶结构合适。此外，安装固定组件时所需要穿透的屋顶必须适当密封，以防屋漏。在一些情况下，可能需要使用特殊支架。在屋顶安装太阳能组件可能会影响房屋的防火性。该组件的额定防火等级为 C 级，适合安装于防火等级 A 级以上的屋顶。

刮大风时不要在屋顶或建筑物上安装组件，以防意外。

5）支柱安装

当在支柱上安装组件时，选择能够承受当地预期风力的支柱和组件安装结构。

6）机械安装通则

安装组件时必须使用组件边框上预制的安装孔。标准情况下，使用组件边框上内侧的四个对称安装孔来安装组件。不要利用组件的接线盒或导线头来移动组件。不要站在或踩在组件上。不要使组件掉落或让物体落在组件上。为了避免组件玻璃破碎，不要在组件上放置重物。不可重摔组件，不正确的运输或安装可能会损坏组件。

3. 电气安装

1）并网电气系统

光伏系统产生的直流电可以转换为交流电并连接到公共电网上。关于连接可再生能源系统到公共电网的政策，各地区有所不同。设计本系统时请向资深的系统设计工程师咨询相关信息。通常情况下，安装本系统需要得到公共事业部门的认可、验收及正式批准。

2）接地

组件支架必须正确接地。使用推荐的连接端子并将接地电缆良好地连接，固定到组件框架上。使用经过电镀处理的支撑框架，以保证电路导通良好。推荐使用接地线配件（接线鼻）连接接地电缆。首先将接地电缆头剥线约 16 mm 长，剥线过程中注意不要损伤金属线芯并将剥过线的接地电缆线头插入接线鼻的插口内，将紧定螺钉拧紧。

接下来，使用 M3 或 M5 不锈钢螺钉和连接件将接线鼻组装到铝制边框上。星形垫圈直接固定在接线鼻下部，通过刺穿铝制边框的氧化膜使电路导通。接下来是一个平垫圈，然后是一个弹簧垫圈，最后是一个螺母，从而保证整个组件的接地可靠。M3 或 M5 螺钉推荐拧紧的力矩是 0.8 N·m 或 1.5 N·m。

3）电气安装通则

在同一个光伏发电系统上尽量使用相同配置的组件。组件的最大数量 $N = U_{max}/U_{oc}$。

几个组件串联，然后并联形成光伏阵列，这特别适用于电压较高的情况下。如果组件串联，总电压等于各个组件电压的总和。需要使用高电流的情况下，可以将几个光伏组件并联，总电流等于各个组件电流的总和。

所选电缆的横截面积和连接器容量必须满足最大系统短路电流。否则，电缆线和连接器会因为大电流而过热。需要注意的是，电缆温度的上限是 85 ℃，连接器温度的上限是 105 ℃。安装组件时带有接线盒的一端朝上，并且尽量避免被雨水淋到。

三、控制器与逆变器等电气设备的安装

1. 控制器的安装

小功率控制器安装时要先连接蓄电池，再连接太阳能组件或风力机的输入，最后连接负载或逆变器，安装时注意正负极不要接反。中、大功率控制器安装时，由于长途运输的原因，要先检查外观有无损坏，内部连接线和螺钉有无松动等，中功率控制器可固定在墙壁或者摆放在工作台上，大功率控制器可直接在配电室内地面安装。控制器若需要在室外安装时，必须符合密封防潮要求。控制器接线时要将工作开关放在关的位置，先连接蓄电池组输出引线，再连接太阳能电池方阵或风力机的输出引线，在有电能输出时闭合开关，观察是否有正常的电压和充电电流，一切正常后，可进行与逆变器的连接。

2. 逆变器的安装

逆变器在安装前同样要进行外观及内部线路的检查，检查无误后将逆变器的输入开关断开，再与控制器的输出接线连接。接线时要注意分清正负极极性，并保证连接牢固。接线完毕，可接通逆变器的输入开关，待逆变器自检测正常后，如果输出无短路现象，则可以打开输出开关，检查温升情况和运行情况，使逆变器处于试运行状态。

逆变器的安装位置确定可根据其体积、质量大小分别放置在工作台面、地面等，若需要在室外安装时，必须符合密封防潮要求。

四、蓄电池组的安装注意事项

风光互补发电系统蓄电池组安装应注意以下事项：

（1）安装人员（或工程队）接到安装的任务指令，准备好相关的资料，如各厂家电池安装、记录表等，以及全套安装工具（包括万用表等），落实工程开工日期及工程进度等。

（2）安装人员应携带少量系统备件（如螺钉等）抵达安装地点，取得详细的安装工程进度表，讨论工程细节，如安装方式、承重情况等。

（3）在开始安装工程前，应组织安装人员进行培训，介绍安装过程中的注意事项及电池使用方法和维护注意事项，安装过程中一定要注意安全。

（4）安装人员进行电池的开箱检查及配件的清点，装箱单请督导人员签字并收回，配件箱中电池安装系统图、安装使用说明书等文件应收好，待安装工程结束后交由委托公司的技术人员负责保管。

（5）按照施工图纸检查电池在机房的摆放位置是否合理，是否预留了维护空间，是否和热源及可能产生火花的地方（如熔丝盒等）保持有 0.5 m 以上的距离，是否摆放在空调机下面，如果不符合，应先请示委托公司的工程部是否修改，修改与否都要有备忘录。

（6）开箱取出电池的系统图，应严格按照电池的系统图进行安装，不允许缺漏任何的系统件的安装（包括电池单体编号的粘贴），所有系统件（备件）应和安装图中规定的型号规格完全一致。

（7）安装。因电池已带电，要注意防止短路，所有安装工具都要缠上绝缘胶布。

（8）安装连接条前应先用干净的抹布擦去电池极柱及外壳和钢架上的灰尘，尤其要保证极柱上的灰尘擦干净。单体编号要贴牢。

（9）安装后要逐个检查所有螺钉是否拧紧。要指定专人检查，专人负责，确保所有螺钉处于拧紧状态。

（10）安装检查结束后，测量并记录所有电池单体的开路电压和电池组的总电压，并填写安装统计表（或其他类似的安装表）。

（11）安装后如果没有接市电，应断开电池和开关电源及微波设备的连接。若由于某种原因不能断开设备和电池的连接（原则上是不允许的，尤其是长时间连接更不允许），应同时将两组电池都连接上，不允许只接其中一组电池，同时记录连接的起始时间和设备的耗电电流。无论是否进行过此种连接，在正式开通前必须对电池组进行补充电，补充电的时间为单体电压为 2.35 V/只，充电 12 h。否则会对以后电池的正常使用带来极大的危害。

（12）电池和开关电源连接前，应认真检查开关电源的设置是否正确（参照开关电源设置参数表），确保设置准确无误。

（13）安装、调试结束后，按照要求填写相关的表格，检查电池外观情况并记录，同时再检查各个连接螺钉有无拧紧，确保电池防振、防滑及电池间连接可靠。测量每个单体电池的浮充电压并记录，请委托公司技术人员签字认可。

五、避雷器的安装要求

1. 安装方法

避雷器的安装比较简单，避雷器模块、火花放电间隙模块及报警模块等，都可以非常方便地组合并直接安装到配电柜中标准的 35 mm 导轨上。

2. 安装位置的确定

一般来说，避雷器都要安装在根据分区避雷理论要求确定的分区交界处。B 级避雷器一般安装在电缆进入建筑物的入口处，如安装在电源的主配电柜中；C 级避雷器一般安装在分配电柜中，作为基本保护的补充；D 级避雷器属于精细保护级防雷装置，要尽可能地靠近被保护设备端进行安装。防雷分区理论及避雷器等级是根据 DIN VDE 0185 和 IEC 61312-1 等相关标准确定的。

3. 电气连接

避雷器的连接导线必须保持尽可能短，以避免导线的阻抗和感抗产生附加的残压降。如果现场安装时连接线长度无法小于 0.5 m 时，则避雷器必须使用 V 字形方式连接。同时，布线时必须将避雷器的输入线和输出线尽可能地保持较远距离。

另外，布线时要注意已经保护的线路和未保护的线路（包括接地线）绝对不要近距离平行排布，它们的排布必须有一定空间距离或通过屏蔽装置进行隔离，以防止从未保护的线路向已经保护的线路感应雷电浪涌电流。

4. 零线和地线的连接

零线的连接可以分流相当可观的雷电流。在主配电柜中，零线的连接线标称截面应不小于 16 mm² 。当用在一些用电量较小的系统中，零线的线径可以相应选择得较小些。避雷器接地线的线径一般取主电路线径的一半。

5. 接地和等电位连接

避雷器的接地线必须和设备的接地线或系统保护接地可靠相连。如果系统存在雷击保护等电位连接系统，避雷器的接地线最终也必须和等电位连接系统可靠连接。系统中每个局部的等电位排也必须和主等电位连接排可靠连接，连接线线径必须满足接地线的最小线径要求。

6. 避雷器的失效保护方法

基于电气安全的原因，任何并联安装在市电电源相对零或相对地之间的电气元件，为防止故障短路，必须在该电气元件前安装短路保护器件，如断路器和熔断器。避雷器也不例外，在避雷器的入线处，也必须加装断路器和熔断器，目的是当避雷器因雷击保护击穿或因电源故障损坏时，能够及时切断损坏的避雷器与电源之间的联系，待故障避雷器修复或更换后，再将保护断路器复位或将熔断的熔丝更换，避雷器恢复保护待命状态。

为保证短路保护器件的可靠有效，一般 C 级避雷器前选取安装额定电流为 32 A 的断路器，B 级避雷器前可选择额定电流约为 63 A 的断路器。

六、接地系统的安装施工

1. 接地体的埋设

在进行配电室地基建设和太阳能电池方阵地基建设的同时，在配电室附近选择一地下无管道、无阴沟、土层较厚、潮湿的开阔地面，一字排列挖直径 1 m、深 2 m 的坑两三个（其中的一或两个坑用于埋设电气设备保护等地线的接地体，另一个坑用于单独埋设避雷针地线的接地体），坑与坑的间距应不小于 3 m。坑内放入专用接地体，接地体应垂直放置在坑的中央，其上端离地面的最小高度应大于或等于 0.7 m，放置前要先将引下线与接地体可靠连接。

将接地体放入坑中后，在其周围填充接地专用降阻剂，直至基本将接地体掩埋。填充过程中应同时向坑内注入一定的清水，以使降阻剂充分起效。最后用原土将坑填满整实。电器、设备保护等接地线的引下线最好采用截面积 35 mm^2 接地专用多股铜芯电缆连接，避雷针的引下线可用直径 8 mm 圆钢连接。

2. 避雷针的安装

避雷针的安装最好依附在配电室等建筑物旁边，以利于安装固定，并尽量在接地体的埋设地点附近。避雷针的高度根据要保护的范围而定，条件允许时尽量单独接地。

七、电缆连接施工

就风光互补发电系统应用而言，户外使用的材料应根据紫外线、臭氧、剧烈温度变化和化学侵蚀情况而定。在该种环境应力下使用低档材料，将导致电缆护套易碎，甚至会分解电缆绝缘层。所有这些情况都会直接增加电缆系统损失，同时发生电缆短路的风险也会增大，从中长期看，发生火灾或人员伤害的可能性也更高。

风光互补发电系统使用的光伏电缆的额定温度为 120 ℃，可使用 20 000 h。这一额定值相当于在 90 ℃的持续温度条件下可使用 18 年；而当温度低于 90 ℃时，其使用寿命更长。通常，要求太阳能设备的使用寿命应达到 20 至 30 年。

基于上述种种原因，在风光互补发电系统中使用专用太阳能电缆和部件是非常有必要的。

实际上，在安装和维护期间，电缆可在屋顶结构的锐边上布线，同时电缆须承受压力、弯折、张力、交叉拉伸载荷及强力冲击。如果电缆护套强度不够，则电缆绝缘层将会受到严重损坏，从而影响整个电缆的使用寿命，或者导致短路、火灾和人员伤害等问题的出现。

经辐射交叉链接的材料，具备较高的机械强度。交叉链接工艺改变了聚合物的化学结构，可熔性热塑材料转换为非可熔性弹性体材料，交叉链接辐射显著改善了电缆绝缘材料的热学特性、机械特性和化学特性。

 ## 项目实施

一、地基施工

根据风光互补发电系统风力发电机组型号与容量的自身特性，要求地基承载载荷也各不相同。风力发电机地基均为现浇钢筋混凝土独立地基。根据场址工程地质条件和地基承载力以及地基荷载、尺寸大小不同，从结构的形式看，常用的可分为块状地基和框架式地基两种。

块状地基，即实体重力式地基，应用广泛，对地基进行动力分析时，可以忽略地基的变形，并将地基作为刚性体来处理，而仅考虑地基的变形。按其结构剖面又可分为"凹"形和"凸"形两种。两者均属实体地基，但后者与前者相比，区别在于扩展的底座盘上回填土也成了地基重力的一部分，这样可节省材料降低费用。

框架式地基实为桩基群与平面板梁的组合体，从单个桩基持力特性看，又分为摩擦桩基和端承桩基两种：桩上的荷载由桩侧摩擦力和桩端阻力共同承受的为摩擦桩地基；桩上荷载主要由桩端阻力承受的则为端承桩地基。

根据地基与塔架（机身）连接方式又可分为地脚螺栓式和法兰筒式两种类型地基。前者塔架用螺母与尼龙弹垫平垫固定在地基螺栓上，后者塔架法兰与地基段法兰用螺栓对接。

地脚螺栓式又分为单排螺栓、双排螺栓、单排螺栓带上下法兰圈等。风力发电机的地基用于安装、支承风力发电机组。平衡风力发电机在运行过程中所产生的各种载荷，以保证风机安全、稳定地运行。因此，在设计风力发电机地基之前，必须对风机的安装现场进行工程地质勘察。充分了解、研究地基土层的成因及构造，它的物理力学性质等，从而对现场的工程地质条件做出正确的评价。这是进行风力发电机地基设计的先决条件。同时还必须注意到，由于风力发电机的安装，将使地基中原有的应力状态发生变化，故还需应用力学的方法来研究载荷作用下地基土的变形和强度问题。以使地基的设计满足以下两个基本条件：

（1）要求作用于地基上的载荷不超过地基容许的承载能力，以保证地基在防止整体破坏方面有足够的安全储备。

（2）控制地基的沉降，使其不超过地基容许的变形值，以保证风力发电机不因地基的变形而损坏或影响风机的正常运行。因此，风力发电机地基设计的前期准备工作是保证风机正常运行必不可少的重要环节。

二、风力发电设备安装

风力发电机的安装是一项需要有细致、认真、严谨态度的工作，安装时须遵守有关安全操作规程。竖立风力发电机的工作只能在不超过 8 m/s（四级风）的情况下进行。百瓦级风力发电机多采用拉索式钢管塔架，安装一般包括立柱拉索式支架的安装、回转体的安装、尾翼和手制动的安装、机头的安装、竖立风力发电机、电气连接等内容。

1. 安装准备

安装前应按风力发电机的装箱清单逐一进行清点验收，清点验收合格后可进行下一步工作。安装前应仔细阅读风力发电机使用说明书，熟悉图纸，掌握有关安装尺寸和全部技术要求。风力发电机组的安装应聘请生产厂方技术人员或有关技术人员予以指导，必要时成立安装小组，一切安装、施工活动均由安装组长统一指挥。百瓦级风力发电机因结构小巧，质量也小，一般三到五人便能竖起；千瓦级风力发电机因体积大，质量大，安装时一般需要吊车吊装。

安装时应严格按照使用说明书的要求和程序安装。安装完成后要组织验收，经全面检查，认为符合安装要求和标准后，才能进行试运转。在达到相关技术要求时，才能投入使用。

安装前按使用说明书的要求准备安装器材和必要的工具，如五到六根杉木，30 m 卷尺（用于勘测地基或测量设备），长 1 m、直径 3 cm 的固体金属棒或管子，铁铲或其他挖土工具，成套盒装扳手，30 cm 活扳手，套筒扳手，黄蜡管，绝缘胶带，万用表，螺丝刀，线钳，导线若干。准备好三套拉锁杆、地锚和立杆地脚螺栓，还应准备好一段 $\phi20 \sim 25$ mm、长约 1 500 mm 的 L 形 PVC 绝缘套管，以及适量的水泥、沙子、石子等。按照水∶水泥∶沙子∶石子为 $0.5∶1∶1.4∶3.2$ 的配比制造足够量的 C25 混凝土。

2. 安装工作技术规程

为使风力发电机的安装工作安全顺利进行，在安装中应遵守以下技术规程。

安装塔架所使用的杉木质地要结实。绳索的强度要符合要求，安全系数一定要大，其长度要有适当的余量。起吊操作时要规定指挥信号，做到统一指挥。风力发电机主要零部件的安装要听从统一指挥，操作人员不准站在塔身下或正在举升的零部件下面，以防意外。在上塔架顶部安装时，操作人员必须系好安全带或加装其他保护装置。另外，手中或身上不许携带工具或零部件，以免不慎跌落打伤人或造成部件损坏。塔架上部安装人员所使用工具和零件应统一用绳索吊上。

安装风力发电机的工作，只能在风速不大于 4 m/s（三级风）的情况下进行，以保证安装过程人和设备的安全。用绞盘起吊时，应一圈挨一圈地盘绕，否则外圈绳索容易从内圈滑下，致使吊件突然下落。起重绳绕在绕盘上时，也不要使绳做纵向扭曲，因为绳子扭曲后，一是通过滑轮时不容易过去，二是会降低其抗拉强度。安装风轮时，必须事先用绳索将风轮叶片牢固地绑在塔身上，以免风轮被风吹动旋转而碰伤安装操作人员。

100 W 和 200 W 风力发电机只将风力发电机底座放在中心位置上，并用两个铁钎将底座钉牢即可。300 W 和 750 W 风力发电机底座的安装必须开挖地基并浇灌混凝土，底座螺栓高于底座上平面 30 ～ 35 mm，螺扣要予以保护。

3. 塔基施工

风力发电机按塔基、拉索基础布置图开挖塔基地基坑，在场地中央挖掘立杆基础坑，如果地基为软松沙层，深挖 0.6 m，底层铺上 40 cm 厚的黏土层并踏实，然后铺上 20 cm 厚的混凝土。由于风力发电机的电缆是从立杆的最下端引出，因此在挖立杆基础坑时，还应该挖一条从立杆座地坑到放蓄电池组房间的地沟，地沟宽 200 mm，深度可根据具体情况自行确定，但至少应在 300 mm 深以上。将底座穿上四根地脚螺栓，分别旋上 M16 螺母，底板高于地面 40 ～ 50 mm 的位置上摆平底座。将准备好的 L 形 PVC 绝缘管的两端用布堵好，防止混凝土和泥土进入，之后将套管放入地坑和地沟中并固定好，使套管垂直的一端处于地坑的中心并高于地面约 10 mm，使立杆座底盘中心上的孔对准 PVC 套管。将制好的混凝土浇入立杆座地坑中，使混凝土表面与地沟基本齐平，并抹平混凝土。按混凝土养护要求进行养护，混凝土完全硬化后，再用泥土填平地坑，并踩实。

4. 拉索地基施工

四根拉索的方位确定方法是通过底座中心用米尺打好十字交叉标线，三根拉索的方位确定方法是通过底座中心画出一条基准线，然后互成 120° 角的另外两条线，每条线从中心量出 3.5 ～ 4 m 的距离，即拉索地锚位置。

然后将拉索杆和地锚放在基础坑的中央，拉索环向上、弯钩向下，并将两个地锚呈 90° 放在拉索杆弯钩中。链节倾向场地中央，先向坑底投放一层碎石，然后浇灌混凝土，投放石块，再浇灌混凝土。最后将链节倾向场地中央并与水平面呈 45° 夹角。按混凝土养护要求进行养护，待混凝土完全硬化后，再用泥土填平地坑并踩实。

5. 立杆组装

考虑到便于运输，风力发电机立柱制造时一般都设置为 2 或 3 节，其连接方法一种是 45°角插接，另一种是法兰盘对接。安装时打开包装箱，如为 45°角的插接杆，将插头处涂上防腐油，逐个插好；如是法兰盘对接杆，将每组杆的法兰盘对准上好螺栓，放好弹簧垫片拧紧即可。依次连接好塔架的各段，组装好放置在支架上。

6. 竖起立杆前的准备工作

用直径 2～3 mm 的钢丝将电缆从立杆底部引进管内，拉出至顶端外露 200～300 mm，将电缆线固定在上立杆内部的固定螺栓上，以防止电缆线下坠造成断路。同时把电缆线下端的三个接头拧在一起，并将连接电缆从地沟中的 PVC 绝缘套管中穿入，从立杆的孔中穿出约 8 m。

把底座调整成水平，在地脚螺栓上放置垫圈，拧紧螺母。将组装好的立杆倒伏在一个高约 1.8 m 的简易支架上，与地面呈 10°角。立杆下端上部圆孔与底座上部第一个 M18 螺栓固定住。然后将安装好的立柱下部顺着底座的方向放入底座的两个连接耳内，并用销轴将立柱与底座连接好，销轴两端上好开口销，适当拧紧连接螺母。

若为三根拉索，将三根拉索分别用钢丝绳卡固定在立杆上端拉线环内，分三个方向理顺钢丝拉绳；若为四根拉索，把四根拉索的一头穿进立杆上端的拉锁孔并用夹具锁死。除了对应最远一个地锚的拉索外其他三根拉索的另一头连接地锚，但无须锁死，待风力发电机竖起后调节拉力。把固定拉索中的最后一根拉起拉索连接到一根至少 16 m 长的拉索上，拉索一头连着绞车或拖拉机。

把从发电机回转体引出的三根线头连接到电缆线的三根线头上，并将发电机输出线短路连接。将发电机连同回转体移到立杆顶端与上立杆插接，紧固螺栓。

7. 回转体的安装

有的风力发电机的回转体与发电机在出厂时已经装配好，可直接和立杆连接。风力发电机如果是分体回转体，分为带有外滑环和手制动机型回转体和不带外滑环和手制动机型回转体两类。其具体安装步骤如下：

（1）带有外滑环和手制动机型回转体的安装。

将立柱上端的光轴位置涂上黄油脂，并将压力轴承放在顶端轴承座内涂好油。将外滑环套接在回转体长套的下端止口处，并用螺钉固定好，然后将上好外滑环的回转体的长套从下口套入上立杆的光轴上，套接的同时将制动钢丝绳也穿入回转体长套中，并从上端中心孔取出固定好。此时注意压力轴承的位置，保证使压力轴承在立柱的上端轴承座与回转体上端轴承盖上的轴承座相吻合，使轴承压接在两轴承座中间并运转自如。

在立柱拉索式支架安装时已经完成了手制动下部绞轮的安装，此时主要是上部的安装，即将制动绳从回转体上端引出。如有些机型的回转体上平面用压夹固定一个较长的弯形弹簧运动轨道，弹簧轨道固定好后，再将手制动钢丝绳从弹簧里穿过去与尾翼杆上的连接螺钉相连。回转体出口处和上平面右边处安装两组瓷套座位钢丝绳的运动轨道，然后再将手制动钢丝绳从瓷套里穿过去与尾翼杆上的连接螺钉相连接。另外，小型风力发电机组制动机构还有一种为抱闸摩擦式制动，安装时主要是保证制动带与制动毂的间隙，并在竖机后检查，保证制动动作灵活。

（2）不带外滑环和手制动机型回转体的安装。

在立柱上端的光轴位置涂上黄油脂，并将压力轴承放在顶端轴承座内涂好油。输电线穿入回转体中心孔，然后把回转体套在上立柱的光轴上。根据机型不同，有的回转体上装有限位螺钉或限位弯板，其作用是防止回转体在立柱上窜动。安装时注意防止限位螺钉拧紧，应保证限位的同时，能够在立柱光轴上灵活转动。有电刷的还要把电刷安装调整好。

8. 风力发电机安装

风力发电机在出厂时已经是装配好的整体，安装时只需把发电机放在回转体上平面上对准四个螺栓孔，上好螺栓加弹簧垫圈并拧紧，将风力发电机连接轴插入到立杆中，并将连接轴上螺纹孔对准立杆的连接孔，然后上紧两个连接螺栓，将发电机回转法兰与塔架法兰用螺栓固定，可以用手拉葫芦吊装。注意发电机轴朝上，以便安装风叶，并把发电机引出线插头与外滑环引出接线插座对接牢固，外滑环出线与输电线插接好。如没有外滑环的机型须将风力发电机的引出线与输电线连接好。抬起风力发电机，同时从立杆座处逐渐拉出连接电缆，将风力发电机电缆及风向仪电缆穿进塔架，并从下节靠近地脚处的出线孔处引出。

9. 风轮的安装

以定桨距风轮安装为例。如果选择风轮为两叶片分开的，安装时只要把两片叶片桨杆轴部插入轮毂上的安装孔中，对准键槽孔，放好弹簧垫，拧紧螺母即可。但要注意两片分开的叶片出厂时都是选配好的，安装时不可与其他风叶混淆，以防破坏风轮平衡和迎风角。

小型风力发电机风轮有出厂时即安装好的总成件，安装时只需把风轮轴孔套在发电机轴上，然后放好弹簧垫，拧紧螺母即可。一般风力发电机轴都带有 1:10 锥度，所以不会装错。最后安装迎风帽。

以三叶片风轮为例，风轮出厂时，叶片和前后夹片为三间包装，三片叶片都是选配好的，每个叶片根部有三个螺栓孔，安装时只需与前后夹板对应的三个孔对准螺栓，并放好弹簧垫拧紧。风轮夹板（轮毂）设有 1:10 的锥套，套在发电机轴上，放好弹簧垫，用螺母拧紧即可。

10. 竖起立杆安装好的风力发电机的方法与步骤

竖起立杆安装好的风力发电机可根据具体情况使用以下方法。

100 W、200 W 机型立机（四根拉索），只要两个人拉牵引绳（四根拉索的其中一根），另外两个人，一个人在立杆下部扛，另一个人用双手举立杆，这样四个人共同协作，便能很顺利地将风力发电机立起。

300 W、750 W 机型立机（三根拉索），三根拉索上部与风力发电机组上立柱连接好，下边先将两根拉索与地锚连接固定，另一根作牵引绳，牵引时可用人力，也可用绞车或小型拖拉机拉起，然后再由四五个人支撑立杆，边牵引边扶立，直至立起为止。

若用绞车或小型拖拉机拉起，慢慢地开动绞车或小型拖拉机，随着拉索的前行，塔架即逐渐竖起。塔架每升起 15°，要停下观察左右两边固定钢索的张力情况，避免出现不平衡的情况。

继续往前拉动拉索直至塔架完全竖起，把塔架前拉索连接到拉索杆上并固定。检查调整各个固定钢索的张力，太紧会使塔架弯曲，太松会使塔架前后左右晃动。应通过旋转法兰螺栓松紧钢索，张力略微松弛的钢索要比过紧的安全得多。

从地沟处的 PVC 绝缘套管处适当拉紧连接电缆，使电缆没有多余的部分突出立杆和立杆座的连接部位。然后在地沟中埋好电缆，并填平、踩实地沟。

本项目要求风力机为2.5kW，因此不适合用前面所介绍的方法，需用吊车竖起立杆和风力发电机，其步骤如下：

将吊车开到合适的起吊位置，将起吊绳索绑在风力发电机和立杆的连接处，同时在起吊绳索上应连上当风力发电机竖起后可以将起吊绳索卸下的细绳。

缓慢地开动吊车起吊。随着风力发电机的吊起，将吊车的吊臂逐渐向立杆座上端摆动，尽量保证在起吊过程中，吊车的钢丝绳始终垂直。当立杆处于垂直位置时，将另外一根长拉索和一根短拉索连接到拉索杆上并上紧绳夹。旋紧六根拉索的螺旋扣，使拉索都拉紧，同时适当放松吊车钢丝绳。上紧立杆座和立杆的固定螺母。松开吊车的吊钩，卸下起吊绳索。

从地沟处的PVC绝缘管处适当拉紧连接电缆，使电缆没有多余的部分突出立杆和立杆座的连接部位。然后在地沟中埋好电缆，并填平、踏实地沟。

三、太阳能电池组件及方阵的安装施工

1. 安装位置的确定

在光伏发电系统设计时，要在计划施工的现场进行勘测，确定安装方式和位置，测量安装场地的尺寸，确定电池组件方阵的朝向方位角和倾斜角。太阳能电池方阵的安装地点不能有建筑物或树木等的遮挡，如实在无法避免，也要保证光伏方阵在9时到16时能接收到阳光。光伏方阵与方阵的间距等都应严格按照设计要求确定。

太阳能光伏方阵安装现场土地面积要能满足整个电站所用面积的需要，一般每1kW光伏电站占地面积为 $50 \sim 75\ m^2$。要尽可能地利用空地、荒地、劣地，尽量不占用或少占用耕地。

现场地形要尽可能平坦，要选择地质结构及水文条件好的地段，尽可能远离有断层、滑坡、泥石流及容易被水淹没的地段。现场安装要尽可能处于供电中心，以利于输电线路的架设和传输，使输电线路距离最短，施工容易，维护管理方便。

若施工现场地处山区，要尽可能选择开阔地带，尽量避开东面和南面有高山对太阳的遮挡。

2. 光伏方阵地基施工

光伏方阵地基施工主要有预埋件法、混凝土块配重法、螺旋地桩法、直埋法和地锚法等，如图5-1所示。这几种方法可以根据设计安装要求及地质土壤情况等选择。

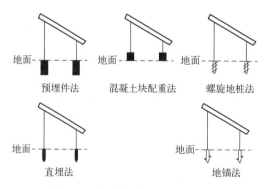

图5-1 光伏方阵基础施工方法

根据国外的施工经验，地锚法施工基础最为牢固，安全性也最高，但是地锚与支架连接部位需要特别订做，造价很高。相比之下，直埋法施工最简便，只需要使用开孔机在现场开

孔并灌注混凝土，在混凝土凝固之前将槽钢直接插入孔中即可。与地锚法相比，直埋法基础对现场土壤的自立性要求较高，需要进行前期的地质勘测实验。

地基施工前首先要进行场地平整，按设计施工要求的方法和位置定位，采用预埋件或直埋法施工过程中要控制基坑的开挖深度，以免造成混凝土材料的浪费，开挖尺寸应符合施工图纸要求，遇沙土或碎石土质挖深超过 1 m 时，应采取相应的防护措施。

预埋件法按设计要求的位置制作浇注光伏方阵的支架地基，地基预埋件要平整牢固。将预埋件放入基坑中心，用 C20 混凝土进行浇注，浇注到与地平面一致时，用振动棒夯实。在振动过程中要不断地浇注混凝土，保证振实后的水平面高度一样。完成后的基础要保证预埋件的高度符合图纸要求。

如要在屋顶安装光伏方阵时，要使基座预埋件与屋顶主体结构的钢筋牢固焊接或连接，如果受到结构限制无法进行焊接和连接，应采取混凝土块配重，加大基座与屋顶的附着力，并可采用铁线拉紧法或支架延长固定法等进一步加以固定。基座制作完成后，要对屋顶破坏及涉及部分按照国家标准《屋面工程质量验收规范》（GB 50207—2012）的要求做防水处理，防止渗水、漏雨现象的发生。

在电池方阵基础与支架的施工过程中，应尽量避免对相应建筑物及附属设施的破坏，如因施工需要不得已造成局部破损，应在施工结束后及时修复。

3. 方阵支架的安装

太阳能光伏方阵支架有角度固定的钢结构支架、自动跟踪支架及铝合金支架等。其中，铝合金支架一般用在小规模屋顶光伏发电系统中和大型钢结构支架中固定电池组件的部分之间，铝合金支架具有耐腐蚀、质量小、美观耐用的特点，但承载能力低，且价格偏高；自动跟踪支架由于成本、效率等原因，应用也还不普遍；钢结构支架性能稳定，制造工艺成熟，承载力强，安装简便，广泛应用于各类大中型光伏电站中。

方阵支架按照连接方式不同，可分为焊接和拼接式两种。焊接支架对型钢生产工艺要求低，连接强度较好，价格低廉，是目前普遍采用的支架连接方式。但焊接支架也有一些缺点，如连接点防腐蚀难度大，如果涂刷油漆，则每一两年油漆层就会发生剥落，需要重新涂刷，后续维护费用较高。拼接式支架以成品型钢座为主要支撑结构件，具有拼装、拆卸速度快，无须焊接，防腐涂层均匀，耐久性好，施工速度快，外形美观等优点。

方阵支架应采用热镀锌钢材或普通角钢制作，沿海地区可考虑采用不锈钢等耐腐蚀钢材制作。热镀锌钢材镀锌层厚度应大于 50 μm，最小厚度要大于 45 μm。支架的焊接制作质量要符合国家标准《钢结构工程施工质量验收规范》（GB 50205—2001）的要求。普通钢材支架的全部及热镀锌钢材支架的焊接部位，要进行涂防锈漆等防腐处理。方阵支架与基础之间应焊接或安装牢固，支架与电池组件边框要与保护接地系统可靠连接。

4. 电池组件的安装

太阳能光伏电池组件的存放、搬运、安装等过程中，不得碰撞或受损，特别要注意防止组件玻璃表面及背面的背板材料受到硬物的直接冲击。组件安装前应根据组件生产厂家提供的出厂实测技术参数与曲线，对电池组件进行分组，将峰值工作电流相近的组件串联在一起，将峰值工作电压相近的组件并联在一起，以充分发挥电池方阵的整体效能。

将分好组的组件依次摆放到支架上，并用螺钉穿过支架和组件边框的固定孔，将组件与支架固定。按照方阵组件串并联的设计要求，用电缆将组件的正负极进行连接。对于接线盒直接带有连接线和连接器的组件，在连接器上标注有正负极性，只要将连接器接插件直接插接即可。电缆连接完毕，要用绑带、钢丝卡等将电缆固定在支架上，以免长期风吹摇动造成电缆磨损或接触不良。

安装中要注意方阵的正负极两输出端不能短路，否则可能造成人身安全事故或引起火灾。在阳光下安装时，最好用黑色塑料薄膜、包装纸片等不透光材料将太阳能电池组件遮盖起来，以免输出电压过高影响连接操作，造成施工人员的触电危险。

安装斜坡屋顶的建材一体化太阳能组件时，互相间的上下左右防雨连接结构必须严格施工，严禁漏雨、漏水，外表必须整齐美观，避免光伏组件扭曲受力。屋顶坡度超过 10°时，要设置施工脚踏板，防止人员或工具、物品滑落。严禁下雨天在屋顶面施工。

太阳能电池组件安装完毕之后要先测量总的电流或电压，如果不符合设计要求，就应该对各个支路分别测量。当然为了避免各个支路互相影响，在测量各个支路电压与电流时，各个支路要相互断开。

四、控制器、逆变器安装

小功率控制器安装时要先连接蓄电池，再连接光伏组件与风力发电设备的直流母线，最后连接负载或逆变器，安装时注意正负极不要接反。中、大功率控制器安装时，由于长途运输的原因，要先检查外观有无损坏，内部连接线和螺钉有无松动，核对设备型号是否符合要求，零部件和辅助线材是否齐全等。中功率控制器可固定在墙壁或者摆放在工作台上，大功率控制器可直接在配电室内地面安装。控制器若需要在室外安装时，必须符合密封防潮要求。控制器接线时将工作开关放在关的位置，先连接蓄电池组输出引线，再连接太阳能电池方阵的输出引线，在有阳光照射时关闭开关，观察是否有正常的直流电压和充电电流，一切正常后，可进行与逆变器的连接，连接太阳能电池方阵最好是在早晚阳光较弱的时候进行，以免高压拉弧放电。

逆变器在安装前同样要进行外观及内部线路的检查，检查无误后先将逆变器的输出开关断开，再与控制器的输出接线连接。接线时要注意分清正负极极性，并保证连接牢固。接线完毕，可接通逆变器的输入开关，待逆变器自检测正常后，如果输出无短路现象，则可以打开输出开关，检查温升情况和运行情况，使逆变器处于试运行状态。

逆变器的安装位置确定可根据其体积、质量大小分别放置在工作台面、地面等，若需要在室外安装时，必须符合密封防潮要求。

根据光伏系统的不同要求，各厂家生产的控制器、逆变器的功能和特性都有差别。因此欲了解控制器、逆变器的具体接线和调试方法，要详细阅读随机附带的技术说明文件。

五、蓄电池安装

蓄电池的安装质量直接影响蓄电池组运行的可靠性。蓄电池安装的原则：在小型风光互补发电系统中，蓄电池的安装位置应尽可能靠近光伏组件和风力机；在大中型的风光互补发电系统中，蓄电池最好与控制器、逆变器及交流配电柜等分室而放。蓄电池的安装位置要保证通风良好，排水方便，防止高温，防止阳光直射，远离加热器或其他辐射热源，环境温度应尽量保持在 10 ~ 25 ℃之间。

1. 安装前的检测

安装前应首先对蓄电池的外观进行检查。防止因生产和运输过程中搬运不当造成对蓄电池外壳及内部结构的影响和伤害。在检查过程中如果外壳上有湿润状的可疑点，可用万用表一端连接蓄电池极柱，另一端接触湿润处，若电压为零，说明外壳未破损；若电压大于零，说明该处存在酸液，应进一步仔细检查。

安装前要检查蓄电池的出场时间，验证生产与安装使用之间的时间间隔，逐只测量蓄电池的开路电压，确定是否需要进行充电。新蓄电池一般要在三个月以内投入使用。如搁置时间较长，开路电压将会很低，这样的蓄电池不能直接安装使用，应先对其进行充电后才能进行安装。

2. 安装注意事项

蓄电池与地面之间应采取绝缘措施，一般可垫木板或其他绝缘物，以免蓄电池与地面短路而放电。如果蓄电池数量较多时，可以安装在蓄电池专用支架上，且支架要可靠接地。在安装多组蓄电池之间的连接器之前，必须将单体蓄电池排列整齐，使连接器安装顺畅，不要吃力扭劲，以免蓄电池极柱受力使密封处发生泄漏。

蓄电池在放电过程中，会产生一定的热量，所以安装时蓄电池与蓄电池的间距一般要大于 50 mm，以保证蓄电池散热良好，蓄电池间要有良好的通风设施，以免因蓄电池损坏产生可燃气体引起爆炸及燃烧。

置于室外的蓄电池组要设置防雨水措施，当环境温度低于 0 ℃或高于 35 ℃时，蓄电池组应设置防冻、防晒和隔热措施。蓄电池间的连接线应符合放电电流的要求，对于并联的蓄电池组连接线，其阻抗要相等。蓄电池与充电装置及负载之间的连接线不能过细过长，以免电流传输过程中在线路上产生过大的电压降和由于电能损耗产生热量，给安全运行造成隐患。

蓄电池串联连接的回路组中应设有断路器以便维护，并联组最好每组有一个断路器，以方便日后维护更替操作。一个蓄电池组不能采用新老结合的组合方式，而应全部采用新蓄电池或全部采用原来为同一组的旧蓄电池，以免新老蓄电池工作状态之间的不平衡，影响所有蓄电池的使用寿命和效能。对于不同容量的蓄电池，也绝对不能在同一组中串联使用，否则在大电流放电工作状态时将有不安全隐患存在。

蓄电池极柱与接线之间必须保证紧密接触，安装前要用铜丝刷去除极柱表面的氧化层，并在极柱与连接点涂一层凡士林油膜，以防天长日久腐蚀生锈造成接触不良。

蓄电池安装结束后的检测项目包括安装质量检查、容量测试、负载测试、内阻测试等几个方面。

安装质量检查：首先要根据上述注意事项内容逐项检查安装是否符合要求，保证接线质量；其次测量蓄电池的总电压和单只电压，单只电压大小要相等。

容量测试：用安装完好的蓄电池组对负载在规定的时间内放电，以确定其容量是否合理。新安装的系统必须将容量测试作为验收测试的一项内容。

负载测试：用实际在线负载来测试蓄电池系统，通过测试的结果，可以计算出一个客观准确的蓄电池容量及大电流放电特性。要求测试时，尽可能接近或满足实际负载放电电流和放电时间的要求。

内阻测试：蓄电池内部电阻大小是反应蓄电池工作状态的最佳标志，测量内阻的方法虽然没有负载测试那样绝对，但通过测试内阻也至少能检测出 80% ～ 90% 有问题的蓄电池。

六、风力发电机的日常维护与保养

风力发电机安装之后，便始终处在大自然的严酷考验之中，除了经受风霜雨雪和日晒的侵袭外，还可能遭遇雷电冰雹和风沙的袭击，有时还会受到牲畜的冲撞。风力发电机的工作环境十分恶劣，因此对风力发电机的正确使用和日常维护显得格外重要。

1. 使用与保养规则

小型风力发电机用户和使用管理人员，要努力学习有关小型风机专业技术，熟练地掌握小型风力发电机的构造原理和正确的使用与保养方法，不断积累使用经验。建立日常使用保养，定期使用保养制度。日常使用与保养，就是经常细致地检查小型风力发电机的各部紧固情况。

小型风力发电机的保养，特别是定期保养，使用管理人员和有关技术负责人都要实地参加，亲自动手，一方面可以了解掌握风机的使用状况，另一方面，又可以发现使用中的问题，要坚持使用与保养有机结合。小型风力发电机不准带病运行，不准超负荷工作，更不准擅自改动原设计装置。

要建立技术档案制度，风机用户和使用单位，对风机和蓄电池的使用情况和技术情况应做详细记载。其内容应包括：风机编号，风机所带工具、零件及使用说明书等技术文件，风机试运转情况，使用中完成的工作小时数，技术保养和修理情况记录等。技术档案对提高风机的使用管理水平，改进风机产品质量和工艺结构设计都有一定的意义。

小型风力发电机的使用与保养分两个部分进行，第一部分为风机部分；第二部分为储能蓄电池部分。风机部分和储能蓄电池部分为两个独立的使用保养内容，应分别制定使用与保养规程。

2. 使用保养内容及注意事项

注意观察风机风轮运转是否正常。平时要经常观察风机风轮运转情况，如发现运转不平稳，机头有剧烈抖动或出现异常杂音，应立即停机检查。对于变桨距调速的风轮应经常查看调速螺旋槽部位回位是否一致，动作是否灵活。检查立柱拉索式风机每条钢丝绳拉索是否牢固可靠。立柱拉索式小型风力发电机应经常检查拉索地锚是否牢靠。钢丝绳绳夹是否紧固。并且应经常检查每条钢丝绳拉索是否张紧，必要时调整拉索螺旋扣，拧紧或松弛。

定期润滑回转体。小型风力发电机主要工作部件，如风轮、发电机、尾翼等均安装在回转体上。回转体长套与立柱上端的光轴应保持良好的润滑，以保持尾翼顺风向灵活转动，使风轮迎风。一般风机工作半年至一年应把回转体拆开，并擦洗干净（可蘸汽油清洗），重新上好润滑油（钙基黄油）。注意，立柱光轴顶端有一压力轴承也要同时清洗干净，并涂好黄油装回原位。

定期润滑发电机前后轴承。发电机前、后轴承每隔半年或一年保养一次。保养时将发电机取下，将前后端盖用改锥轻轻地撬开，注意不应旋转拆卸或猛力打开，以免损坏发电机内部线路或整流元件，前后端盖取下后用汽油清洗干净，重新上好润滑油（钙基黄油），并按前后端盖的要求装回原处即可。

变桨距风轮定期检查与保养。变桨距风轮因长期在大自然中工作，致使风轮变桨距导槽滑块和弹簧等零件表面容易沾满灰尘，影响风轮变桨距调速的灵敏性和一致性。所以，每隔半年或一年应检查保养一次。保养时，将风轮取下，拆下桨叶并用汽油清洗导槽、滑块和弹簧等零件，清洗干净后装回原位即可。注意清洗后一般不要加润滑油，因润滑油裸露在外面会很快粘满尘土。另外，两个叶片上的零件拆卸清洗后不能互换，以免破坏风轮的平衡。

外滑环和电刷的定期检查与保养。因小型风力发电机工作时，机头回转体将在尾翼的作用下，随着风向的变化经常随风旋转，致使发电机输电线在里边因缠绕而折断。为解决这一问题，许多小型风力发电机的输电线都分成两段。上段从发电机引出到回转体下端外滑环，下段通过电刷与外滑环紧紧压接。风机工作时，由于外滑环不停地回转，而电刷通过固定在立柱上的电刷架定位，并通过弹簧紧紧地与外滑环里的铜环压接，经常处于回转摩擦和大自然风沙的侵袭之中。所以，每隔半年或一年应检查保养一次。保养时，将电刷取下，检查磨损情况，必要时进行更换。用毛刷将外滑环里面尘土清理干净，然后重新装回原位即可。

发电机输电线插接头的检查与保养。上面已经谈到发电机输电线一般都分为两段，即上段和下段。上段用一个插接头将发电机输出线与外滑环引出线相接，下段也是用一个插接头将电刷引线与下段输电线相接（因插头与插座均分正、负极定位插接，所以一般都不会插错）。但输电线插接头都是硬塑制成，在长期的大自然状态下裸露，会进入尘土甚至变形。所以每隔半年或一年应检查保养一次。保养时，将电刷取下，检查磨损情况，必要时进行更换。用毛刷将外滑环里面尘土清理干净，然后重新装回原位即可。

七、光伏发电系统的日常维护

太阳能光伏发电系统的运行维护分为日常检查和定期维护，其运行维护的管理人员都更有一定的专业知识、高度的责任心和认真负责的态度，每天检查光伏发电系统的整体运行情况，观察设备仪表、计量检测仪表以及监控检测系统的显示数据，定时巡回检查，做好检查记录。

1. 太阳能光伏发电系统的日常检查

在太阳能光伏发电系统的正常运行期间，日常检查是必不可少的，一般对于大于 20 kW容量的光伏发电系统应当配备专人巡检，容量 20 kW 以内的光伏发电系统可由用户自行检查。日常检查一般每天或每班进行一次。

日常检查的主要内容包括：

（1）观察太阳能电池方阵表面是否清洁，及时清除灰尘和污垢，可用清水冲洗或用干净抹布擦拭，但不得使用化学试剂清洗。检查了解太阳能方阵有无接线脱落等情况。

（2）注意观察太阳能光伏系统所有设备的外观锈蚀、损坏等情况，用手背触碰设备外壳检查有无温度异常，检查外露的导线有无绝缘老化、机械性损坏，箱体内有否进水等情况。检查有无小动物对设备形成侵扰等其他情况。设备运行有无异响，运行环境有无异味，如有应找出原因，并立即采取有效措施，予以解决。若发现严重异常情况，除了立即切断电源，并采取有效措施外，还要报告有关人员，同时做好记录。

（3）观察蓄电池的外壳有无变形或裂纹，有无液体渗漏；充、放电状态是否良好，充电电流是否适当；环境温度及通风是否良好，并保持室内清洁；蓄电池外部是否有污垢和灰尘等。

2. 太阳能光伏发电系统的定期维护

太阳能光伏发电系统除了日常巡检以外，还需要专业人员进行定期的检查和维护，定期维护一般每月或每半月进行一次，内容如下：

（1）检查、了解运行记录，分析太阳能光伏系统的运行情况，对于光伏系统的运行状态做出判断，如发现问题，立即进行专业的维护和指导。

（2）太阳能光伏设备外观检查和内部的检查，主要涉及活动和连接部分导线，特别是大电流密度的导线、功率器件、容易锈蚀的地方等。

（3）对于逆变器应定期清洁冷却风扇并检查是否正常，定期清除机内的灰尘，检查各端子螺钉是否紧固，检查有无过热后留下的痕迹及损坏的器件，检查导线是否老化。

（4）定期检查和保持蓄电池电解液相对密度，及时更换损坏的蓄电池。

（5）有条件时可采用红外探测的方法对太阳能光伏发电方阵、线路和电器设备进行检查，找出异常发热和故障点，并及时解决。

（6）每年应对太阳能光伏发电系统进行一次系统绝缘电阻以及接地电阻的检查测试，以及对逆变控制装置进行一次全项目的电能质量和保护功能的检查和试验。

所有记录特别是专业巡检记录应存档妥善保管。

总之，太阳能光伏发电系统的检查、管理和维护是保证太阳能光伏系统正常运行的关键，必须对太阳能光伏发电系统认真检查，妥善管理，精心维护，规范操作，发现问题及时解决，才能使得太阳能光伏发电系统处于长期稳定的正常运行状态。

3. 太阳能光伏组件方阵的检查维护

要保持太阳能电池组件方阵采光面的清洁，如积有灰尘，可用干净的线掸子进行清扫。如有污垢清扫不掉时，可用清水进行冲洗，然后用干净的抹布将水迹擦干。切勿用有腐蚀的溶剂清洗或用硬物擦拭。遇有积雪时要及时清理。

要定期检查太阳能电池方阵的金属支架有无腐蚀，并定期对支架进行油漆防腐处理。方阵支架要保持接地良好。使用中要定期（如一两个月）对太阳能电池方阵的光电参数及输出功率等进行检测，以保证电池方阵的正常运行。

使用中要定期（如一两个月）检查太阳能电池组件的封装及连线接头，如发现有封装开胶进水、电池片变色及接头松动、脱线、腐蚀等，要及时进行维修或更换。对带有极轴自动跟踪系统的太阳能电池方阵支架，要定期检查跟踪系统的机械和电气性能是否正常。

八、蓄电池组的日常维护

平时要保持蓄电池室内清洁，防止尘土入内；保持室内干燥和通风良好，光线充足，但不应使阳光直射到蓄电池上。室内严禁烟火，尤其在蓄电池处于充电状态时。维护蓄电池时，维护人员应配戴防护眼镜和身体防护用品，使用绝缘器械，防止人员触电，防止蓄电池短路和断路。日常使用过程中要经常进行蓄电池正常巡视的检查项目。正常使用蓄电池时，应注意请勿使用任何有机溶剂清洗电池，切不可拆卸电池的安全阀或在电池中加入任何物质，电池放电后应尽快充电，以免影响电池容量。

九、控制器、逆变器的日常维护

控制器和逆变器的操作使用要严格按照使用说明书的要求和规定进行。开机前要检查输入电压是否正常；操作时要注意开关机的顺序是否正确，各表头和指示灯的指示是否正常。控制器和逆变器在发生断路、过电流、过电压、过热等故障时，一般都会进入自动保护而停止工作。这些设备一旦停机，不要马上关机，要查明原因并修复后再开机。

逆变器机箱或机柜内有高压，操作人员一般不得打开机箱或机柜，柜门平时要锁死。当环境温度超过30℃时，应采取降温散热措施，防止设备发生故障，延长设备使用寿命。经常检查机内温度、声音和气味等是否异常。

严格定期查看控制器和逆变器各部分的接线有无松动现象（如熔丝、风扇、功率模块、输入和输出端子以及接地等），发现接线有松动要立即修复。

十、防雷接地系统的日常维护

每年雷雨季节前应对接地系统进行检查和维护。主要检查连接处是否紧固、接触是否良好、接地引下线有无锈蚀、接地体附近地面有无异常，必要时应挖开地面抽查地下隐蔽部分锈蚀情况，如果发现问题应及时处理。

接地网的接地电阻应每年进行一次测量。每年雷雨季节前应对运行中的防雷器进行一次检测，雷雨季节中要加强外观巡视，发现防雷模块显示窗口出现红色及时处理。

 水平测试题

简述题

1. 风力机的选址有何意义？

2. 如何选择风力机安装地点？

3. 简述安装太阳能光伏系统的安全防范。

4. 在进行光伏系统安装时，如何确定其安装位置？

5. 进行屋顶光伏系统安装时，有何要求？

6. 进行光伏发电系统安装时，所选电缆和连接器有何要求？

7. 简述蓄电池组安装注意事项。

8. 避雷器如何安装？其安装位置有何要求？

9. 简述避雷器的失效保护。

10. 风光互补发电系统的接地体如何埋设？

11. 风力发电机地基分为哪些？各有何特点？

12. 风力发电设备安装前要求准备哪些安装器材和工具？

13. 简述塔基施工过程。

14. 如何进行立杆组装？

15. 简述不带外滑环和手制动机型回转体的安装过程。

16. 简述竖起立杆安装好的风力发电机的方法与步骤。

17. 光伏方阵基础有哪几种？

18. 电池组件安装过程中要注意哪些问题？

19. 如何进行蓄电池的内阻测试？有何要求？

20. 风力发电机外滑环和电刷如何进行保养？

21. 太阳能光伏组件方阵的定期维护包括哪些？

22. 如何对蓄电池组进行日常保养？

23. 防雷接地系统的日常维护有哪些要求？

学习目标

通过完成风光互补充电站远程监控系统的设计，达到如下目标：

- 熟练掌握风光互补充电站远程监控系统的原理。
- 掌握风光互补充电站远程监控系统的组成。
- 初步掌握风光互补充电站远程监控系统设计方法。

项目描述

对风光互补充电站的运行状态进行远程监控，实时了解外界环境状况以及充电站所对应的太阳能电池板和风力发电机发电输出情况，蓄电池充、放电情况等，并能在蓄电池电压过低的情况下切断对电动车的充电，蓄电池电量得到有效补充后恢复充电，在风力过大的情况下对风力机采取必要的减速或制动等保护措施。

在项目实施过程中，应做到以下两点：

（1）选取合适的传感器与执行元件，使其能够实现对风力发电机整流输出电压和电流、光伏电池输出电压和电流、蓄电池充放电电压和电流、光照度、风速和风向等状态数据进行采集与处理。

（2）选取合适的通信方法，能够将太阳能电池板、风力发电机、蓄电池中各种运行状态数据发送到嵌入式电动车充电站监控终端中，用户利用监控终端的触摸屏或者利用 PC 通过 Internet 访问，可以查看各项传感器的数据。同时，还能利用嵌入式监控终端或 PC 通过 Internet 发送控制命令，实现对风光互补发电装置以及蓄电池充放电的实时控制。

相关知识

一、风光互补充电站远程监控系统设计方案

1. 风光互补充电站工作原理

如图 6-1 所示，风光互补充电站系统主要由能量产生、存储、消耗环节以及智能控制器、监控模块等组成。风力发电和太阳能发电部分属于能量产生环节，分别将具有不确定性

的风能、太阳能转化为稳定的能源。为了最大可能地消除由于天气等因素引起的能量供应与需求之间的不平衡，引入蓄电池来调节和平衡能量匹配，系统中的蓄电池承担能量的储存。能量消耗主要指电动车充电桩，包括直流充电桩和交流充电桩。直流充电桩包括万能充电接头，电动车蓄电池可以直接接入电路；交流充电桩配备逆变器及 AC 220 V 万能插座，为随车携带充电器的电动车充电。控制器主要控制风力发电机、太阳能电池阵列及蓄电池的正常运行。监控模块主要用于远程对充电站运行情况进行了解及干预。

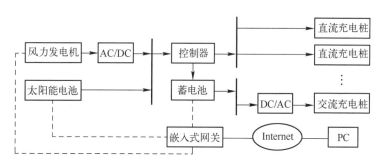

图 6-1 风光互补充电站系统结构

风光互补充电站发挥了风力发电和光伏发电独立系统各自的优点，可以实现高效率的电动车充电服务。

2. 风光互补充电站远程监控对象

检测对象：

（1）太阳能电池板组件输出电压（电压传感器）。

（2）太阳能电池板组件输出电流（电流传感器）。

（3）风力发电机输出电压（电压传感器）。

（4）风力发电机输出电流（电流传感器）。

（5）蓄电池电压（电压传感器）。

（6）蓄电池充电电流（电流传感器）。

（7）人员靠近安全检测（人体红外传感器）。

（8）外界环境状况（风速、风向、光照度、温湿度传感器）。

控制对象：

（1）人员靠近安全报警（语音控制）。

（2）负载断电控制（继电器控制）。

（3）风力机制动控制（继电器控制）。

3. 风光互补充电站远程监控系统设计方案

系统主要由 ZigBee 网络、嵌入式网关、PC 访问控制端组成。其中，ZigBee 网络的传感器节点主要完成各项参数检测。然后将检测结果通过 ZigBee 网络传送给协调器。ZigBee 网络的协调器通过串口和嵌入式网关进行通信，所有传感器的数据都可以被上传。嵌入式网关通过自身的 Web 接口连接到 Internet，用户利用 PC 通过 Internet 访问，可以查看各传感器的数据，并且可以通过交互界面进行人为控制。以下两种方案均可实现。

方案一：通过嵌入式网关将信息直接上传到 Internet 再访问控制，如图 6-2 所示。嵌入式网关将无线传感器网络上传来的数据存储到数据库中，统一管理，按需分配。嵌入式网关驱动触屏液晶显示器完成显示实时数据、显示历史数据，通过网关集成网卡和外置路由将数据共享到 Internet 中，便于利用 PC 通过 Internet 进行远程监控。

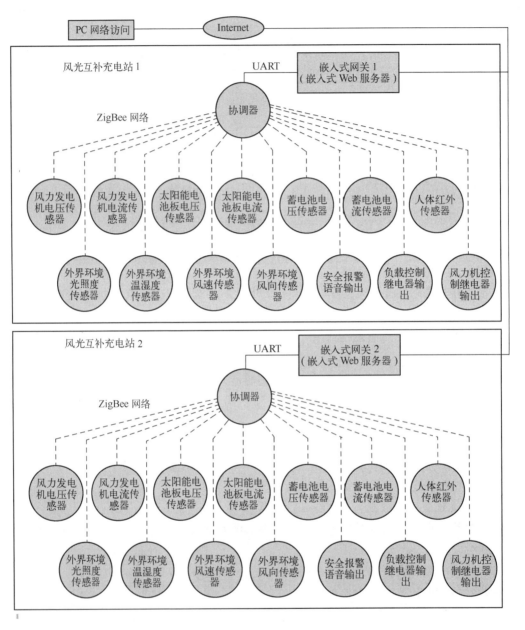

图 6-2　风光互补充电站远程监控系统设计方案一

　　方案二：通过嵌入式网关、无线网卡、路由器将信息上传到 Internet，用户利用 PC 通过局域网进行访问控制，如图 6-3 所示。嵌入式网关通过无线网卡和无线路由将数据共享到 Internet 中。

　　本项目中以"方案一"为例，选用 ZigBee 协议来组建无线传感器网络，选用 Linux 操作系统来管理嵌入式网关。

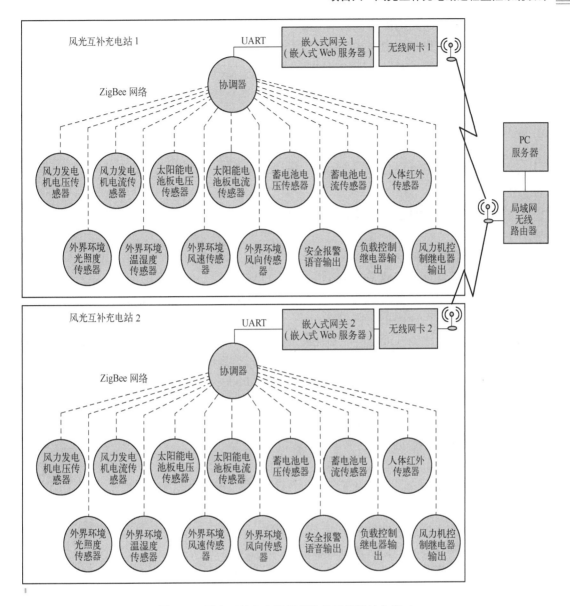

图 6-3　风光互补充电站远程监控系统设计方案二

二、基于 ZigBee 技术的无线传感器网络

1. ZigBee 网络技术与 IEEE802.15.4 标准概述

英国 Invensy 公司、日本三菱电气公司、美国摩托罗拉公司以及荷兰飞利浦等公司在 2001 年共同宣布组成 ZigBee 技术联盟，共同研究开发 ZigBee 技术。2003 年 11 月，IEEE 正式发布了该项技术物理层和 MAC 层所采用的标准协议，即 IEEE802.15.4 协议标准，作为 ZigBee 技术的物理层和媒体层的标准协议；2004 年 12 月，ZigBee 联盟正式发布了该项技术标准。

IEEE802.15.4 是一个低速率无线个人局域网（Low Rate Wireless Personal Area Networks，LR－WPAN）标准。该标准定义了物理层（PHY）和介质访问控制层（MAC）。这种低速率

无线个人局域网的网络结构简单、成本低廉，具有有限的功率和灵活的吞吐量。低速率无线个人局域网的主要目标是实现安装容易、数据传输可靠、短距离通信、低成本、合理的电池寿命，并且拥有一个简单而且灵活的通信网络协议。

LR－WPAN 网络具有如下特点：

（1）实现 250 kbit/s、40 kbit/s、20 kbit/s 三种传输速率；

（2）支持星状或者点对点两种网络拓扑结构；

（3）具有 16 位短地址或者 64 位扩展地址；

（4）支持冲突避免载波多路侦听技术（Carrier Sense Multiple Access with Collision Avoidance，CSMA－CA）；

（5）用于可靠传输的全应答协议；

（6）低功耗；

（7）能量检测（Energy Detection，ED）；

（8）链路质量指示（Link Quality Indication，LQI）；

（9）在 2 450 MHz 频带内定义了 16 个通道；在 915 MHz 频带内定义了 10 个通道；在 868 MHz 频带内定义了 1 个通道。

为了使供应商能够提供最低可能功耗的设备，IEEE（Institute of Electrical and Electronics Engineers，电气及电子工程师学会）定义了两种不同类型的设备：一种是全功能设备（Full Functional Device，FFD），另一种是简化功能设备（Reduced Functional Device，RFD）。

全功能设备（FFD）具有以下几个特点：

（1）能够在任何拓扑结构中工作；

（2）能够成为网络协调器；

（3）能够同任何其他设备进行通信。

简化功能设备（RFD）具有以下几个特点：

（1）被限制在星状网络拓扑中；

（2）不能够成为网络协调器；

（3）只能够同网络中的协调器进行通信；

（4）实现起来较为简单。

由于 RFD 结构与功能较为简单，就像一个电灯开关或者一个红外线传感器，它们不需要发送大量的数据，并且一次只能同一个 FFD 关联，因此，RFD 能够使用很少的资源和存储空间。但在一个网络中应当至少包含一个 FFD 作为 PAN 协调器。

根据 IEEE 802.15.4 标准协议，ZigBee 的工作频段分为 3 个频段，这 3 个工作频段相距较大，而且在各频段上的信道数目不同。这 3 个频段分别为 868 MHz、915 MHz 和 2.4 GHz。三个频段上的调制方式和传输速率不同，其中 2.4 GHz 频段上分为 16 个信道，该频段为免费的全球通用的工业、科学、医学频段，在该频段上，数据传输速率为 250 kbit/s；另外两个频段相应的信道个数分别为 10 信道和 1 信道，传输速率分别为 40 kbit/s 和 20 kbit/s。

在组网性能上，ZigBee 设备可构造星状、树状或网状网络，在每个 ZigBee 无线网络内，连接地址码分为 16 位短地址和 64 位长地址，可容纳的最大设备个数分别为 2^{16} 个和 2^{64} 个，具有较大的网络容量。

ZigBee 技术主要有以下特点：

（1）功耗低。ZigBee 技术传输速率很低，在 2.4 GHz 频段为 250 Kbit/s，传输数据量小。而且，ZigBee 模块不工作时可采用休眠模式，使得系统运行非常节省电能，例如两节普通的电池工作时间可以长达几个月。

（2）数据传输可靠。ZigBee 采用载波检测多址与碰撞避免，当有数据传送需求时则立刻传送，保证了系统信息传输的可靠性。

（3）网络容量大。ZigBee 网络最大可包括 65 535 个网络节点，按功能的不同分为全功能节点（FFD）和精简功能设备（RFD），节点之间可互相连接。

（4）工作频段多样。工作频段为 868 MHz（欧洲）、915 MHz（美国）和 2.4 GHz ISM 频段，在不同的工作频段下有 40 kbit/s、200 kbit/s 和 250 kbit/s 三种不同的传输速率。

（5）成本低廉。ZigBee 通信模块成本价格在几美元左右，而且 ZigBee 协议无须专利费用。

（6）多应用场合。ZigBee 网络结构多样，支持点对点、星状、树状和网状网，因此可用于各种简单和复杂网络的应用需求。

（7）安全性好。ZigBee 采用三级安全模式，提供了基于循环冗余检验（CRC）的数据包完整性校验。

（8）抗干扰能力强。IEEE802.15.4 的物理层采用直接序列扩频（Direct Sequence Spread Spectrum，DSSS）技术，具有良好的抗干扰能力。

ZigBee 技术应用非常广泛，当前主要应用于环境监测、工业控制、医疗护理、智能家居、智能交通等领域，通常只要符合以下条件之一的应用，就可以考虑采用 ZigBee 技术。

（1）需要数据采集或监控的网点较多；

（2）需求传输的数据量不大，要求设备的成本低；

（3）要求数据传输可靠性高，安全性能好；

（4）构建无线传感器网络；

（5）设备体积小，采用电池供电；

（6）地形复杂，监测点多，需要较大的网络覆盖；

（7）现有移动网络的覆盖盲区；

（8）使用移动网络进行低数据量传输的远程监控系统。

太阳能风能电站的远程监控系统就符合上述诸多条件，因此本项目采用 ZigBee 技术来构建户用风光互补电站远程监控系统。这也是未来太阳能风能电站远程监控系统的重要发展方向之一。

2. ZigBee 网络拓扑结构

在 ZigBee 网络中存在三种逻辑设备类型：协调器（Coordinator）、路由器（Router）和终端设备（End-Device）。ZigBee 网络一般由一个协调器、多个路由器和多个终端设备组成。其网络拓扑结构有以下三种：

（1）星状网络拓扑结构。当协调器被激活后，它就会建立一个自己的网络。星状网络的操作独立于当前其他星状网络的操作，如图 6-4 所示，在星状网络结构中只有一个唯一的 PAN 主协调器，通过选择一个 PAN 标识符确保网络的唯一性。无论是路由或是终端都可以加入这个网络中。

（2）网状网络拓扑结构。网状拓扑结构是一种多跳的网络系统。网络中节点可以直接相互通信，每一次通信网络都会选择一条或多条路由进行数据传输，将所要传输的数据传递给目的节点。如图6-5所示，网状网络中的源节点都有多条路径到达目的节点，因此节点容故障能力较强。

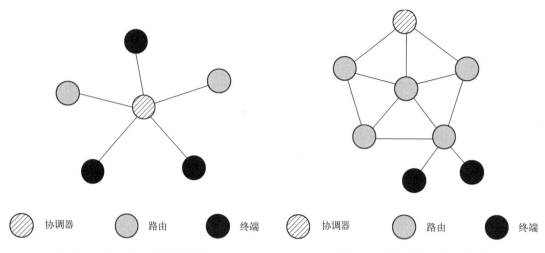

图6-4　星状网络拓扑结构图　　　　　　图6-5　网状网络拓扑结构图

（3）树状网络拓扑结构。

树状拓扑网络包含一个中心协调器、一系列的路由器和终端设备节点，如图6-6所示。协调器和路由器可以包含自己的子节点，终端设备节点不能有自己的子节点。树状拓扑的通信规则中，每一个节点都只能和它的父节点或子节点通信。

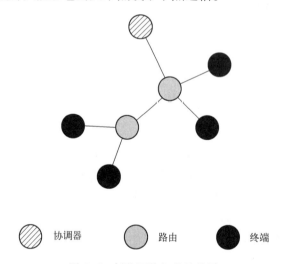

图6-6　树状网络拓扑结构图

3. ZigBee 网络协调器

协调器负责启动整个网络，它也是网络的第一个设备。协调器选择一个信道和一个网络ID（也称之为 PAN ID，即 Personal Area Network ID），随后启动整个网络。协调器也可以用来协助建立网络中安全层和应用层的绑定（Bindings）。

注意，协调器的角色主要涉及网络的启动和配置，一旦这些都完成后，协调器的工作就像一个路由器。由于 ZigBee 网络本身的分布特性，接下来整个网络的操作就不再依赖协调器是否存在了。

4. ZigBee 网络路由器

路由器的功能主要是允许其他设备加入网络、多跳路由和协助终端设备节点通信。通常，路由器希望是一直处于活动状态，因此它必须使用主电源供电。但是当使用树状网络拓扑结构时，允许路由间隔一定的周期操作一次，这样就可以使用电池给其供电。

5. ZigBee 网络终端设备

终端设备没有特定的维持网络结构的责任，它可以睡眠或者唤醒，因此它可以是一个电池供电设备。通常，终端设备对存储空间（特别是 RAM 的需要）比较小。

6. ZigBee 网络网关

网关是通信系统异构网络互联的关键节点。通过网关，无线传感器网络可以与基于 IP 的骨干网络进行通信。网关既是一种网络连接设备，也是无线传感器网络中最大的汇聚节点，能够把数据转发到不同的通信模块，支持不同协议之间的转换，实现 ZigBee 网络与不同通信协议网络（如 GPRS 网络、以太网等）之间的信息互通。

三、嵌入式系统介绍

1. 嵌入式系统概述

嵌入式系统，英文为 Embedded System。从广义上讲，凡是带有微处理器的专用软、硬件系统都可称为嵌入式系统，如各类单片机和 DSP 系统，这些系统在完成较为单一的专业功能时具有简洁高效的特点。但是由于它们没有使用操作系统，所以管理系统硬件和软件的能力有限，在实现复杂的多任务功能时往往困难重重，甚至无法实现。从狭义上讲，那些使用嵌入式微处理器构成的独立系统，并且有自己的操作系统，具有特定功能，用于特定场合的系统称为嵌入式系统。本项目中所说的嵌入式系统是指狭义上的嵌入式系统。

嵌入式计算机系统与通用计算机系统相比具有以下特点：

（1）嵌入式系统是面向特定系统应用的。嵌入式处理器大多数是专门为特定应用设计的，具有低功耗、体积小、集成度高等特点，一般是包含各种外围设备接口的片上系统。

（2）嵌入式系统涉及计算机技术、微电子技术、电子技术、通信和软件等各行各业。它是一个技术密集、资金密集、高度分散、不断创新的知识集成系统。

（3）嵌入式系统的硬件和软件都必须具备高度可定制性。只有这样才能适合嵌入式系统应用的需要，在产品价格性能等方面具备竞争力。

（4）嵌入式系统的生命周期相当长。当嵌入式系统应用到产品以后，还可以进行软件升级，它的生命周期与产品的生命周期几乎一样长。

（5）嵌入式系统不具备本地系统开发能力，通常需要有一套专门的开发工具和环境。

由于嵌入式系统一般具有芯片集成度高、软件代码小、高度自动化、响应速度快等特点，因此特别适合于要求实时性和多任务的体系。

2. 嵌入式系统组成

嵌入式系统一般由硬件平台和软件平台两部分组成，如图 6-7 所示。其中，硬件平台由嵌入式处理器、存储器和输入/输出电路组成，软件平台由嵌入式操作系统和应用程序组成。

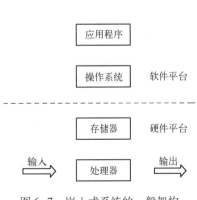

图 6-7　嵌入式系统的一般架构

3. 嵌入式与 Linux 介绍

1）ARM 与 Linux

在 32 位 RISC 处理器领域，基于 ARM 的结构体系在嵌入式系统中发挥了重要作用，ARM 处理器和嵌入式 Linux 的结合也正变得越来越紧密，并在嵌入式领域得到了广泛应用。早在 1994 年，Linux 就可在 ARM 架构上运行，但那时 Linux 并没有在嵌入式系统中得到太多应用。目前，上述状况已经出现巨大变化，包括便携式消费类电子产品、网络、无线设备、汽车、医疗和存储产品在内，都可以看到 ARM 与 Linux 相结合的身影。Linux 之所以能在嵌入式市场上取得如此辉煌的成就，与其自身的优秀特性是分不开的。

Linux 具有诸多内在优点，非常适合于嵌入式操作系统。

（1）Linux 的内核精简而高效，针对不同的实际需求，可将内核功能进行适当的剪裁，Linux 内核可以小到 100 KB 以下，减少了对硬件资源的消耗。

（2）Linux 诞生之日就与网络密不可分，它本身就是一款优秀的网络操作系统。Linux 具有完善的网络性能，并且具有多种网络服务程序，而操作系统具备网络特性是很重要的。

（3）Linux 的可移植性强，方便移植到许多硬件平台，其模块化的特点也便于开发人员进行删减和修改，同时，Linux 还具有一系列优秀的开发工具，嵌入式 Linux 为开发者提供了一整套的工具链，能够很方便地实现从操作系统内核到用户应用软件各个级别的调试。

（4）Linux 源码开放，软件资源丰富，可以支持多种硬件平台，如 X86、ARM、MIPS 等，目前已经成功移植到数十种硬件平台之上，几乎包括所有流行的 CPU 架构，同时 Linux 下面有着非常完善的驱动资源，支持各种主流硬件设备，所有这些都促进了 Linux 在嵌入式领域广泛的应用。

2）Linux 的发展

Linux 是 UNIX 操作系统的一个克隆，由名叫 Linus Torvalds 的大学生在 1991 年开发。Linus Torvalds 将他写的操作系统源代码放在了 Internet 上，受到很多计算机爱好者的热烈欢迎，并且这些计算机爱好者不断地添加新的功能和特性，不断提高它的稳定性。1994 年，Linux 1.0 正式发布。现在，Linux 已经成为一个功能超强的 32 位操作系统。Linux 为嵌入操作系统提供了一个极具吸引力的选择，它是与 UNIX 相似、以核心为基础的、完全内存保护、多任务多进程的操作系统。支持广泛的计算机硬件，包括 X86、Alpha、Sparc、MIPS、PPC、ARM、NEC、Motorola 等现有的大部分芯片。源代码全部公开，任何人可以修改并在 GNU 通用公共许可证（GNU General Public License）下发行，这样开发人员可以对操作系统进行定制。同时由于有 GPL 的控制，大家开发的东西大都相互兼容，不会走向分裂之路。Linux 用户遇到问题时可以通过 Internet 向网上成千上万的 Linux 开发者请教，这使得最困难的问题也有办法解决。Linux 带有 UNIX 用户熟悉的完善的开发工具，几乎所有的 UNIX 系统的应用软件都已移植到了 Linux 上。Linux 还提供了强大的网络功能，有多种可选择窗口管理器（X window）。其强大的语言编译器 gcc、g++ 等也可以很容易得到，不但成熟完善，而且使用方便。

3）Linux 开发环境

通用计算机可以直接安装发行版的 Linux 操作系统，使用编辑器、编译器等工具为本机开发软件，甚至可以完成整个 Linux 系统的升级。嵌入式系统的硬件一般有很大的局限性，或者处理器频率很低，或者存储空间很小，或者没有键盘、鼠标设备。这样的硬件平台无法胜任庞大的 Linux 系统开发任务。因此，开发者提出了交叉开发环境模型。交叉开发环境是由开发主机和目标板两套计算机系统构成的。目标板 Linux 软件是在开发主机上编辑、编译，然后加载到目标板上运行的。为了方便 Linux 内核和应用程序软件的开发，还要借助各种链接手段。常见的 Linux 开发环境有三种组合方式。

①Windows 操作系统 + Cygwin 工具。Cygwin 于 1995 年开始开发，是 Cygnus Solutions 公司（已经被 Red Hat 公司收购）的产品。Cygwin 是一个 Windows 平台下的 Linux 模拟环境。它包括一个 DLL（cygwin1. dll），这个 DLL 为 POSIX 系统提供接口调用的模拟层，还有一系列模拟 Linux 平台的工具。Cygwin 的 DLL 可以用于 Windonws 95 之后的 X86 系列 Windows 上面。其 API 竭尽模拟单个 UNIX 和 Linux 的规范。另外，Cygwin 和 Linux 之间的重要区别一是 C 函数库的不同，前者用 newlib，而后者用的是 glibc；二是 shell 不同，前者用 ash，而在大多数 Linux 发行版上用的是 bash。Windows + Cygwin 组合的开发方式非常适合初学者使用。

②Windows 操作系统 + VMware 工具 + Linux 操作系统。VMware 是一个"虚拟机"软件。它使用户可以在一台机器上同时运行两个或更多的操作系统，比如 Windows 2000/NT/9X/DOS/Linux 系统。与"多启动"系统相比，VMware 采用了完全不同的概念。多启动系统在一个时刻只能运行一个系统，在系统切换时需要重新启动机器。VMware 是真正"同时"运行多个操作系统在主系统的平台上，就像 Word/Excel 那种标准 Windows 应用程序那样切换。Windows + VMware 这种组合对于实际开发应用来说比较广泛，因为在 VMware 工具中可以安装 Linux 系统，可以完全实现 Linux 系统的开发。几乎和在真正的 Linux 系统下开发没有什么区别，并且其最大的好处是在 Linux 系统和 Windows 系统之间的切换非常方便。

③Linux 操作系统 + 自带的开发工具。这种组合是最完整和最权威的 Linux 系统开发方式，不过对于那些习惯 Windows 系统的 Linux 初学者来说比较困难，因为 Linux 下的许多操作都是基于命令行的，所以需要记住常用的命令，并且与 Windows 系统下的文件共享比较困难。一般常用的 Linux 系统有：RedHat、红旗 Linux 等。

4）嵌入式 Linux 系统开发

嵌入式 Linux 开发就是构建一个 Linux 系统，这需要熟悉 Linux 系统组成部分，熟悉 Linux 开发工具，还要熟悉 Linux 编程。

在专用的嵌入式板子上运行 GNU/Linux 系统已经变得越来越流行。一个嵌入式 Linux 系统从软件的角度看通常可以分为四个层次：

①引导加载程序。包括固化在固件（Firmware）中的 boot 代码和 BootLoader 两大部分。

②Linux 内核。特定于嵌入式板子的定制内核以及内核的启动参数。

③文件系统。包括根文件系统和建立于 Flash 内存设备之上的文件系统。

④用户应用程序。特定于用户的应用程序，有时在用户应用程序和内核层之间可能还会包括一个嵌入式图形用户界面。

典型的嵌入式 Linux 系统开发包括以下步骤：

①建立开发环境。操作系统采用 Ubuntu10. 10，选择定制安装或全部安装，通过网络下载相应的 GCC 交叉编译器进行安装（比如 arm – linux – gcc、arm – uclibc – gcc），或者安装产品厂家提供的交叉编译器。

②配置开发主机。配置 MINICOM，一般参数为：波特率为 115 200 Bd，数据位为 8 位，停止位为 1，无奇偶校验，软硬件控制流设为"无"。在 Windows 下的超级终端的配置也是这样。MINICOM 软件的作用是作为调试嵌入式开发板信息输出的监视器和键盘输入的工具。

③配置网络。主要是配置 NFS 网络文件系统，需要关闭防火墙，简化嵌入式网络调试环境设置过程。

④建立引导装载程序 BootLoader。从网络上下载一些公开源代码的 BootLoader，如 U – Boot、BLOB、VIVI、LILO、ARM – Boot、Redboot 等，根据自己的具体芯片进行移植修改。有些芯片没有内置引导装载程序，比如三星的 ARM7、ARM9 系列芯片，这样就需要编写开发板上 Flash 的烧写程序，网络上有免费下载的 Windows 下通过 JTAG 并口简易仿真器烧写 ARM 外围 Flash 芯片的程序，也有 Linux 下公开源代码的 J – Flash 程序。如果不能烧写自己的开发板，就需要根据自己的具体电路进行源代码修改，这是让系统可以正常运行的第一步。

⑤建立根文件系统。从 www. busybox. net 下载使用 BusyBox 软件进行功能裁减，产生一个最基本的根文件系统，再根据自己的应用需要添加其他程序。默认的启动脚本一般都不会符合应用的需要，所以就要修改根文件系统中的启动脚本，它的存放位置位于/etc 目录下，包括：/etc/init. d/rc. S，/etc/profile，/etc/. profile 等。自动挂装文件系统的配置文件/etc/fstab，具体情况会随系统不同而不同。根文件系统在嵌入式系统中一般设为只读，需要使用 mkcramfs、genromfs 等工具产生烧写映像文件。建立应用程序的 Flash 磁盘分区，一般使用 JFFS2 或 YAFFS 文件系统，这需要在内核中提供这些文件系统的驱动。有的系统使用一个线性 Flash（NOR 型）512 KB ~ 32 MB，有的系统使用非线性 Flash（NAND 型）8 ~ 512 MB，有的两个同时使用，需要根据应用规划 Flash 的分区方案。

⑥开发应用程序。应用程序可以下载到根文件系统中，也可以放入 YAFFS、JFFS2 文件系统中，有的应用程序不使用根文件系统，而是直接将应用程序和内核设计在一起，这有点类似于μC/OS – Ⅱ的方式。

⑦烧写内核、根文件系统以及应用程序。

⑧发布产品。

四、相关传感器及执行元件工作原理

1. 电压传感器

系统采用的传感器节点的工作电压是 3.3 V，而生产生活中需要检测的电压一般都远大于该值。所以，需要将较大范围的电压信号转换到较小范围。系统采用的电压传感器就是用于实现此功能。电压传感器可以将输入端的电压转换成与输出端一一对应的模拟电压信号。输出端的信号可以直接输入节点。节点通过 ADC 方式采集传感器输出端的电压值，然后根据电压传感器输入端和输出端的转换关系计算出待测电压值，如图 6-8 所示。

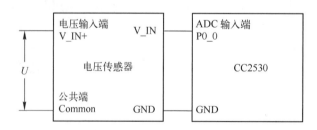

图 6-8　电压传感器工作原理图

系统采用的电压传感器工作参数如下：

- 工作电压：DC 5 V；
- 输入端电压：0 ~ 100 V；

● 输出端模拟电压：小于 3.3 V。

2. 电流传感器

电流传感器可以将输入端的电流转换成与输出端一一对应的模拟电压信号。输出端的信号可以直接输入节点。节点通过 ADC 方式采集传感器输出端的电压值。然后根据电压传感器输入端和输出端的转换关系计算出待测电流值，如图 6-9 所示。

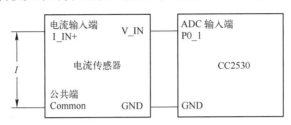

图 6-9　电流传感器工作原理图

系统采用的电流传感器工作参数如下：

● 工作电压：DC 5 V；

● 输入端电流：0 ～ 10 A；

● 输出端模拟电压：小于 3.3 V。

3. 温湿度传感器

系统用 SHT10 采集周围环境中的温度和湿度，其主要工作特性如下：

● 工作电压：2.4 ～ 5.5 V；

● 测湿精度：±4.5% RH；

● 测温精度：±0.5 ℃（25 ℃时）。

（1）SHT10 内部结构。传感器 SHT10 既可以采集温度数据，也可以采集湿度数据。它将模拟量转换为数字量输出，所以用户只需按照它提供的接口将温湿度数据读取出来即可。内部结构示意图如图 6-10 所示。

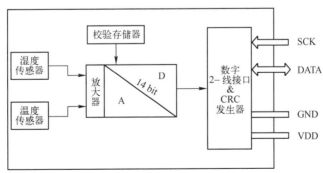

图 6-10　SHT10 内部结构示意图

温湿度传感器输出的模拟信号首先经放大器放大，然后 A/D 转换器将放大的模拟信号转换为数字信号，最后通过数据总线将数据提供给用户使用。其中校验存储器保障模/数转换的准确度，CRC 发生器保障数据通信的安全，SCK 数据线负责处理器和 SHT10 的通信同步，DATA 三态门用于数据的读取。

（2）SHT10 驱动电路。本设计中 CC2530 的 P0_0 和 P0_6 引脚分别用于与 SHT10 的 SCK 和 DATA 引脚相连接，如图 6-11 所示。

4. 光照度传感器

光照度传感器的设计主要是利用了光敏元件的感光特性，硬件设计采用的感光元件是光敏电阻。当光照强度增加，光敏电阻本身的电阻值变小。如图 6-12 所示，将光敏电阻和一个定值电阻串联后接入电路，两端加上固定电压，当环境的光照强度变化时，光敏电阻的阻值会变化，相应地，光敏电阻两端的电压值会发生变化。当光强增强，光敏电阻的自身阻值会减小，所以光敏电阻两端的分压会减小；当光强减弱，光敏电阻的阻值会增大，所以光敏电阻的分压会增大。因此，可以通过检测光敏电阻的分压来检测光照强度的变化。

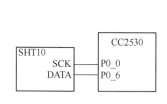

图 6-11　SHT10 引脚连接示意图

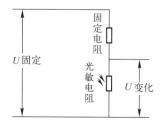

图 6-12　光照度传感器工作原理图

5. 负载控制工作原理

为了保障整个系统运行的安全性，在负载过大或者系统故障的情况下需要采取一定的补救措施，例如切断负载的连接。本项目中是采用继电器控制实现的。

电磁式继电器一般由铁芯、线圈、衔铁、触点簧片等组成的。只要在线圈两端加上一定的电压，线圈中就会流过一定的电流，从而产生电磁效应，衔铁就会在电磁力吸引的作用下克服返回弹簧的拉力吸向铁芯，从而带动衔铁的动触点与静触点（常开触点）吸合。当线圈断电后，电磁的吸力也随之消失，衔铁就会在弹簧的反作用力返回原来的位置，使动触点与原来的静触点（常闭触点）吸合。这样吸合、释放，从而达到了在电路中的导通、切断的目的。对于继电器的常开、常闭触点，可以这样来区分：继电器线圈未通电时处于断开状态的静触点，称为"常开触点"；处于接通状态的静触点称为"常闭触点"。

系统采用继电器对负载的通断进行控制，工作原理如图 6-13 所示。

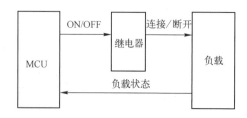

图 6-13　负载控制工作原理

 项目实施

一、硬件系统电路设计

1. 嵌入式网关应用方案

为了实现对风光互补充电站的智能化有效监控，本项目引入本地控制、网络远程控制两种控制方式。其 Internet 远程访问实现方案示意图如图 6-14 所示。

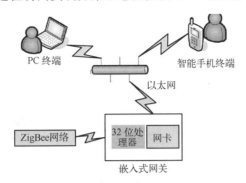

图 6-14　Internet 远程访问实现方案示意图

系统中的 32 位嵌入式网关采用北京凌阳爱普科技有限公司的 Cortex-A8 开发板，开发板自带有线网卡，通过一根普通的网线就可以连接到局域网中或是接入万维网中。该监控系统中也可以移植常见的无线网卡驱动，通过无线网卡和无线路由器也可同样接入局域网或者万维网中，因此通过计算机和智能手机的 Wi-Fi 就可以连接到风光互补充电站远程监控系统。物理连接成功后，在嵌入式开发板启动 http 服务器，PC 就可以通过浏览器访问风光互补充电站远程监控系统。通过网页上的控制按钮就可以实现执行器件的控制和相关信息查询。风光互补充电站远程监控系统中的 http 服务器采用 Linux2.6 内核自带的 httpd 服务器。

2. 嵌入式网关介绍

在风光互补充电站远程监控系统中，采用 Cortex-A8 开发板的嵌入式网关是系统的核心器件，其通过串口通信的方式和系统中的协调器通信。将各传感器采集的数据传到嵌入式网关，并存储到数据库中统一处理，同时将控制命令发送到协调器，传到各控制终端节点。网关与协调器具体传输过程如图 6-15 所示。

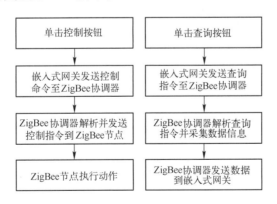

图 6-15　网关与协调器具体传输过程

Cortex-A8 开发板的主要配置包括网关和人机交互资源，如图 6-16 所示为 A8 开发板示意图。

（1）网关。CPU 采用 S5PV210，主频 1 GHz；DDR RAM：1 GB；Flash：1 GB；网关集成无线网卡、USB、RS-232、音频、红外接口、GPRS 模块、GPS 模块、Wi-Fi 模块、蓝牙模块、ZigBee 通信模块、RS-485 总线模块、CAN 总线模块等接口；存储资源：一个 TF 卡接

口，可以外接手机内存卡；一个 SD 卡接口，支持 SD/SDIO/SDHC，可用于外接 SDIO Wi-Fi、SDIO BlueTooth；板载 I2C（S524AD0XD1）存储器；其他资源：板载热敏电阻，测量当前环境温度；三路 ADC 输入引出；两个 SPI 总线接口引出；一个 IIC 总线接口；一个独立RTC；两个 8 位 GPIO 接口引出。

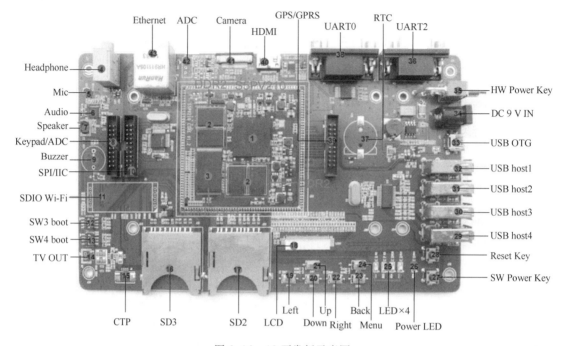

图 6-16　A8 开发板示意图

（2）人机交互资源。四线电阻式 7 寸真彩触摸屏（预留电容式触摸屏接口）16 : 9 显示，分辨率为 800 像素 × 480 像素，能够进行本地数据实时查看；高速 IIC 接口；3 × 3 键盘；四个可编程亮度彩色 LED，1 ～ 64 级亮度变化，实现炫彩呼吸灯效果；四个红色 LED。

3. ZigBee 网络传感器终端节点电路设计

（1）温湿度传感器电路，其电路连接如图 6-17 所示。

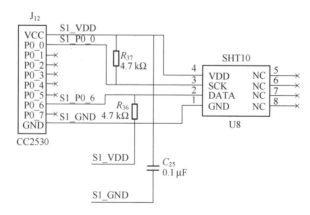

图 6-17　温湿度传感器电路连接

（2）光照度传感器电路，其电路连接如图 6-18 所示。

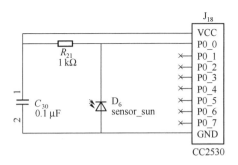

图 6-18　光照度传感器电路连接

（3）人体红外传感器电路，其电路连接如图 6-19 所示。

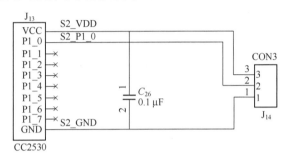

图 6-19　人体红外传感器电路连接

（4）ZigBee 网络协调器电路。协调器节点和其他节点的硬件电路设计是相同的，主要模块的电路原理如下：

ZigBee 网络协调器电源电路原理图如图 6-20 所示。CC2530 的工作电压为 3.3 V，而常用的电源电压为 5 V，所以需要将 5 V 电压稳压到 3.3 V。

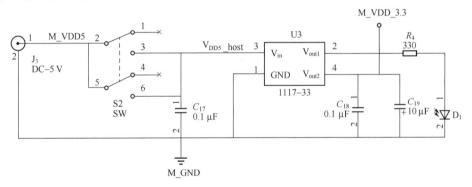

图 6-20　ZigBee 网络协调器电源电路原理图

ZigBee 网络协调器串口通信和 USB-UART 电路原理图如图 6-21 所示。PC 常用的接口为 USB 接口。为了方便 CC2530 与 PC 之间的通信，需要将 CC2530 的串口转换为 USB 口与 PC 进行通信。这里采用凌阳公司生产的通信芯片 SPCP825A 实现这个功能，最高通信速率为 115 kbit/s，最低通信速率为 84 kbit/s。

ZigBee 网络协调器通信指示灯电路原理图如图 6-22 所示。这两个通信指示灯在 ZigBee 节点工作时可用于指示无线数据的收发以及串口数据信息的接收。

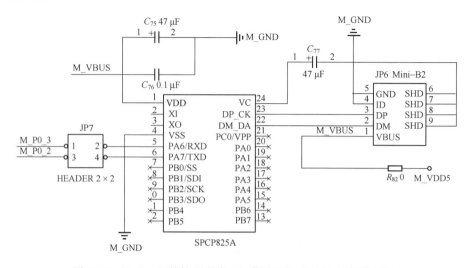

图 6-21　ZigBee 网络协调器串口通信和 USB-UART 电路原理图

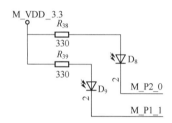

图 6-22　ZigBee 网络协调器通信指示灯电路原理图

（5）电流电压传感器电路。电流传感器电路如图 6-23 所示，电压传感器电路如图 6-24 所示。

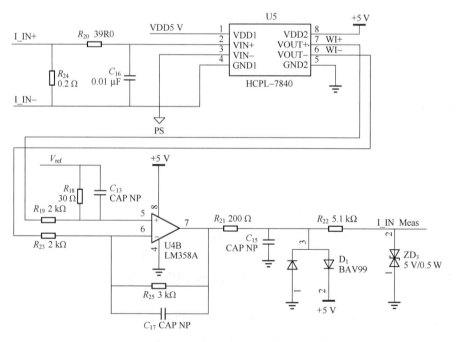

图 6-23　电流传感器电路原理图

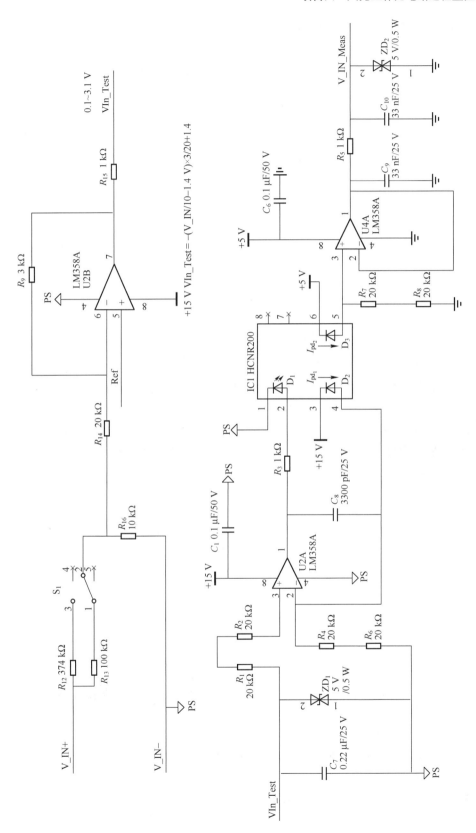

图 6-24　电压传感器电路原理图

（6）继电器输出电路，图 6-25 所示为其电路原理图。

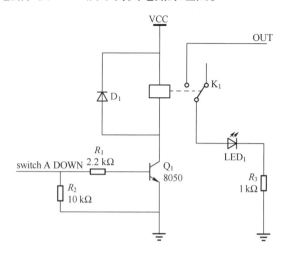

图 6-25　继电器输出电路原理图

二、软件系统程序设计与制作

软件包括节点程序设计与嵌入式网关程序设计。节点程序即无线传感器网络软件平台，包括 ZigBee 协议栈和客户端程序（传感器驱动程序、执行器件控制程序）两大部分，在前面的项目中已作介绍，本项目中重点介绍嵌入式网关程序设计方法。

1. Linux 开发平台建立

Linux 开发平台搭建流程如图 6-26 所示，其中包括 PC 平台 Linux 虚拟机环境建立、ARM 平台 Linux 系统搭建。

图 6-26　嵌入式 Linux 开发平台搭建流程

本项目 Linux 软件开发采用一种交叉编译调试的方式。采用 Ubuntu 10.10 操作系统。

1）对宿主 PC 机的性能要求

由于 Ubuntu 10.10 安装后占用硬盘空间为 2.4 ～ 5 GB 之间，还要安装 ARM-Linux 开发软件，因此对开发计算机的硬盘空间要求较大。

硬件要求如下：

- CPU：高于奔腾 500 MB，推荐高于奔腾 1.0 GB；
- 内存：大于 512 MB，推荐 2 GB；
- 硬盘：大于 40 GB，推荐高于 80 GB。

2）Ubuntu 10.10 的安装

嵌入式 Linux 的 PC 开发环境采用的方案是：在 Windows 下安装虚拟机后，再在虚拟机中安装 Linux 操作系统；即首先要在 Windows 上安装一个虚拟机软件，常用的虚拟机软件为 VMware。然后再在 VMware 上安装 Ubuntu 10.10。在安装完 Ubuntu 10.10 后还要安装嵌入式 Linux 的交叉编译器和开发库以及 ARM-Linux 的所有源代码，这些包安装后总共需要空间大约为 800 MB。

（1）安装 VMware 虚拟机软件。双击 VMware-player-3.1.0-261024.exe ![icon]（见光盘资料\Tools 文件夹中），开始安装虚拟机软件。

（2）在虚拟机中安装 Ubuntu 10.10。打开虚拟机，双击 VMware Player 图标![icon]，打开如图 6-27 所示界面。

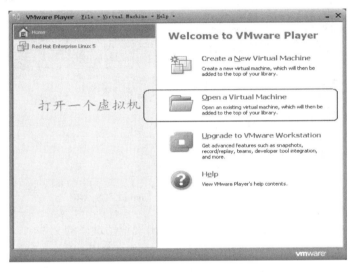

图 6-27　虚拟机开启界面

单击 Open a Virtual Machine，弹出对话框，选择已经配置过的 Ubuntu 系统，将光盘资料\Tools\Ubuntu 10.10.rar 解压至 PC 相应磁盘中（注：此磁盘为要安装 Ubuntu 操作系统的磁盘，可用空间至少 15 GB）；选择 .vmx 文件，打开返回到虚拟机主界面；选择 Play virtual machine 选项，即可打开 PC 机 Ubuntu 操作系统，进行程序开发，如图 6-28 所示。

等待片刻，开机后出现登录界面，单击选择 UNSP 用户，并输入密码"111111"，登录到系统，如图 6-29 所示。

图 6-28　开机

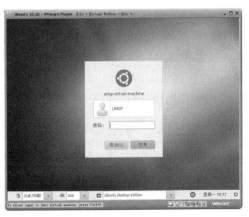

图 6-29　Linux 系统输入用户名

如果认为默认的 Ubuntu 系统的显示界面不符合屏幕要求，可打开"系统"→"首选项"→"显示器"，选择更改系统的分辨率。

3）Ubuntu 系统和 Windows 系统之间相互复制文件

（1）从 Windows 系统复制文件到 Ubuntu 系统。将文件或文件夹复制到 Ubuntu 虚拟机系统内的方法非常简单，直接将 Windows 系统上的文件拖动到 Ubuntu 的桌面即可完成复制工作，如图 6-30 所示。

图 6-30　拖动文件到 Ubuntu 系统

复制完成之后，可以看到在 Ubuntu 的桌面中出现拖动过来的文件。

（2）从 Ubuntu 系统复制文件到 Windows 系统。将文件从 Ubuntu 系统复制到 Windows 系统的方法类似，只需要从 Ubuntu 中拖动文件到 Windows 的文件夹内即可。

4）为 ARM 板的开发准备 PC 端的环境

ARM 板内部运行了一个与 PC 上类似的 Linux 系统。在一般的开发过程中，需要首先在 PC 端做一些准备工作，这些设置包括：ARM 板与 PC 的硬件连接、串口通信软件设置、网络环境设置。

（1）ARM 板与 PC 的硬件连接。一般情况下，ARM 板同时需要两种方式与 PC 建立连接：串口和以太网。首先使用标准 9 针串口线，将 ARM 板的 UART0 与 PC 的串口相连；然后，使用 ARM 板附带的网线，将 ARM 板的以太网接口与 PC 的网卡直接相连，或者将 ARM 板与路由器相连。至此，完成硬件连接，如图 6-31 所示。

（2）串口通信软件设置。在 PC 端需要使用串口通信软件来对 ARM 板进行控制。使用 Windows XP 系统的用户，可以直接使用 Windows 系统自带的"超级终端"工具，Windows 7 系统不带有相应的超级终端软件，可通过使用Windows XP 系统中的超级终端或者使用第三方的软件实现相应的应用，这里仅针对"超级终端"做详细设置说明。

图 6-31　ARM 板与 PC 机的基本硬件连接

找到一个安装有 Windows XP 的操作系统，进入 C：\Program Files\Windows NT 目录，将该目录中的文件复制出来。如图 6-32 所示。

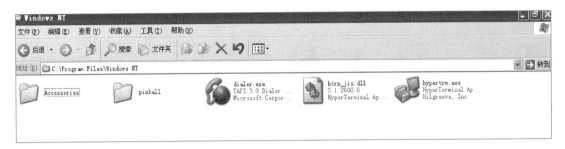

图 6-32　Windows XP 系统中 Windows NT 文件夹

进入 Windows 7 操作系统，将从 Windows XP 中复制的 Windows NT 目录粘贴到 Windows 7 操作系统任意目录中，但其中的 hypertrm 程序粘贴到 C：\Windows\System32 目录下，如图 6-33 所示。

图 6-33　粘贴 hypertrm 程序到 C：\Windows\System32 目录中

单击"开始"菜单，打开 Windows 7 的"控制面板"，打开"电话和调制解调器"，如图 6-34 所示。

设置拨号的区号和电话号码，设置完成后。单击"确定"按钮完成拨号设置，如图 6-35 所示。

进入 C：\Windows\System32 目录，运行 hypertrm 程序，如图 6-36 所示。

开启终端之后，建立新连接。Windows XP 系统的用户不需前面五步，可以直接选择"开始"→"程序"→"附件"→"通讯"→"超级终端"命令，如图 6-37 所示。

图 6-34　在"控制面板"中打开"电话和调制解调器"

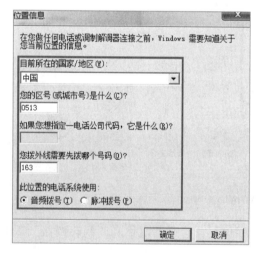

图 6-35　设置拨号的区号和电话号码

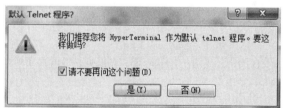

图 6-36　运行 hypertrm 程序

　　然后 Windows XP 系统用户和 Windows 7 用户操作方法相同。设置超级终端名称，任意名称即可，如图 6-38 所示。

　　选择串口，例如：如果已将串口线接在串口 1 上，就选择 COM1，如图 6-39 所示。

　　设置串口属性，每秒位数设置为 115200，数据流控制选择"无"，如图 6-40 所示。

图 6-37　Windows XP 中打开超级终端

图 6-38　输入连接的名称

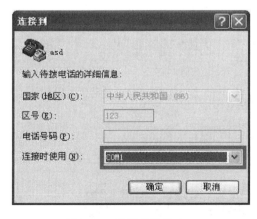

图 6-39　选择连接的串口

图 6-40　选择串口的设置属性

此时，将 Cortex-A8 开发板接通电源，并按下开发板上的 Power 键，则可以在超级终端中看到开发板的启动提示信息。待系统正常启动之后，可以看到"SAPP210. XXXX login:"

提示，此时，表示 Linux 系统已经正常启动，等待用户登录。按下【Enter】键登录，输入用户名 root，密码 111111，即可登录系统，如图 6-41 所示。注意，密码输入时超级终端中不会有任何显示。

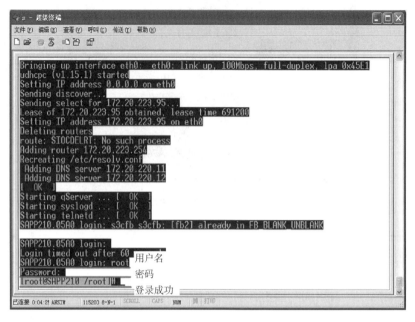

图 6-41　登录到开发板的 Linux 系统

（3）网络环境设置。可以通过手动配置的方式，来为开发板分配 IP 地址。首先设置计算机为静态 IP。例如，将 PC 的 IP 地址设置为"192.168.87.1"，如图 6-42 所示。

在超级终端中，执行命令 ipconfig eth0 − i 192.168.87.130 − m 255.255.255.0 − g 192.168.87.1，即可为开发板手动配置 IP 地址，如图 6-43 所示。

其中，− i 后面的参数是实验箱的 IP 地址；− m 后面的参数是子网掩码；− g 后面的参数是网关地址。如果不需要网关，可以将 − g 和其后面的参数省略。设置完成之后，需要执行 service network restart 命令重启网络服务，使设置生效。如需查看开发板当前的 IP 地址，可以执行命令"ifconfig eth0"。

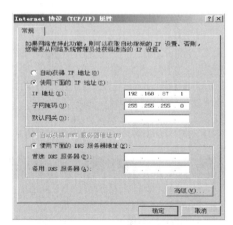

图 6-42　设置静态 IP

图 6-43　手动配置开发板的 IP 地址

5）将编译生成的文件复制到开发板上

首先，将在 Ubuntu 系统中的通过"终端"程序命令 arm – linux – gcc 编译好的可执行程序文件，从 Ubuntu 中复制到 Windows 系统，然后打开"我的电脑"，在地址栏中输入 "ftp://开发板的 IP 地址"，打开开发板文件系统。最后使用"复制—粘贴"的方式将编译好的文件放入开发板内。·

2. 网关后台服务程序设计

网关后台服务程序用来衔接无线传感网络和应用决策。服务程序在网关开机后自动运行。服务程序负责监听来自于中心节点（协调器）的异步串行通信接口的数据，或者可以将数据通过异步串行通信接口发送给中心节点（协调器），进而可以将数据通过无线传感网络发送给任意传感器节点。服务程序监听来自于 TCP/IP 网络的请求，并根据这些请求为其他（计算机）的应用程序提供对无线传感网络的信息的访问或者允许其他（计算机）的应用程序对无线传感网络中的任意节点进行控制。

网关后台服务程序的设计内容如下：

1）串口通信程序设计

嵌入式网关与协调器通过串口传输数据。Linux 下的串口驱动遵循 POSIX 接口标准，此处将所有的设备都看作一个文件，因此使用此接口标准可以像操作文件一样操作串口，例如打开串口使用 open 函数进行操作；读串口使用 read 函数。另外，由于在 Linux 中将串口作为一个终端设备，所以其具有终端设备的一些特殊操作函数。

（1）启动串口通信。

```
int wsnsrv_serial_start(const char * devname,const char * fmt)
{
    struct termios option;
    wsnsrv_serial_stop();
    do {
        pthread_t pt;
        serialFD = open(devname,O_RDWR);
        if(serialFD < 0)
            break;
        tcgetattr(serialFD,&option);
        if(parse_serial_param_string(fmt,&option)!=0)
        {
            close(serialFD);
            return -1;
        }
        option.c_lflag = 0;
        option.c_oflag = 0;
        option.c_iflag = 0;
        tcsetattr(serialFD,TCSANOW,&option);
        if(pthread_create(&pt,NULL,wsnsrv_serial_monitor,NULL))
            wsnsrv_serial_stop();
    } while(0);
```

```
        return (serialFD > =0)? 0:-1;
    }
```

【函数原型】int open(const char *pathname,int oflag);
　　　　　int open(const char *pathname,int oflag,mode_t mode);

【功能】打开名为 path 的文件或设备，成功打开后返回文件句柄。

【参数】pathname：文件路径或设备名；oflag：打开方式。

【返回值】成功打开后返回文件句柄，失败返回 −1。

【头文件】使用本函数需要包含 < sys/types. h > 、 < fcntl. h > 和 < sys/stat. h > 。

【函数原型】int tcgetattr(int fd,struct termios *option);

【功能】得到串口终端的属性值。

【参数】fd：由 open 函数返回的文件句柄；option：串口属性结构体指针。
termios 的结构如下所示：

```
    struct termios
    {
        unsigned int c_iflag;                    //输入参数
        unsigned int c_oflag;                    //输出参数
        unsigned int c_cflag;                    //控制参数
        unsigned int c_lflag;                    //局部控制参数
        unsigned char c_cc[NCCS];                //控制字符
        unsigned int c_ispeed;                   //输入波特率
        unsigned int c_ospeed;                   //输出波特率
    }
```

【返回值】成功返回 0，失败返回 −1。

【头文件】使用本函数需要包含 < unistd. h > 、 < termios. h > 。注：结构体 termios 中的各参数的常量定义请参考 < termios. h > 。

【函数原型】int tcsetattr(int fd,int optact,const struct termios *option);

【功能】设置串口终端的属性。

【参数】fd：由 open 函数返回的文件句柄；optact：选项值，有三个选项以供选择；TCSANOW：不等数据传输完毕就立即改变属性；TCSADRAIN：等待所有数据传输结束才改变属性；TCSAFLUSH：清空输入输出缓冲区才改变属性；option：串口属性结构体指针。

【返回值】成功返回 0，失败返回 −1。

【头文件】使用本函数需要包含 < unistd. h > 、 < termios. h > 。

（2）通过串口写数据。

```
    int wsnsrv_serial_write(const unsigned char *buf,int len)
    {
        if(len < =0)
            len = strlen((const char *)buf);
        printf("the write set buf is % s \n",buf);
        return write(serialFD,buf,len);
    }
```

【函数原型】ssize_ t write (int fd, void ∗ buffer, size_ t count);

【功能】向已经打开的文件中写入数据。

【参数】fd：文件或设备句柄，通常由 open 函数返回；buffer：数据缓冲区；count：要写入的字节数。

【返回值】成功写入后返回写入的字节数，失败返回 −1。

【头文件】使用本函数需要包含 < unistd. h >。

（3）通过串口接收节点数据。

```c
static void ∗wsnsrv_serial_monitor(void ∗param)
{
    PSERIALMSG newMsg = (PSERIALMSG)malloc(sizeof(SERIALMSG));
    unsigned char ∗pPayload = (unsigned char ∗)&(newMsg ->pkg);
    int index = 0;
    int done = 0;
    memset(newMsg,0,sizeof(∗newMsg));
    serialMonitorRunning = 1;
    usleep(100);
    while(serialFD >= 0)
    {
        unsigned char recvChar = 0;
        if(_read_from_serial(serialFD,&recvChar)! = 0)
        {
            //printf("read the serial timeout \n");
            continue;
        }
        if(index < 2)
        {
            ∗pPayload = recvChar;
            //printf("index < 2 recvChar is % x \n",recvChar);
            if(∗pPayload == SYNC_CODE)
                index ++;
            else
                index = 0;
        }
        else
        {
            pPayload[index ++] = recvChar;
        }
        //the type is recved
        if(index == 16)
        {
            int i;
            for(i = 0;i < newMsg ->pkg.type.len;i ++)
            {
```

```
                        unsigned char recvChar = 0;
                        while(_read_from_serial(serialFD,&recvChar)!=0);
                        pPayload[index ++] = recvChar;
                    }
                    done = 1;
                }
                if(done)
                {
                    LOCK_SERIAL();
                    List_Appand(&serialMsgList,newMsg);
                    UNLOCK_SERIAL();
                    sem_post(&serialMsgOpWaiter);
                    newMsg = (PSERIALMSG)malloc(sizeof(SERIALMSG));
                    pPayload = (unsigned char *)&(newMsg->pkg);
                    index = 0;
                    done = 0;
                }
            }
            serialMonitorRunning = 0;
            pthread_detach(pthread_self());
            return NULL;
        }
```

（4）停止串口通信。

```
    int wsnsrv_serial_stop(void)
    {
      if(serialFD >=0)
          close(serialFD);
      serialFD = -1;
      while(serialMonitorRunning)
          usleep(10);
      wsnsrv_serial_clear();
      return 0;
    }
```

【函数原型】int close(int fd);

【功能】关闭之前被打开的文件或设备。

【参数】fd：文件或设备句柄，通常由 open 函数返回。

【返回值】成功打开后返回 0，失败返回 −1。

【头文件】使用本函数需要包含 < unistd. h >。

2）Linux 下的 Socket 编程

Socket 是 TCP/IP 协议传输层所提供的接口（称为套接口），供用户编程访问网络资源，它是使用标准 UNIX 文件描述符和其他程序通信的方式。Linux 的套接口通信模式与日常生活中的电话通信非常类似，套接口代表通信线路中的端点，端点之间通过通信网络来相互联系。Socket 接口被广泛应用并成为事实上的工业标准。它是通过标准的 UNIX 文件描述符和其他程序通信的一个方法。

（1）启动网络通信。

```
int wsnsrv_sockif_start(void)
{
    if(servSock >=0)
        return 0;
    servSock = socket(AF_INET,SOCK_STREAM,0);
    int on =1;
    if(setsockopt(servSock,SOL_SOCKET,SO_REUSEADDR,&on,sizeof(on)))
    perror("setsockopt:SO_REUSEADDR");
    struct sockaddr_in bindAddr;
    memset(&bindAddr,0,sizeof(bindAddr));
    bindAddr.sin_family = AF_INET;
    bindAddr.sin_port = htons(WSN_SOCKPORT);
    bindAddr.sin_addr.s_addr = htonl(INADDR_ANY);
    if(bind(servSock,(struct sockaddr * )&bindAddr,sizeof(bindAddr)))
    {
        close(servSock);
        servSock = -1;
        return -1;
    }
    if(listen(servSock,1))
    {
        close(servSock);
        servSock = -1;
        return -1;
    }
    pthread_t pt;
    pthread_create(&pt,NULL,wsnsrv_sockif_monitor,NULL);
    return servSock;
}
```

为了执行网络 I/O，一个进程必须做的第一件事就是调用 socket( )函数，指定期望的通信协议类型。socket( )函数的函数原型及功能描述如下：

【函数原型】int socket(int family,int type,int protocol);

【功能】创建一个套接口。

【参数】family：指定期望使用的协议族；type：指定套接口类型；protocol：协议类型。

【返回值】执行成功返回非负整数，它与文件描述字类似，称为套接口描述字。

【头文件】使用本函数需要包含 < sys/socket. h >。

bind( )函数可以把本地协议地址赋予一个套接口。对于网际协议，协议地址是 32 位的 IPv4 地址或 128 位的 IPv6 地址与 16 位的 TCP 或 UDP 端口号的组合。执行 bind( )函数后，指定的协议地址（IP 地址和端口）即被宣布由某个套接口拥有，此后通过该地址发生的网络通信都由该套接口进行控制。bind( )函数常被 TCP 或 UDP 服务器用来指定某个特定的端口以便可以接收客户端的连接请求。

bind( )函数的函数原型和功能描述如下：

【函数原型】int bind(int sockfd,const struct sockaddr *myaddr,socklen_t addrlen);

【功能】将指定协议地址绑定至某个套接口。

【参数】sockfd：套接口描述字，由 socket( )函数返回；servaddr：含有本地 IP 地址和端口信息的地址结构指针；addrlen：地址结构长度。

【返回值】执行成功返回 0，失败返回 −1。

【头文件】使用本函数需要包含 < sys/socket. h > 。

【说明】对于 IPv4 来说，可以使用常量 INADDR_ANY 来表示任意 IP 地址，如果本地 IP 地址设置为 INADDR_ANY，内核将自动确定本地 IP 地址。

listen( )函数仅由 TCP 服务器调用，该函数将做下面的工作：

● 当 socket( )函数创建一个套接口时，它被假设为一个主动套接口，即它是一个将调用 connect 发起连接的客户套接口。listen( )函数把一个未连接的套接口转换成一个被动套接口，指示内核应接受指向该套接口的连接请求。

● 该函数的第二个参数规定了内核应该为相应套接口排队的最大连接个数，即指定了 TCP 服务器可以处理的连接请求的个数。

listen( )函数的函数原型和功能描述如下：

【函数原型】int listen(int sockfd,int backlog);

【功能】将套接口转换至被动状态，等待客户端的连接请求。

【参数】sockfd：套接口描述字，由 socket( )函数返回；backlog：最大允许的连接请求数量。

【返回值】执行成功返回 0，失败返回 −1。

【头文件】使用本函数需要包含 < sys/socket. h > 。

【说明】该函数应在调用 socket( )和 bind( )两个函数之后，并在调用 accept( )函数之前调用。

（2）停止网络通信。

```
int wsnsrv_sockif_stop(void)
{
    if(servSock > =0)
    {
        close(servSock);
        servSock = -1;
    }
    return 0;
}
```

在完成数据通信之后，可以使用 close( )函数来关闭套接口，同时终止当前连接。

close( )函数的函数原型和功能描述如下：

【函数原型】int close(int sockfd);

【功能】关闭一个套接口。

【参数】sockfd：套接口描述字。

【返回值】执行成功返回 0，否则返回 –1。

【头文件】使用本函数需要包含 < unistd. h >。

（3）获取网络连接。

```
static void * wsnsrv_sockif_monitor(void * arg)
{
    while(servSock > = 0)
    {
        struct sockaddr_in remoteAddr;
        socklen_t addrLen = sizeof(remoteAddr);
        int sockfd = accept (servSock, (struct sockaddr * ) &remoteAddr,
        &addrLen);
        if(sockfd < 0)
        {
            printf("accept error \n");
            continue;
        }
        pthread_t pt;
        pthread_create (&pt, NULL, wsnsrv_sockif_client_processer, (void * )
        sockfd);
    }
    pthread_detach(pthread_self());
    return NULL;
}
```

accept( )函数由 TCP 服务器调用，用于从连接队列获取下一个已完成的连接。如果连接队列为空，则进程将进入睡眠状态（假定套接口为默认的阻塞方式）。accept( )函数的第一个参数指定了监听套接口的描述字，该描述字用于指示需要由哪个监听状态的套接口获取连接。accept( )函数的返回值也是一个套接口描述字，它表示了已经连接的套接口的描述字。监听套接口在服务器的生命期内一直存在，而连接套接口在与当前客户端的通信服务完成之后即被关闭。

accept( )函数的函数原型和功能描述如下：

【函数原型】int accept (int sockfd, struct sockaddr * cliaddr, socklen_t * addrlen);

【功能】从连接队列里获取一个已完成的连接。

【参数】sockfd：监听套接口描述字；cliaddr：用来返回客户端地址信息的结构体指针；addrlen：用来返回客户端地址信息结构体的长度。

【返回值】执行成功返回一个非负的连接套接口描述字，否则返回 –1。

【头文件】使用本函数需要包含 < sys/socket. h >。

（4）网络数据传输。

```
static void * wsnsrv_sockif_client_processer(void * arg)
{
```

```
int sockfd = (int)arg;
WSNSOCKPACKAGE *pkg = wsnsrv_sockif_recv_package(sockfd);
if(pkg != NULL)
{
    switch(pkg -> cmd)
    {
      case CCHECK:
        if(wsnsrv_query() == 0)
        wsnsrv_sockif_send_ack(sockfd,NOERR);
        else
        wsnsrv_sockif_send_ack(sockfd,IOERROR);
        break;
    case CDEBUGON:
    if(wsnsrv_debug_on((char *)pkg -> data.payload) == 0)
        wsnsrv_sockif_send_ack(sockfd,NOERR);
        else
        wsnsrv_sockif_send_ack(sockfd,IOERROR);
    break;
    case CDEBUGOFF:
        wsnsrv_debug_off();
    wsnsrv_sockif_send_ack(sockfd,NOERR);
        break;
    case CCTRLSENSOR:
        {
            printf("control the sensor \n");
            int node,value;
            if(sscanf((char *)pkg -> data.payload,"%d =%d",&node,&value) != 2)
            {
                wsnsrv_sockif_send_ack(sockfd,ACCDEN);
            }
            else if(node != 0x2D)                    //执行器
            {
                wsnsrv_sockif_send_ack(sockfd,IOERROR);
            }
            else
            {
                wsnsrv_set_execute(value);
                wsnsrv_sockif_send_ack(sockfd,NOERR);
            }
        }
```

```
        break;
    default:
    wsnsrv_sockif_send_ack(sockfd,ACCDEN);
        break;
    }
    wsnsrv_sockif_destroy_package(pkg);
}
close(sockfd);
pthread_detach(pthread_self());
return NULL;
}
```

成功建立连接之后，可以使用 recv( )函数来完成数据的接收。

recv( )函数的函数原型和功能描述如下：

【函数原型】int recv(int sockfd,void ＊buf,int len,unsigned int flag);

【功能】从一个已经连接的套接口接收数据。

【参数】sockfd：连接套接口描述字；buf：用于保存接收数据的缓冲区地址；len：需要接收的数据字节数；flag：一般设置为 0。

【返回值】执行成功返回实际接收到的数据字节数，否则返回 –1。

【头文件】使用本函数需要包含 < sys/socket. h > 。

使用 send( )函数可以完成数据的发送。send( )函数的函数原型和功能描述如下：

【函数原型】int send(int sockfd,const void ＊buf,int len,unsigned int flag);

【功能】从一个已经连接的套接口发送数据。

【参数】sockfd：连接套接口描述字；buf：用于保存发送数据的缓冲区地址；len：需要发送的数据字节数；flag：一般设置为 0。

【返回值】执行成功返回实际发送的数据字节数，否则返回 –1。

【头文件】使用本函数需要包含 < sys/socket. h > 。

3) 数据库服务程序

系统启动后台的服务程序后，后台服务程序为数据库提供服务。它一直在接收从 ZigBee 网络上传的所有节点的数据，包括网络拓扑信息，并将其存入数据库。数据库服务程序主要是利用 SQLite 来管理传感器网络相关数据表，并通过动态库的方式向本机的其他进程提供相应的操作接口，方便其他程序访问和控制数据表。

SQLite 是一款轻型的数据库，是遵守 ACID 的关联式数据库管理系统，它的设计目标是嵌入式的，而且目前已经在很多嵌入式产品中使用，它占用资源非常少，能够支持 Windows/Linux/UNIX 等主流的操作系统，同时能够与很多程序语言相结合，比如：Tcl、C#、PHP、Java 等，还有 ODBC 接口。

在目前的系统中，数据库需要包含两种数据表：节点信息和历史数据（包含最近一次的节点数据）。

数据库的结构如表 6-1 所示。每种数据表均对应一组操作函数，方便其他模块或程序的使用。

表 6-1 数据库的结构

名 称	数据表名	字 段	类 型	说 明
节点信息	wsn_node	id	INTEGER	索引
		nwkaddr	CHAR(4)	节点地址（十六进制储存）
		paraddr	CHAR(4)	父节点地址（十六进制储存）
		hwaddr	CHAR(16)	节点物理地址（十六进制储存）
		type	CHAR(2)	节点类型（十六进制储存）
		refreshcycle	CHAR(2)	节点数据更新周期（十六进制存储）
		data	CHAR(64)	节点数据（字符串形式）
历史数据	wsn_data	id	INTEGER	索引
		date	DATE	数据记录日期
		time	TIME	数据记录时间
		type	CHAR(2)	节点类型（十六进制储存）
		data	CHAR(64)	节点数据（字符串形式）

服务程序提供表 6-2 所列的函数，帮助用户直接操作数据库，如表 6-2 所示为数据库基本操作 API。使用这些函数需包含 libwsndb. h 头文件。

表 6-2 数据库基本操作 API

名 称	函数原型	说 明
初始化数据库	【原 型】int WSNDB_Init(void);	
	【说 明】初始化数据库。必须在使用任何其他数据库操作函数前调用该函数。 【参 数】无。 【返回值】成功返回 0，失败返回 -1。	
关闭数据库	【原 型】int WSNDB_UnInit(void);	
	【说 明】关闭数据库。在调用该函数后，对数据库的操作会引起不可预知的结果。 【参 数】无。 【返回值】成功返回 0，失败返回 -1。	
执行 SQL 语句	【原 型】int WSNDB_Exec(const char ∗ exec);	
	【说 明】执行 SQL 语句，并且不需要返回检索结果。 【参 数】exec 为待执行的 SQL 语句。 【返回值】成功返回 0，失败返回 -1。	
	【原 型】int WSNDB_Query(const char∗ exec, char∗∗∗ dbResult, int∗ nRow, int∗ nColumn);	
	【说 明】执行 SQL 语句，并且返回检索结果。该函数必须与 WSNDB_FinishQuery() 函数配对使用，在使用完该函数返回的 dbResult 之后，必须调用 WSNDB_FinishQuery() 函数。 【参 数】exec 为待执行的 SQL 语句；dbResult 用于返回检索结果，检索结果的保存方式符合 sqlite 的定义；nRow 和 nColumn 分别用来返回检索结果的数量和每一条结果包含的字段数量。 【返回值】成功返回 0，失败返回 -1。	
	【原 型】int WSNDB_FinishQuery(char ∗ ∗ dbResult);	

名　称	函数原型	说　明
执行 SQL 语句	【说　明】结束执行 SQL 语句。该函数必须与 WSNDB_Query() 函数配对使用。在使用完 WSNDB_Query() 函数返回的 dbResult 之后，必须调用该函数。 【参　数】exec 为待执行的 SQL 语句；dbResult 用于返回检索结果，检索结果的保存方式符合 sqlite 的定义；nRow 和 nColumn 分别用来返回检索结果的数量和每一条结果包含的字段数量。 【返回值】成功返回 0，失败返回 −1。	
获取错误描述信息	【原　型】const char * WSNDB_LastError(void); 【说　明】获取最后一次错误的描述。 【参　数】无。 【返回值】错误描述字符串。 【备　注】该函数在目前的版本中功能并不完整。	

3. 监控界面设计

风光互补充电站远程监控系统主要包括主监控界面、传感器网络拓扑图、温湿度传感器显示界面、人体红外传感器显示界面、传感器的实时数据显示界面、继电器控制界面、传感器的历史数据显示界面等。

图 6-44 是风光互补充电站远程监控系统的主监控界面，在主监控界面上有五个按钮，分别是系统拓扑图、实时数据、控制、历史数据、设置，五个按钮分别对应系统的五个模块，单击"系统拓扑图"按钮，如图 6-45 所示。

图 6-44　风光互补充电站远程监控系统主监控界面

该模块显示了传感器的网络拓扑关系。在系统拓扑图模块中，显示出本系统的各个传感器节点之间的网络拓扑关系，最上边的蓝色节点"协调器"，是所有传感器节点的父节点，管理所有的传感器节点，也是所有传感器进行通信的网络中转站，该节点对应着硬件协调节点；红色节点表示各传感器的联网情况。如单击"温湿度"图标，则弹出如图 6-46 所示对话框。

单击"人体红外"图标，弹出如图 6-47 所示对话框。

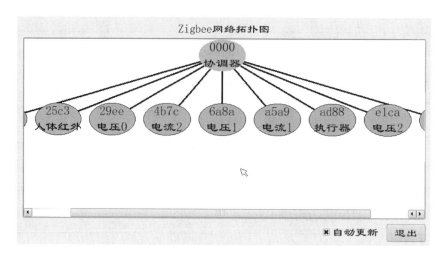

图 6-45　传感器网络拓扑图

图 6-46　温湿度传感器显示界面

图 6-47　人体红外传感器显示界面

　　单击"实时数据"按钮，弹出如图 6-48 所示面板。

　　该模块显示传感器的实时数据。在实时数据模块中，采用柱状条的形式来显示实时数据，表示数值的大小，使数据显示更加形象具体，方便用户查看。系统应用 QT 图形界面设计技术来实现实时数据显示功能。

　　单击"控制"按钮，弹出如图 6-49 所示窗口。

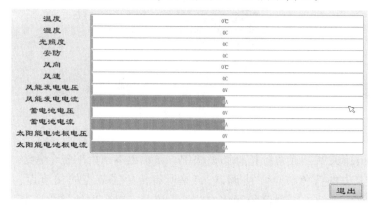

图 6-48　传感器的实时数据面板

图 6-49　继电器控制窗口

　　该模块用于继电器的控制。在控制模块中，可以选择是手动还是自动控制继电器的通断。当选中"打开手动控制"标签时，可进行手动控制继电器，单击"关闭"或是"打开"按钮，可以手动对继电器的通断进行控制。不选中"打开手动控制"标签时，默认是自动控制继电器。

单击"历史数据"按钮，弹出如图6-50所示面板。

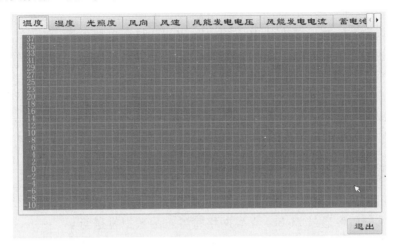

图6-50　传感器的历史数据面板

该模块显示了传感器的历史数据。在历史数据模块，有八个类似浏览器网页的标签，每个标签对应一个传感器，每个传感器采用图形曲线的形式显示历史数据的变化情况，方便用户查看数据在一段时间内的变化，帮助用户分析发电站的发电机的发电量与温度、湿度、光照的关系，以便提高转换效率。曲线的时间轴可以以年、月、日为单位。

4. 网络远程数据采集和控制

嵌入式网关连接到Internet后，如在嵌入式开发板启动http服务器，PC就可以通过浏览器访问风光互补充电站远程监控系统。通过网页上的控制按钮就可以实现执行器件的控制和相关信息查询。风光互补充电站远程监控系统中的http服务器采用Linux 2.6内核自带的httpd服务器，其监控网页设计如图6-51所示。

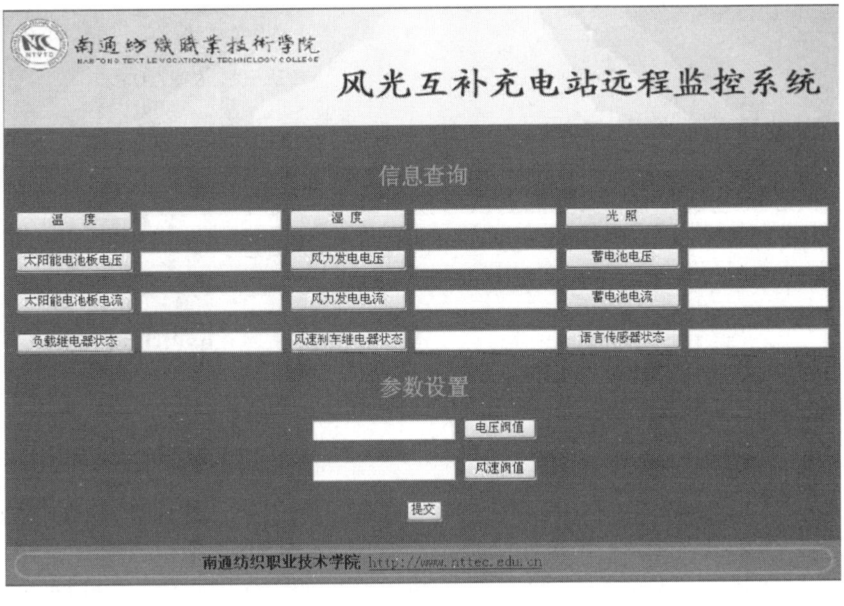

图6-51　监控网页设计

在"信息查询"一栏，单击各有文字标注的按钮，就能够在其右面的文本框中显示出相应的传感器检测数据或继电器状态数据。

在"参数设置"一栏，单击"电压阈值"按钮，显示电压的阈值；单击"风速阈值"按钮，显示风速的阈值。单击"电压阈值"左面的文本框，会有跳动的光标，输入数值即可设置电压阈值；单击"风速阈值"左面的文本框，会有跳动的光标，输入数值即可设置风速阈值。

网络远程控制数据的流程如图 6-52 所示。

三、硬件系统连接与硬、软件联调

整个系统可分为 ZigBee 网络、嵌入式网关两大部分。ZigBee 网络各个节点供电后可通过 ZigBee 无线网络将各自的数据发送给协调器节点，协调器节点通过串口将数据上传给嵌入式网关，从而实现了数据的传送。所以，ZigBee 节点之间没有直接的硬件连接。但 ZigBee 协调器和网关通过串口线相连。

1. 系统的硬件连接与调试

（1）将电源适配器和节点按图 6-53 所示连接，为每个 ZigBee 节点供电。

（2）节点旁边的电源开关（拨动开关）拨到如图 6-54 所示的左侧即为接电源，核心板上的电源指示灯会亮起。

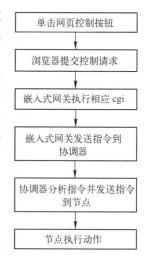

图 6-52　网络远程控制数据的流程

节点供电

图 6-53　ZigBee 节点供电

拨动开关，左侧为 ON

图 6-54　打开 ZigBee 核心板供电开关

（3）若核心板电源指示灯没有亮起或者呈粉红色，或者不够明亮，则可以用万用表检测图 6-55 所示的排针两端的电压，正常情况下为 3.3 V 或者接近。如果所测电压不足 3.3 V，则需要检查其他供电是否正常。

（4）如图 6-56 所示连接 ZigBee 协调器节点的 UART0 和嵌入式网关的 UART1。嵌入式网关的 UART1 接口如图 6-57 所示，ZigBee 节点的 UART0 接口如图 6-58 所示。连接时，协调器的 GND 和网关的 GND 连接，协调器串口通信的 TX（P0_3）连接到网关的 RX1，协调器串口通信的 RX（P0_2）连接网关的 TX1。网关单元和 ZigBee 网络协调器的串口连接线在背面，如图 6-59 所示。

正常电压 3.3 V

图 6-55　硬件连接电压检测

图 6-56　ZigBee 协调器和嵌入式网关串口连接

图 6-57　嵌入式网关的 UART1 接口

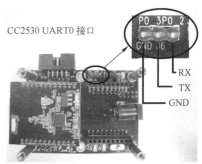

图 6-58　ZigBee 节点的 UART0 接口

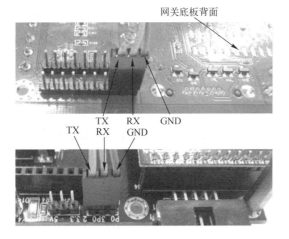

图 6-59　协调器和网关串口连线

（5）如图 6-60 所示，将网关连接 5 V 电源并将电源开关（拨动开关）拨到上方（ON 状态）。Power 键，为核心板供电时启动，如图 6-61 所示。

（6）网关正常启动后，依次复位 ZigBee 协调器节点和其他传感器节点，便可从 LCD 屏上看到如图 6-62 所示的 ZigBee 网络拓扑图，从而可以知道 ZigBee 网络和网关单元硬件连接正常。

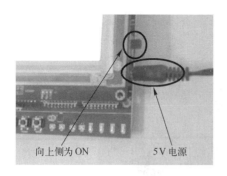

向上侧为 ON   5V 电源

图 6-60　网关供电及电源开关

Power 键,为核心板供电

图 6-61　网关核心板供电按键

2. 软件系统安装与调试运行

1）ZigBee 网络搭建步骤

ZigBee 网络的工作方式:首先由协调器节点建立通信网络,然后其他通信节点加入协调器建立的通信网络。加入通信网络成功之后,所有的节点都可以接收到协调器节点发送过来的信息。

按照前面硬件系统连接调试步骤描述的为各个 ZigBee 节点供电,并连接好协调器和嵌入式网关的串口后,下载 ZigBee 网络协调器节点程序。连接好下载器和协调器节点(下载器需要安装驱动才可使用),如图 6-63 所示。

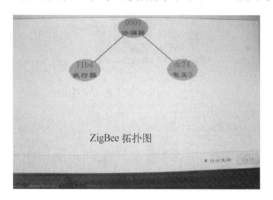

图 6-62　ZigBee 网络在网关上的拓扑图

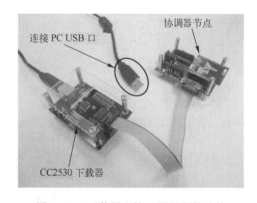

连接 PC USB 口　　协调器节点

CC2530 下载器

图 6-63　下载器和协调器的硬件连接

下载完毕所有的 ZigBee 网络节点的代码后,每个节点只要供电后都可以工作了。首先给协调器节点供电,随后协调器节点的通信指示灯会闪烁四次,表明协调器节点建立网络成功;然后依次为每个终端节点上电,终端节点的通信指示灯也会闪烁四次,表明节点加入网络成功。

2）网关文件系统烧写步骤

首先将本项目所提供的 web 文件夹下的所有文件复制到 SD 卡的 sdfuse 文件夹内。

如图 6-64 所示为 A8 设备的拨码开关的位置,将拨码开关设置为从 SD 卡启动:3、4设置为 ON,其余设置为 OFF。

插入 SD 卡,如图 6-65 所示。

然后,将串口线和网线插到开发板上,如图 6-66 所示。

启动设备,稍等片刻,会启动 Uboot,在超级终端界面按任意键进入 Uboot 主菜单,如图 6-67 所示。

按【i】键,如图 6-68 所示。

图 6-64 A8 设备的拨码开关的位置

图 6-65 SD 卡插入卡槽

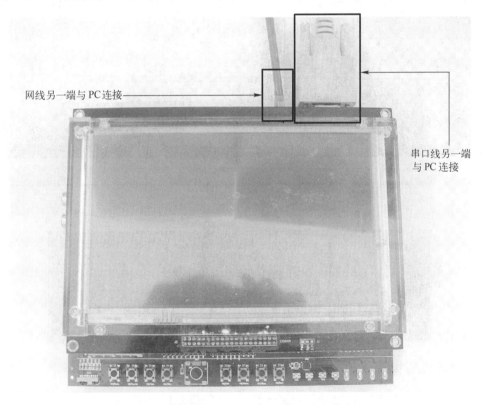

图 6-66 串口线和网线

然后按【s】键，表示从 SD 卡安装，如图 6-69 所示。

输入 web 命令，即可烧写内核和根文件系统，如图 6-70 所示。

待系统重新启动。

例如，在超级终端中，执行命令 ipconfig eth0 − i 210. 28. 235. 71 − m 255. 255. 255. 224 − g 210. 28. 235. 94，即可为嵌入式网关手动配置一个可用 IP 地址，如图 6-71 所示。

设置完成之后，需要执行 service network restart 命令重启网络服务，使设置生效。执行命令 ifconfig eth0，查看网关当前的 IP 地址。

在 Windows 系统中打开一个浏览器，在地址栏中输入"http://210. 28. 235. 71/"，并回车，显示如图 6–51 所示的监控网页。

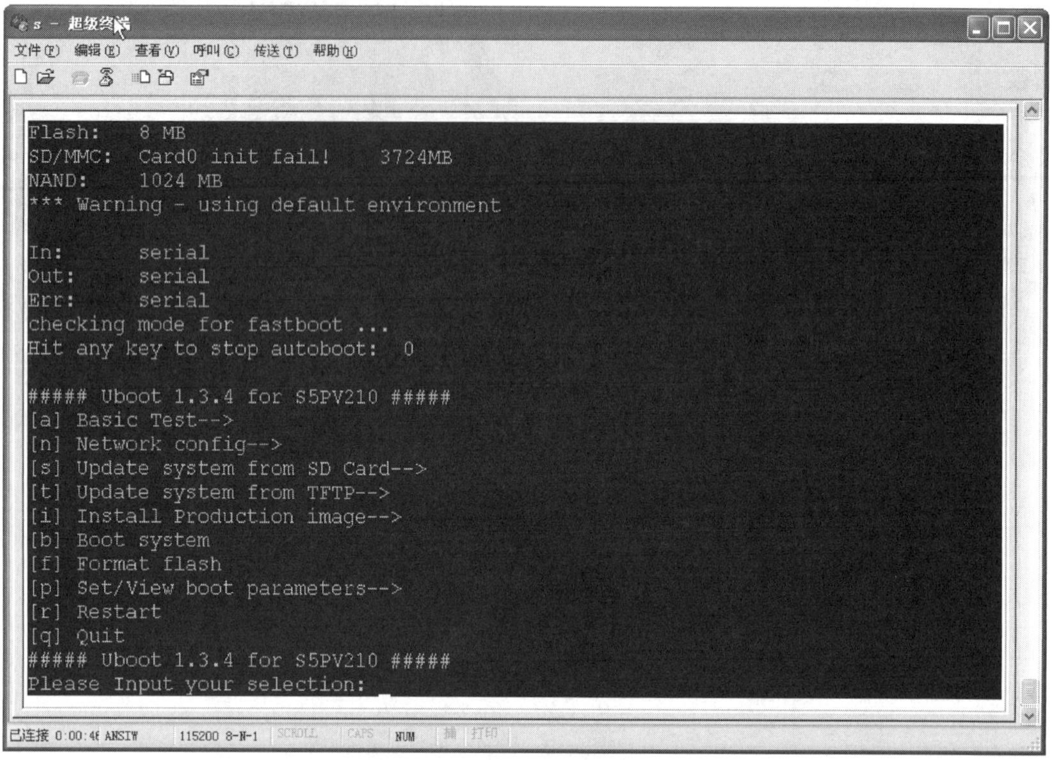

图 6–67　Uboot 主菜单

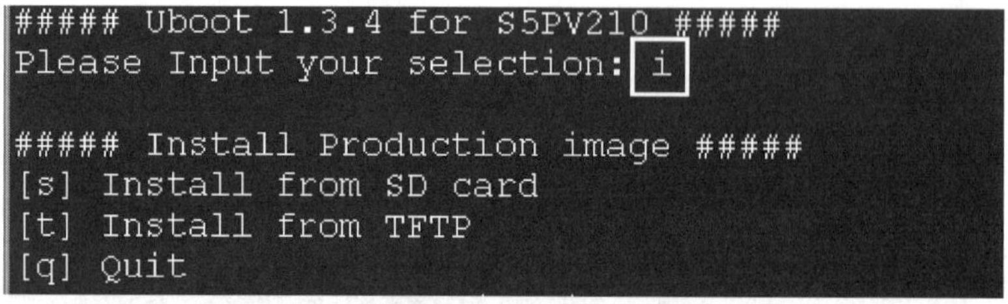

图 6–68　命令“i”

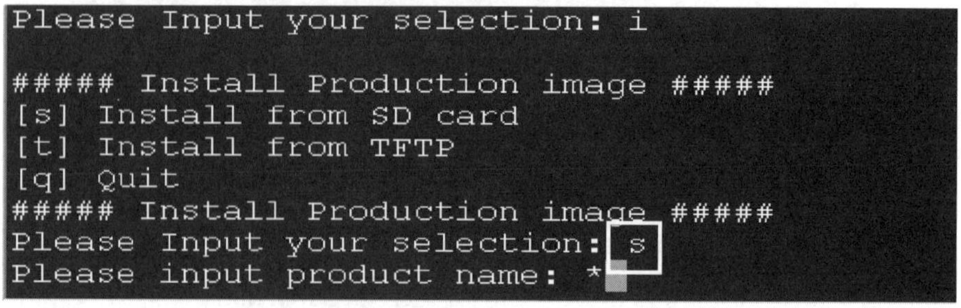

图 6–69　命令“s”

```
##### Uboot 1.3.4 for S5PV210 #####
Please Input your selection: i

##### Install Production image #####
[s] Install from SD card
[t] Install from TFTP
[q] Quit
##### Install Production image #####
Please Input your selection: s
Please input product name: *web
```

图 6-70 烧写命令 "web"

```
[root@SAPP210 /root]# ipconfig eth0 -i 210.28.235.71 -m 255.255.255.224 -g210.28
.235.94
[root@SAPP210 /root]# service network restart
Shutting down interface eth0: [ OK ]
Shutting down loopback interface: [ OK ]
Bringing up loopback interface: [ OK ]
Bringing up interface eth0:  eth0: link down
[ OK ]
Bringing up interface wlan0:  Waiting for wlan0 ready...
wlan0 detected, bring it up to work...wlan0 not ready![FAILED]
[root@SAPP210 /root]# ifconfig eth0
eth0      Link encap:Ethernet  HWaddr 00:53:50:00:6B:0E
          inet addr:210.28.235.71  Bcast:210.28.235.95  Mask:255.255.255.224
          UP BROADCAST MULTICAST  MTU:1500  Metric:1
          RX packets:0 errors:0 dropped:0 overruns:0 frame:0
          TX packets:0 errors:0 dropped:0 overruns:0 carrier:0
          collisions:0 txqueuelen:1000
          RX bytes:0 (0.0 B)  TX bytes:0 (0.0 B)
          Interrupt:41 Base address:0x4000

[root@SAPP210 /root]#
```

图 6-71 手动配置一个可用 IP

 水平测试题

一、简述题

1. 简述 ZigBee 网络拓扑结构的种类及特点。

2. 太阳能风能电站远程监控的对象有哪些？

3. 在基于 ZigBee 技术的无线传感器网络中，协调器节点、路由器节点和网络终端节点各自的作用是什么？它们之间是如何协同工作的？

二、综合题

针对户用 300 W 风光互补发电系统（采用触摸屏作为监控界面）的应用需求，分析以下相关内容：

（1）风光互补发电系统的结构组成？各组成部分的选择依据是什么？

（2）各种传感器的选择与连接方法？

（3）监控界面的设计方法与步骤。

参 考 文 献

[1] 周志敏，纪爱华.离网风光互补发电技术及工程应用[M].北京：人民邮电出版社，2011.

[2] 李钟实.太阳能光伏发电系统设计施工与应用[M].北京：人民邮电出版社，2012.

[3] 太阳光发电协会.太阳能光伏发电系统的设计与施工[M].刘树民，宏伟，译.北京：科学出版社，2006.

[4] 邵联合.风力发电机组运行维护与调试[M].北京：化学工业出版社，2011.

[5] 特奥多雷斯库.光伏与风力发电系统并网变换器[M].周克亮，王政，徐青山，译.北京：机械工业出版社，2012.

[6] 美国国际太阳能协会.太阳能光伏发电设计与安装指南[M].李雅琪，译.长沙：湖南科技出版社，2013.

[7] 金子轶.独立运行小型风力发电系统的研究[D].大连：大连交通大学，2006.

[8] 赵强.独立运行小型风力发电系统负载跟踪和充放电集成控制[D].呼和浩特：内蒙古工业大学图书馆，2003.

[9] 王群营.安装光伏发电系统施工技术保障分析[J].现代商贸工业，2011，4：265-266.

[10] 杜佳军，王晛.大型太阳能电站设计与安装[J].电气与仪表安装，2008，8：26-27.

[11] 龙哲.户用型风力机的选址与选型[J].农村牧区机械化，2007，1：40-42.

[12] 张清远.浅谈风力发电机基础地基处理方法[J].太阳能，2006，5：31-33.

[13] 明杰，王平，刘志璋.太阳能发电系统安装方式实例介绍[J].内蒙古科技与经济，2010，10：94-95.

[14] 朱明海，李中明.太阳能路灯选型设计及安装[J].蓄电池，2012，49(4)：188-190.

[15] 马胜红，陆虎俞.光伏系统的维护与检修[J].大众用电，2006，9：10-12.

[16] 无锡乃尔风电技术开发有限公司.小型风力发电机的使用与保养[OL].2012，8.http://www.fdjskf.com/shownews.asp? id=677.

[17] 宇翔太阳能.太阳能工程技术[OL].2013，2.http://www.yx-solar.com/news/news_5_1.html.

[18] 冯垛生.太阳能发电原理与应用[M].北京：人民邮电出版社，2007.

[19] 诸静等.模糊控制原理与应用[M].北京：机械工业出版社，1995.

[20] 沈辉，曾祖勤.太阳能光伏发电技术[M].北京：化学工业出版社，2005.

[21] 林伟，曾祖勤，刘仁里.深圳首个户用太阳能示范系统分析[J].太阳能学报，2005，26(2).

[22] 崔容强，赵春江，吴达成.并网型太阳能光伏发电系统[M].北京：化学工业出版社，2007.

[23] 伊晓波.铅酸蓄电池制造与过程控制[M].北京：机械工业出版社，2004.

[24] 王长贵，王斯成.太阳能光伏发电实用技术[M].北京：化学工业出版社，2008.

[25] 段万普.蓄电池的使用与维护[M].北京：电子工业出版社，2011.

郝志杰.可再生能源离网独立发电技术与应用[M].北京：化学工业出版社，2009.

太阳能晶体硅电池组件生产实务[M].北京：机械工业出版社，2012.

［28］李钟实.太阳能光伏组件生产制造工程技术［M］.北京：人民邮电出版社，2012.

［29］李安定，吕全亚.太阳能光伏发电系统工程［M］.北京：化学工业出版社，2012.

［30］戴宝通，郑晃忠.太阳能电池技术手册［M］.北京：人民邮电出版社，2012.

［31］瓦格曼，艾施里希.太阳能光伏技术［M］.叶开恒，译.西安：西安交通大学出版社，2011.

［32］王水平，王亚聪，白丽娜.MOSFET/IGBT 驱动集成电路及应用［M］.北京：人民邮电出版社，2009.

［33］许颇，张崇巍，张兴.三相光伏并网逆变器控制及其反孤岛效应［J］.合肥工业大学学报，2006.29（9）.

［34］胡新.太阳能光伏电源系统应用技术［OL］.2007.http：//www.kedaxing.com.

［35］欧阳名三.独立光伏系统中蓄电池管理的研究［D］.合肥：合肥工业大学，2005.

［36］段现星.光伏太阳能 LED 路灯照明系统设计［J］.机电一体化，2011（7）：77－79.

［37］张绍杰，刘炳国.风力发电技术概述［N］.山东轻工业学院学报，2005（3）：5－53.

［38］王小强，欧阳骏，黄宁淋.ZigBee 无线传感器网络设计与实现［M］.北京：化学工业出版社，2012.

［39］刘伟荣，何云.物联网与无线传感器网络［M］.北京：电子工业出版社，2013.

［40］韩少云，奚海蛟，谌利.基于嵌入式 Linux 的 Qt 图形程序实战开发［M］.北京：北京航空航天大学出版社，2012.

［41］丰海.嵌入式 Linux 系统应用及项目实践［M］.北京：机械工业出版社，2013.

［42］杨水清，张剑，施云飞.精通 ARM 嵌入式 Linux 系统开发［M］.北京：电子工业出版社，2012.

［43］王永华.现代电气控制及 PLC 应用技术［M］.2 版.北京：北京航天航空大学出版社，2008.

［44］王至秋.电气控制技术实践快速入门［M］.北京：中国电力出版社，2010.

［45］夏庆观.风光互补发电系统实训教程［M］.北京：化学工业出版社，2012.

［46］施全富.独立运行风光互补发电系统的研究与设计［D］.沈阳工业大学，2008.

［47］宋开峰.光伏电站的远程监控系统设计［D］.山东大学，2011.

［48］齐荣怀.风光互补电站控制和监测系统的研究［D］.中国科学技术大学，2009.

［49］刘瑞芳，孟延停，任雪娇，等.直驱式永磁同步风力发电机轴电流问题分析［J］.电机与控制学报，2019，23（8）：43－49.

［50］张志艳，牛云龙，杨存祥，等.永磁风力发电机转子偏心故障分析［J］.微特电机，2015，43（7）：36－39.

［51］程谆，张阳，邓木生.基于阻抗源逆变器的永磁直驱风力发电变流系统综述［J］.电工电能新技术，2019（6）.

［52］庄石榴.离网型永磁同步风力发电机设计与分析［D］.上海：上海电机学院，2019.

［53］杨和稳，任增.风光互补发电系统中抽水蓄能电站的优化配置［J］.计算机仿真，2015，32（4）：111－115.

［54］卢闻州，惠晶.离网自治型蓄电池储能风力发电系统规格设计［J］.电测与仪表，2016，53（16）：113－117.

［55］李鹏伟.孤岛型风光互补微电网混合储能容量配置研究［D］.西安：西安科技大

学，2019.

［56］殷桂梁，李相男，郭磊，等.混合储能系统在风光互补微电网中的应用［J］.电力系统及其自动化学报，2015，27（1）：49-53.

［57］赵晓星，王云亮.风光互补发电系统的能量管理［J］.电源技术，2014，38（9）：1647-1650.

［58］孔昭杰，黄远东.新型风光互补发电模式研究［J］.上海理工大学学报，2015（1）：99-102.

［59］张宏，王礼茂，张英卓，等.低碳经济背景下中国风力发电跨区并网研究［J］.资源科学，2017，39（12）：2377-2388.

［60］雷栋，摆念宗.我国风电发展中存在的问题及未来发展模式探讨［J］.水电与新能源，2019（5）：74-78.

［61］姚修伟，祁和生.2016年中小型风电设备行业发展报告［J］.风能，2017（3）：36-38.

［62］李建飞.我国风电行业发展、存在的问题与相应对策［J］.陕西建筑，2017（5）：42-43.

［63］于世奇.兴安盟小型风力发电系统的研究［D］.吉林：长春工业大学，2019.

［64］袁浩然.风光互补发电系统的功率协调控制策略研究［D］.乌鲁木齐：新疆大学，2019.

［65］时景立，刘赫，于培诺，等.基于远程监控的风光互补发电系统设计［J］.电源技术，2015，39（3）：553-555.